창조하는 뇌

THE RUNAWAY SPECIES

창조하는 뇌

뇌과학자와 예술가가 함께 밝혀낸 인간 창의성의 비밀

데이비드 이글먼·앤서니 브란트 지음 | 엄성수 옮김

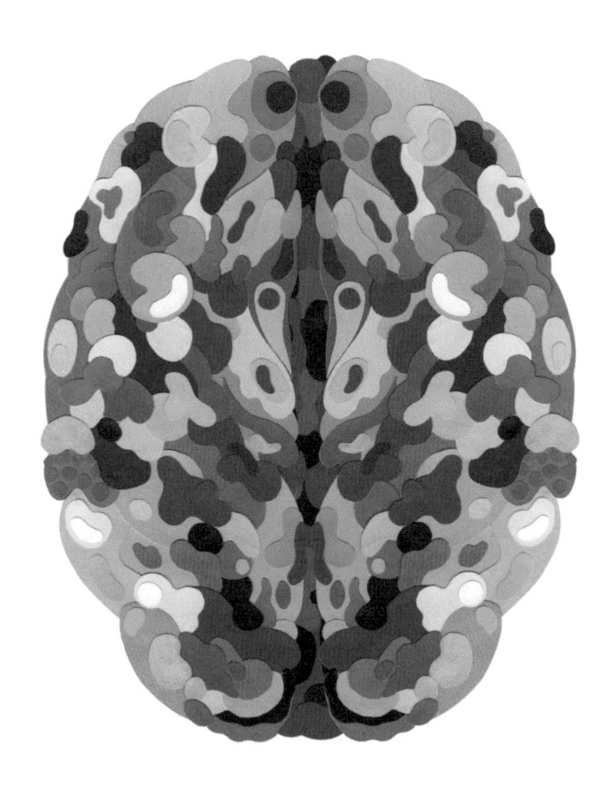

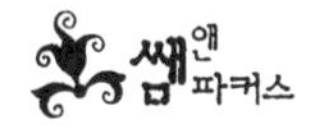

우리에게 창의적인 삶을 알게 해주신

두 사람의 부모님 내트와 야나, 시렐과 아서

우리의 삶을 늘 새로운 것으로 채워주는 두 사람의 아내 캐롤과 사라

무한한 상상력으로 미래를 부르는 두 사람의 아이들

소냐·가베·루시안과 아리·아비바에게 이 책을 바칩니다.

차례

2부
상상을 현실로 만드는 뇌

3부
창의성의 탄생

일탈한 창의성의 기원을 찾아가는 지적이고 담대한 모험

때는 1970년, 휴스턴 미 항공우주국NASA 관제 센터에 수백 명이 모여 앉아 우주 공간에서 생사의 기로에 놓인 세 사람을 구하기 위해 머리를 쥐어짜고 있었다. 달을 향해 날아간 아폴로 13호는 지구를 떠난 지 이틀 만에 산소 탱크가 폭발해 그 잔해가 사방으로 흩어졌고 우주선은 심각한 손상을 입었다. 우주 비행사 잭 스와이거트는 군인 출신답게 차분한 목소리로 관제 센터와 교신했다.

"휴스턴, 문제가 생겼다."

세 우주 비행사는 지구로부터 32만km 이상 떨어져 있었다. 연료, 물, 전기 그리고 산소가 새어 나가는 중이었고 해결책을 찾아낼 희망은 제로에 가까웠다. 그러나 NASA 관제 센터의 총책임자 진 크란츠는 조금도 물러서지 않았다. 그는 관제 센터 내의 모든 사람을 향해 외쳤다.

> 누구든 우리 승무원들이 집에 돌아오지 못할 거라고 믿으며 이 방을 나서서는 안 됩니다. 가능성? 그런 건 개의치 않습니다. 이런 일이 한 번도 없었다는 것도 마찬가지입니다. (…) 여러분은 믿어야 합니다. 우리 승무원들이 반드시 집에 돌아오리라는 걸 말입니다.[1]

관제 센터는 어떻게 이러한 성공을 기대하는 걸까? 엔지니어들은 사전에 아폴로 13호가 달 궤도에 도착하는 시간, 착륙선이 달로 내려가는 시간, 우주 비행사들이 달 표면을 걷는 시간 등 모든 것을 철저히 리허설했다. 즉 관제 센터는 모든 시나리오에 대비하고 있었다. 이제 대본을 잘게 세분해 처음부터 다시 복구해야 할 차례다. 문제는 그 모든 시나리오가 우주선의 주요 부품이 멀쩡하고 달 착륙선이 폐기 가능한 경우를 전제로 하고 있다는 점이었다.[2] 불행히도 현실은 그 반대였다. 전기와 산소 등을 적재한 기계선은 파괴됐고 사령선은 가스가 새어 나가면서 동력을 잃고 있었다. NASA는 예상 가능한 수많은 고장을 모의 실험했으나 이 정도 고장은 예측조차 하지 못했다.

엔지니어들은 자신이 거의 불가능한 일에 덤벼들고 있음을 알고 있었다. 생명 유지 장치가 망가진 상태에서 밀폐된 금속 캡슐에 갇혀 우주 진공 속을 시속 4,800km가 넘는 속도로 날고 있는 세 사람을 구하라니! 더구나 그때는 첨단 위성 통신 장치나 데스크톱 컴퓨터가 나오기 몇십 년 전이었다. 엔지니어들은 일단 사령선은 포기하고 복잡한 수학 함수를 푸는 데 사용하는 계산자와 연필을 가지고 달 착륙선을 귀환 구명정으로 바꿀 방법을 짜내야 했다.

그들은 지구로 돌아오는 경로를 짜고, 우주선을 조종하고, 동력을 보완하는 등 문제를 하나하나 풀어가기 시작했다. 상황은 점점 악화일로였다. 무엇보다 위기가 발생한 지 하루 반 만에 우주 비행사들이 있는 비좁은 구역의 이산화탄소 수치가 위험 수위에 도달하고 있었다. 빨리 손을 쓰지 않으면 우주 비행사들이 몇 시간도 지나지 않아 질식사할 판이었다. 달 착륙선에는 공기 여과 장치가 있었지만 원통형 이산화탄소 여과기는 전부 수명이 다했다. 남은 방법은 포기한 사령선에서 미사용 여과 장치를 빼내는 것밖에 없었는데 공교롭게도 그것은 단면이 원형이 아니라 정사각형이었다. 정사각형 여과 장치를 어떻게 원형 구멍에 넣을 수 있을까?

통제 센터 엔지니어들은 우주선 내의 물건을 싹 뒤져 비닐 봉투, 양말, 여러 장의 판지, 기압을 유지해주는 기밀복에서 떼어낸 호스 등을 찾아냈다. 그들은 그것을 강력 접착테이프로 이어 붙여 어댑터를 만들었다. 그런 다음 우주 비행사들에게 비행 계획 서류철에서 떼어낸 플라스틱 커버를 깔때기로 사용해 공기가 여과기 안으로 들어가게 하라고 했다. 또 달 표면을 껑충껑충 뛰어다닐 때 입을 예정이던 플라스틱 보온 내의를 벗으라고 했다. 관제 센터의 지시에 따라 보온 내의를 벗은 우주 비행사들은 거기에 들어 있던 플라스틱을 빼냈다. 그리고 플라스틱 조각을 하나하나 이어 붙여서 만든 임시 필터를 설치했다.

다행히 이산화탄소 수치는 정상으로 돌아왔으나 곧이어 또 다른 문제가 생겼다. 지구 궤도 재진입이 가까워지면서 아폴로 13호 사령선의 동력이 약해졌던 것이다. 아쉽게도 우주선을 제작할 때 달 착륙선 배터리로 사령선 배터리를 재충전하는 비상 상황을 생각한 사람은 아무도 없었다. 실제로 그런 상황에 직면하자 커피와 아드레날린을 보충한 관제 센터 엔지니어들은 지구 궤도 재진입 직전 달 착륙선의 히터 케이블로 해결책을 찾아내는 데 성공했다.

배터리 재충전에 성공한 엔지니어들은 우주 비행사 잭 스와이거트에게 사령선을 작동시키라고 했다. 케이블을 연결한 그는 인버터 스위치를 올린 뒤 안테나를 움직이고 각종 스위치를 켰다 껐다 하면서 원격 측정 장치를 작동시켰다. 이 모든 것이 훈련해본 적도, 상상해본 적도 없는 일이었다. 하지만 전혀 예측하지 못한 문제에 직면한 엔지니어들은 즉석에서 완전히 새로운 프로토콜을 만들어냈다.

위기가 발생한 지 80시간 후인 1970년 4월 17일 동틀 무렵 우주 비행사들은 마지막 하강 준비를 했다. 관제 센터도 마지막 점검을 하고 있었다. 우주 비행사들이 지구 대기권 안으로 진입하면서 우주선과의 교신은 끊겼다. 관제 센터 총책임자 진 크란츠는 당시의 일을 다음과 같이 회상했다.

> 이젠 아무것도 되돌릴 수 없었다. (…) 관제 센터 안은 쥐죽은 듯 조용했다. 전자 장치가 돌아가는 소리, 에어컨 소리 그리고 가끔 지포 라이터가 열리는 소리 외엔 아무 소리도 들리지 않았다. 모두들 자기 자리에 꼼짝달싹하지 못하게 묶인 듯 움직이는 사람은 아무도 없었다.

1분 30초 후 아폴로 13호가 무사하다는 소식이 관제 센터로 전해졌다. 모두가 환호했다. 평소 초인적인 자제력을 보이던 진 크란츠도 울음을 터뜨렸다.

• • •

그로부터 63년 전, 파리의 한 조그만 스튜디오 안에서 젊은 화가 파블로 피카소가 그림을 그리려고 삼각대를 세웠다. 땡전 한 푼 없던 그는 커다란 캔버스를 구입하기 위해 사창가 매춘부들의 초상화라는 도발적인 그림을 그려 한몫 잡을 생각이었다. 성적 죄악을 적나라하게 보여주는 초상화 말이다.

피카소는 여자들의 머리와 몸, 과일 등을 목탄화로 스케치하기 시작했다. 첫 번째 스케치에는 그림 한쪽에 한 선원과 남자 의대생이 있었지만 결국 남자들을 없애고 여자 다섯 명만 남기기로 했다. 그는 여러 가지 포즈와 배치를 시도했으나 거의 다 날려버렸다. 수백 장을 스케치한 뒤에야 그는 본격적으로 캔버스에 그림을 그리기 시작했다. 어느 날 자신의 정부와 친구 몇 명에게 작업 중인 그림을 보여준 그는 그들의 반응에 실망해 그림을 옆으로 치워버렸다. 그러다가 몇 달 후 아무도 모르게 다시 작업에 착수했다.

피카소는 매춘부들의 초상화를 이전 그림에서 벗어나기 위한 일종의 '살풀이'로 여겼다. 그 그림을 그리는 데 시간을 쏟으면 쏟을수록 자신이 이전 작품에서 더 멀어졌기 때문이다. 한데 그림을 다시 사람들에게 보여주었을 때 그들의 반응은 전보다 더 차가웠다. 그가 그 그림을 자신의 가장 큰 고객에게 팔겠다고 제안했지만 그는 콧방귀도 뀌지 않았다.[3] 피카소의 친구들은 그가 제정신이 아니라고 생각해 그를 피해 다녔다. 크게 낙담한 피카소는 캔버스를 둘둘 말아 그대로 벽장 안에 쑤셔 넣었다.

9년 후 매춘부들의 초상화는 일반에 공개되었고 1차 세계 대전 중에 전시도 했다. 미술관 큐레이터는 일반 대중의 거부감을 우려해 그림 제목을 '아비뇽의 사창가Le Bordel d'Avignon'에서 '아비뇽의 처녀들Les Demoiselles d'Avignon'로 바꿨다. 사람들은 이 그림에 엇갈린 반응을 보였다. 어떤 평론가는 "입체파 화가들은 선한 양식을 향한 반발 재개를 종전 이후까지 미룰 수 없었던 모양이다"[4]라며 비판했다.

시간이 갈수록 이 그림의 영향력은 점점 커져갔다. 수십 년 후 뉴욕 현대 미술관이 〈아비뇽의 처녀들〉을 전시하자 《뉴욕타임스》의 한 평론가가 이런 평을 했다.

> 일찍이 다섯 여인의 이 일그러진 누드화만큼 커다란 영향을 끼친 그림은 소수에 불과했다. 일필휘지로 그린 이 그림은 지금까지의 미술에 도전장을 던졌고 우리 시대의 미술에 지대한 변화를 일으켰다.[5]

훗날 미술사가 존 리처드슨은 〈아비뇽의 처녀들〉은 지난 700년 역사에서 가장 독창적인 그림이라며 다음과 같이 썼다.

> 이 그림은 사람들이 사물을 전혀 새로운 눈, 새로운 마음, 새로운 인식으로 보게 해주었고 (…) 20세기 최초의 걸작이자 현대 사조의 중요한 기폭제이며 21세기 미술의 초석이다.[6]

파블로 피카소의 그림이 이처럼 독창성을 인정받는 이유는 무엇일까? 그는 유럽 화가들이 수백 년간 고수해온 원칙, 즉 사실적인 묘사 원칙을 뒤바꿔놓았다. 피카소의 그림에서 사람들의 손과 팔은 뒤틀려 보

NASA 관제 센터(왼쪽), 피카소, 〈아비뇽의 처녀들〉(1907, 오른쪽)

이고 두 여성의 얼굴은 마치 마스크를 쓴 듯하며 다섯 명 모두 각기 다른 스타일을 드러낸다. 그림 속 여성들은 더 이상 온전한 인간이 아니었고 피카소의 그림에서는 돌연 아름다움과 점잖음, 진실성이 모두 사라졌다. 그렇게 〈아비뇽의 처녀들〉은 미술계의 전통에 반기를 든 강력한 도전 중 하나로 남았다.

두 이야기의 공통점은 무엇일까? 언뜻 보면 공통점이 거의 없는 것 같다. 아폴로 13호를 구한 것은 협력이었지만 피카소는 혼자 일했다. NASA의 엔지니어들은 시간과의 싸움을 벌였으나 피카소는 자신의 생각을 캔버스에 옮기는 데 수개월을 썼고 작품 공개에 거의 10년이 걸렸다. NASA의 엔지니어들이 한 일은 독창성이 중요한 게 아니라 기능적이고 현실적인 해결책을 찾는 것이 목표였다. 반면 피카소에게 기능적이고 현실적인 면은 아예 고려 대상이 아니었고 뭔가 전례 없는 것을 만드는 게 목표였다.

하지만 NASA와 피카소의 창의적인 활동 밑에 깔린 인지 과정은 같다. 이것은 엔지니어와 화가뿐 아니라 헤어 디자이너, 회계사, 건축가, 농부, 나비 연구가 등 무언가 이전에 볼 수 없던 것을 만들어내는 모든 사람에게 해당되는 얘기다. 그들이 무언가 새로운 것을 만들기 위해 표준적인 틀을 깨부수는 것은 뇌 속에서 작동하는 기본적인 소프트웨어의 결과다. 인간의 뇌는 이런저런 경험을 녹음기처럼 수동적으로 받아들이지 않는다. 오히려 인간의 뇌는 수용 감각 데이터로 끊임없이 작업하며 그 같은 정신노동의 결과로 새로운 버전의 세상을 만들어낸다.

환경을 흡수해 새로운 버전을 만드는 뇌의 기본 인지 소프트웨어 덕에 가로등, 국가, 교향곡, 법, 소네트, 의족과 의수, 스마트폰, 천장, 선풍기, 고층 건물, 보트, 연, 노트북, 케첩 병, 자율 주행 자동차 등 우리 주변의 모든 것이 탄생한다. 자기 회복 시멘트, 이동 건물, 탄소 섬유 바이올린, 생분해성 자동차, 초소형 우주선 같은 미래의 물건도 마찬가지다. 그런데 노트북 전기 회로 내에서 조용히 움직이는 무수한 컴퓨터 프로그램처럼 우리의 창의력은 대개 배경, 다시 말해 우리의 직접적인 인식 밖에서 움직인다.

보이지 않는 곳에서 작동하는 알고리즘에는 뭔가 특별한 게 있다. 인간은 수많은 동물 종種 중 하나인데 왜 암소는 인간처럼 춤을 안무하지 못할까? 왜 다람쥐는 나무 꼭대기까지 올라가는 승강기를 만들지 못할까? 왜 악어는 쾌속정을 발명하지 못할까? 인간은 뇌 속에서 움직이는 알고리즘 속 진화적 변화 덕분에 세상을 흡수해 '만일 ~라면 어떨까' 하는 가정 버전을 만들어낸다.

이 책은 그 창의적 소프트웨어가 어떻게 작동하는지, 왜 우리에게 그런 소프트웨어가 있는지, 우리는 무얼 만드는지, 그 소프트웨어는 우리를 어디로 데려가는지 등을 다룬다. 특히 자신의 기대를 깨뜨리고 싶어 하는 욕구가 어떻게 인류의 '일탈하는 창의성'으로 발전하는지 보여준다. 가령 복잡하고 풍부한 예술과 과학, 기술 세계를 들여다봄으로써 우리는 각 분야를 초월하는 혁신의 실마리를 발견하게 된다.

최근 몇 세기 동안 창의성은 인류에게 더없이 중요했고 그것은 다음 단계로 발돋움하는 데 꼭 필요한 초석이었다. 일상사부터 학교생활, 기업 활동에 이르기까지 우리는 지금 모든 분야에서 함께 손잡고 세상을 계속 리모델링하지 않을 수 없는 미래를 향해 나아가고 있다. 근래 몇십 년간 세상은 제조 경제에서 정보 경제로 변화해왔다. 그렇지만 그것이 지금 우리가 가는 길의 끝은 아니다. 컴퓨터가 점점 더 막대한 양의 데이터를 소화하면서 여유가 생긴 사람들은 보다 더 자유롭게 다른 일에 몰두하게 되었다.

우리는 이미 새로운 경제 모델인 창의 경제를 경험하고 있다. 합성 생물학자, 앱 개발자, 자율 주행 자동차 디자이너, 양자 컴퓨터 디자이너, 멀티미디어 엔지니어는 우리 중 대다수가 학교에 다닐 때 존재하지 않던 일자리지만 벌써 미래의 선봉대 역할을 하고 있다. 앞으로 10년 뒤면 많은 사람이 당신이 현재 하고 있는 일과 전혀 다른 일을 하고 있을 것이다. 모든 기업의 중역 회의실에서는 지금 이러한 트렌드에 뒤처지지 않을 방법을 찾아내느라 고심하고 있다. 기업 경영 기술과 과정이 계속 변화하는 상황에서 이는 불가피한 일이다.

우리가 갈수록 빨라지는 변화에 대처 가능한 것은 인지 유연성 덕분이다. 우리는 경험이라는 원재료를 흡수해 조정한 다음 무언가 새로운 것을 만들어낸다. 인간에게는 자신이 배운 사실을 뛰어넘을 능력이 있기 때문에 늘 주변 세계를 보는 동시에 다른 가능한 세계를 꿈꾼다. 사실을 배워 허구를 만들어내는 셈이다. 이처럼 우리는 현실을 마스터하며 가능한 미래를 꿈꾼다.

끝없이 변화하는 세계에서 번성하려면 혁신을 도모할 때 우리의 머릿속에서 일어나는 일을 제대로 이해해야 한다. 새로운 아이디어를 만들어내는 도구와 전략을 알아낼 경우 우리는 과거 수십 년이 아니라 미래 수십 년을 예견할 수 있다.

아쉽게도 학교 제도는 혁신에 필요한 이들 요건을 제대로 반영하지 않는다. 창의력은 젊은이들 특유의 발견과 표현을 이끌어가는 동인이지만 이것은 더 쉽게 측정과 시험이 가능한 숙련도에 눌려 기를 펴지 못하고 있다. 창의력이 억눌리는 것은 커다란 사회적 흐름의 반영일 수도 있다. 교사들은 대개 창의적인 학생보다 행실이 바른 학생을 더 좋아한다. 창의적인 학생은 평지풍파를 일으키는 경우가 많다고 여기기 때문이다. 최근 한 여론 조사에 따르면 대다수 미국인은 독립심 강한 아이보다 어른을 공경하는 아이를 더 좋아한다. 또 호기심보다 올바른 매너를 우선시해 아이들이 창의적이기에 앞서 바르게 행동하는 걸 선호한다.[7]

우리가 진정 아이들의 미래가 밝길 바란다면 우선순위를 재설정해야 한다. 이제 세상의 변화 속도에 맞춰 삶과 일의 낡은 대본을 교체하고 아이들이 직접 새로운 대본의 저자가 되도록 도와야 한다. 아이들의 마음속에는 이미 NASA의 엔지니어나 피카소와 동일한 인지 소프트웨어가 작동하고 있다. 우리에게는 그것을 더 개선해줄 책임이 있다. 균형 잡힌 교육은 각종 기술력과 상상력을 키워준다. 물론 그런 교육은 아이들이 학교를 졸업하고 부모가 현재 미처 예견하지 못하는 세계로 들어선 뒤 수십 년이 지난 후에야 빛을 발할 것이다.

이 책을 함께 쓴 앤서니는 작곡가고 나 데이비드는 신경과학자다. 우리는 오랜 친구로 몇 년 전 앤서니는 어머니 쪽 뿌리를 찾아 역사를 거슬러 올라가는 나의 이야기인 〈건국의 어머니〉를 토대로 오라토리오 〈모성〉을 작곡했다. 각자의 관점에서 창의력을 연구해온 우리는 함께 일하며 계속 창의력을 주제로 얘기를 나눴다.

예술은 수천 년간 인류의 내적 삶을 직접 들여다보게 해주었고 그것은 우리가 생각하는 것은 물론 생각하는 방식까지 엿볼 기회를 주었다. 인류 역사에 고유의 음악, 시각 예술, 이야기가 없던 문화는 존재하지 않는다. 여기에다 최근 몇십 년 동안 뇌과학이 발달해 우리는 인간의 행동 밑에 숨은 무의식의 힘까지 이해하고 있다. 우리의 여러 관점이 서로 상승효과를 내면서 우리는 혁신을 보았고 이 책에서 다루고자 하는 것이 바로 그 얘기다.

이제 우리는 화석 기록을 뒤지는 고생물학자처럼 인류 사회의 발명품을 하나하나 뒤져볼 작정이다. 이는 근래에 밝혀낸 두뇌 작용과 함께 인류의 발명품과 관련된 여러 측면을 이해하는 데 도움을 줄 것이다.

이 책의 1부에서는 왜 우리에게 창의력이 필요한지, 우리는 어떻게 새로운 아이디어를 생각해내는지, 우리가 이루는 혁신은 시대와 장소에 따라 어떻게 달라지는지 고찰한다. 2부에서는 많은 옵션 만들기, 위험 감수하기 같은 창의적 사고방식의 주요 특징을 살펴본다. 3부에서는 기업과 학교로 눈을 돌려 미래를 위한 이 인큐베이터 안에서 어떻게 창의력을 육성할지 알아본다. 그리고 마지막으로 창의적인 마인드, 인간 정신 찬미, 우리를 둘러싼 세계를 변화시키기 위한 비전을 다룬다.

자, 이제 탐험을 시작해보자.

일러두기

- 옮긴이 주는 모두 본문의 해당 내용 옆에 방주 처리하고 '옮긴이'로 표시했다.

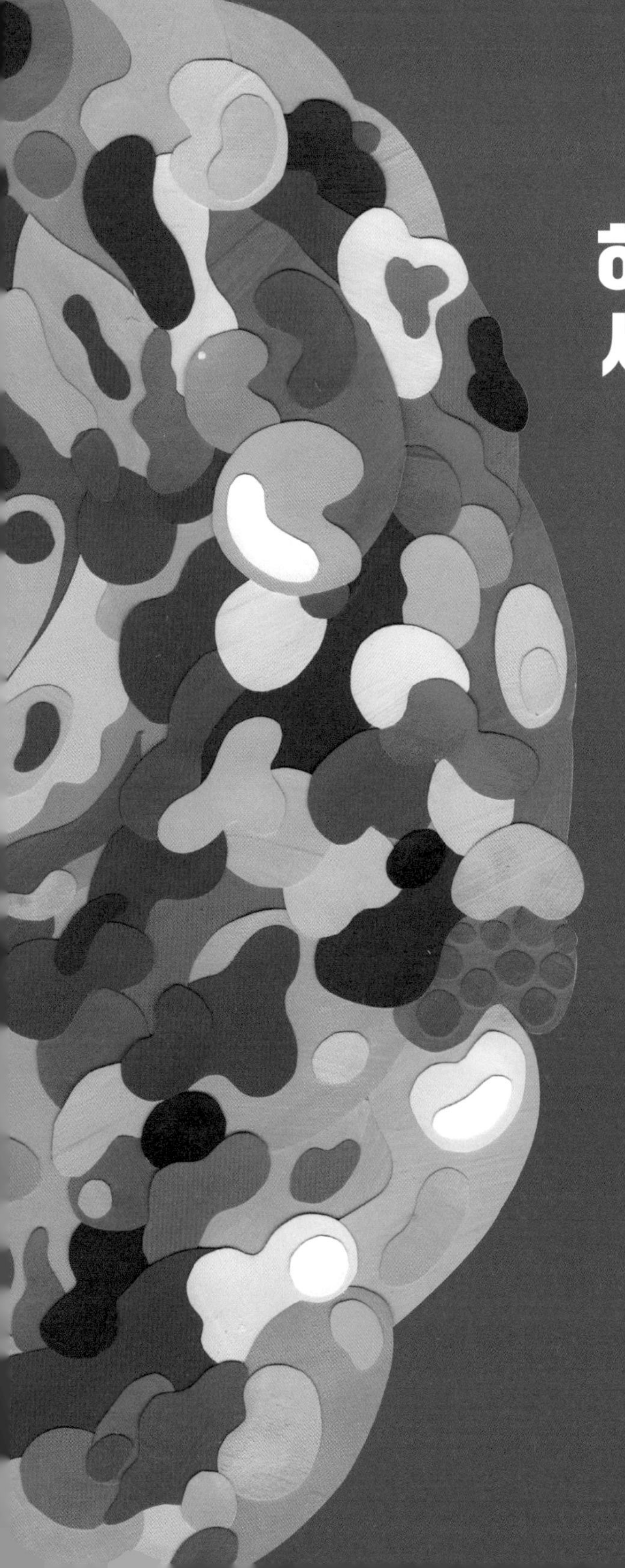

1부

하늘 아래 새로운 것

1장

창의성은 어디에서부터 시작되는가

왜 완벽한 스타일을 찾지 못하는가?

인간이 혁신하고자 할 때 무얼 필요로 하는지 알고 싶다면 사람들의 헤어스타일을 보라. 스타일 변화는 자전거부터 대형 경기장까지 우리가 만들어내는 모든 인공물에서 그대로 볼 수 있다(24~26쪽 사진을 보라).

이 모든 것은 이런 의문을 낳는다. 어째서 헤어스타일과 자전거, 경기장은 계속 변화하는 걸까? 왜 우리는 완벽한 해결책을 찾아 그것을 고수하지 못하는 걸까? 답은 간단하다. 혁신을 결코 중단해서는 안 되기 때문이다! 혁신은 '옳은' 것의 문제가 아니라 '다음은 무엇인가'의 문제다. 인간은 늘 미래 지향적인데 거기에는 절대 정착점이 없다. 그처럼 인간의 뇌가 쉼 없이 움직이게 만드는 것은 무엇일까?

왜 우리는 완벽한 스타일을 찾지 못할까?

요즘은 언제 어느 때든 적어도 100만 명이 편안한 좌석에 앉아 지구 위를 몇천 킬로미터씩 날아다닌다. 민간 항공의 성공은 그야말로 놀라울 정도다. 그리 오래전 일도 아니지만 한때 하늘로 여행하는 것은 상상할 수 없을 만큼 드물고 위험한 모험이었다. 물론 지금은 눈썹 하나 까딱하지 않을 일이다. 우리는 몽유병자처럼 힘없이 비행기에 오르지만 맛있는 식사와 뒤로 젖혀지는 편안한 좌석, 스트리밍 영화에서 충족감을 느끼며 서서히 활기를 되찾는다.

미국 코미디언 루이스 C. K.는 사람들이 민간 항공의 경이로움을 재빨리 잊는 것을 보고 놀라움을 금치 못했다. 그는 불평불만을 쏟아내는 한 승객을 흉내 내며 이렇게 말했다.

"그런 다음 우리는 비행기에 올랐는데 글쎄 40분이나 활주로에 머물

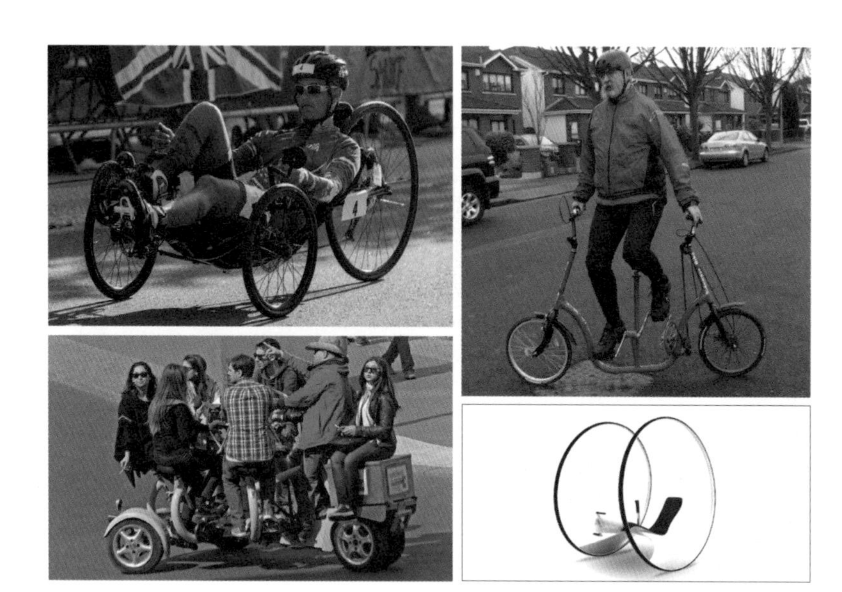

무엇이 우리를 쉼 없이 시도하게 만들까?

러 있더군요. 그렇게 꼼짝없이 앉아 있어야 했다고요!"

그 승객의 말에 루이스는 이런 반응을 보였다.

"오, 정말요? 그다음에 어찌되었는데요? 공중을 날았나요? 믿기 어렵게도 마치 새처럼? 인간이 하늘을 나는 기적에 동참했나요?"

그는 비행기 연착을 불평하는 사람들에게도 한마디 했다.

"지연됐다고요? 정말요? 비행기로 뉴욕에서 캘리포니아까지 5시간이 걸리지요. 30년 걸리던 길인데 말입니다. 더구나 가다가 죽는 경우도 많았죠."

루이스는 2009년 비행기 안에서 처음 와이파이를 접한 경험을 회상했다. 당시 와이파이는 새로 선보인 기술이었다.

"비행기 안에 앉아 있는데 이러는 거예요. '노트북을 열어보십시오.

우리의 혁신은 어디까지 계속될까?

인터넷을 즐길 수 있습니다.' 진짜 빠르더군요. 기쁜 마음으로 유튜브 동영상을 시청했지요. 정말 놀라운 일이죠. 비행기 안에서 말이에요."

그런데 몇 분 후 와이파이가 끊기자 루이스 옆에 앉은 승객이 화를 내며 소리쳤다.

"이런 빌어먹을!"

루이스가 말했다.

"불과 몇 분 전까지만 해도 그런 게 존재하는지조차 몰랐는데…. 대체 사람들은 얼마나 빨리 그걸 잊는 걸까요?"

얼마나 빨리 잊느냐고? 아주 빠르다. 사람들은 새로운 것을 굉장히 빨리 당연시한다. 지금 스마트폰이 얼마나 평범한 물건이 되었는지 생각해보라. 주머니 속에서 딸랑거리는 동전 소리를 들으며 공중전화 부스를 찾아 헤매던 일이, 약속 장소를 어설프게 정하는 바람에 실수로 만나지 못하던 일이 바로 엊그제 벌어진 것 같지 않은가. 그러다가 스마트폰이 등장해 커뮤니케이션에 일대 혁명을 일으켰다. 신기술은 계속 나타나 새로운 기준이 되고 곧 보편화한다.

신기술이 등장하면 가장 최신 기술이 빛을 잃는데 이런 현상은 예술에서도 마찬가지로 일어난다. 화가 마르셀 뒤샹은 이렇게 썼다.

> 50년 후에는 전혀 다른 세대, 전혀 다른 비평 언어, 전혀 다른 접근 방식이 등장하리라고 본다. 우리가 할 일은 그저 당신이 살아 있는 동안 생존할 그림을 그리는 것이다. 그 어떤 그림도 실제 수명이 30년에서 40년을 넘지 못하며 (…) 30~40년 후면 그 그림은 죽고 내뿜던 빛이든 주변 아우라든 전부 사라진다. 그 뒤 완전히 잊히거나 미술사의 지옥 불길 속에 내던져진다.[1]

세월이 흐르면 한때 사람들에게 충격을 안겨준 위대한 작품도 인정받는 작품에서 잊힌 작품 사이 어디쯤 놓인다. 즉 가장 진보적이던 것이 평범해지고 가장 예리하던 것도 무뎌진다.

기업들은 뛰어난 계획을 세워 새로운 것이 평범해지는 현상에 일조한다. 실제로 많은 기업이 몇 년마다 자신의 모든 것을 바꾸라는, 이를테면 사무실 칸막이로 사생활을 보장해주는 자리 배치 대신 서로가 잘 보이는 개방형 자리 배치로 바꾸라고 조언하는 컨설턴트에게 막대한 돈을 쓴다. 나중에 알겠지만 이러한 문제에 정답은 없으며 중요한 것은 변화 그 자체다. 그렇다고 컨설턴트가 틀렸다는 게 아니라 그런 조언의 세세

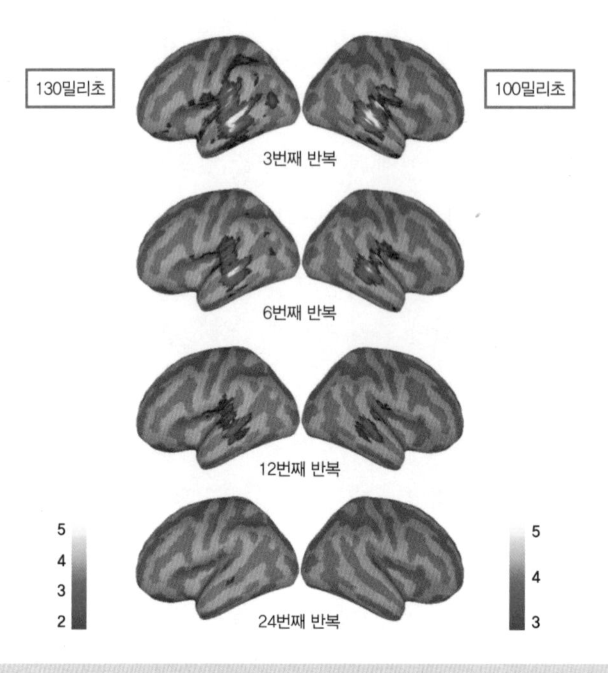

반복 횟수에 따라 130밀리초(좌뇌)와 100밀리초(우뇌) 속도로 자기 뇌파 검사로 살펴본 뇌. 뇌의 청각 영역 내에서 일어나는 신경 활동을 보면 동일한 반응이 반복해서 주어질 때(3, 6, 12, 24번째)의 뇌 활동 억제 정도를 알 수 있다.

반복 억제 작동[2]

한 면이 중요한 것은 아니라는 얘기다. 중요한 것은 이러저러한 특정 해결책이 아닌 변화 그 자체다.

인간은 어째서 주변의 모든 것에 그토록 신속히 적응하는 걸까? 바로 '반복 억제'라고 알려진 현상 때문이다. 당신의 뇌가 무언가에 익숙해질수록 그걸 볼 때마다 뇌가 보이는 반응은 점점 줄어든다. 예를 들어 당신이 우연히 새로 등장한 자율 주행 자동차를 보았다고 가정해보자. 그걸 처음 볼 때 당신의 뇌는 크게 반응한다. 뇌가 그 새로운 것을 흡수해

등록하기 위해서다. 그러나 자율 주행 자동차를 두 번째로 볼 때 뇌는 조금 덜한 반응을 보인다. 전혀 새로운 것이 아니므로 관심도 그리 크지 않다. 세 번째 볼 때는 다시 반응이 줄어들고 네 번째 볼 때는 반응이 훨씬 더 줄어든다.

무언가에 익숙해질수록 우리가 그것에 쓰는 신경 에너지는 계속 줄어든다. 새로운 직장에 처음 차를 몰고 갈 때 왠지 시간이 더 걸리는 듯한 느낌도 이 때문이다. 두 번째 날은 좀 더 짧게 느껴진다. 그렇게 여러 날이 흐르면 출근하는 데 거의 시간이 걸리지 않는 듯하다. 세상 역시 익숙해질수록 점점 희미해지며 오늘의 전경이 나중에는 배경으로 바뀐다.

왜 그럴까? 인간이 자기 몸속에 만들어둔 에너지 저장실의 영향을 크게 받아서다. 세상사를 헤쳐 가는 것은 많은 지력을 동원하고 사용해야 하는 힘든 일이다. 즉 에너지를 많이 써야 한다. 이때 예측을 잘하면 에너지를 절약할 수 있다. 만일 식용 벌레가 특정 형태 바위 밑에서 산다는 것을 알 경우 일일이 모든 바위를 들추는 수고를 할 필요가 없다. 예측을 잘할수록 그만큼 에너지를 더 절약할 수 있다. 그런데 우리가 더 자신 있게 예측하고 보다 효율적으로 행동하도록 해주는 것이 반복이다.

이처럼 예측 가능성에는 뭔가 매력적이고 유용한 면이 있다. 한데 만약 우리 뇌가 세상을 예측 가능한 곳으로 만들고자 온갖 노력을 하는 것이라면 한 가지 의문이 생긴다. 왜 TV를 24시간 내내 예측 가능하도록 리드미컬한 신호음을 내보내는 장치로 바꾸지 않는 것일까?

그 답은 이렇다. 모든 것이 예측 가능해 놀랄 만한 뜻밖의 일이 없어도 문제이기 때문이다. 무언가를 잘 이해할수록 우리는 그것을 덜 생각한다. 한마디로 익숙함은 무관심을 낳는다. 반복 억제가 일어나 관심이 줄어드는 탓이다. 결혼 생활에 끊임없이 새롭고 신선한 자극이 필요한 이유가 여기에 있다. 웃긴 농담도 자꾸 들으면 전혀 웃기지 않는 것, 아무리 축구를 좋아해도 똑같은 경기를 반복해서 보면 재미가 없는 것도 그 때문이다.

반복은 일종의 안도감을 주지만 뇌는 자신의 세상 모델 속에 끊임없이 새로운 사실을 집어넣으려 한다. 늘 새로운 것을 추구하는 뇌는 스스로 업데이트하길 좋아한다.

뇌의 신경 메커니즘상 뛰어난 아이디어도 그 빛을 오래 유지하지 못한다. 1945년에 나온 다음 베스트셀러 목록을 보라.

1. 캐슬린 윈저, 《포에버 엠버Forever Amber》
2. 로이드 C. 더글러스, 《로브The Robe》
3. 토머스 B. 코스테인, 《검은 장미The Black Rose》
4. 제임스 램지 울만, 《하얀 탑The White Tower》
5. 싱클레어 루이스, 《캐스 팀벌레인Cass Timberlane》
6. 아드리아 로크 랭글리, 《거리의 사자A Lion Is in the Streets》
7. 제임스 힐턴, 《기억하고 있어So Well Remembered》
8. 새뮤얼 셸라바거, 《카스티야에서 온 선장Captain from Castile》
9. 그웨탈린 그레이엄, 《땅과 천국Earth and High Heaven》
10. 어빙 스톤, 《불멸의 아내Immortal Wife》

당시 이 책들은 대중의 상상력을 사로잡았지만 당신은 아마 거의 다 생전 처음 보는 책일 것이다. 그해에 이 책들은 많은 사람의 입에 오르

내렸다. 이 책의 저자들이 참석한 자리는 빛이 났고 그들은 수없이 서명을 했다. 그들은 분명 자신의 책이 언젠가 완전히 잊히리라고는 상상도 못했을 터다.

우리는 끊임없이 새로운 것에 목말라한다. 영화 〈사랑의 블랙홀〉에서 코미디 배우 빌 머레이가 연기한 일기 예보관은 본의 아니게 어떤 하루를 반복해서 살아간다. 끝없는 무한 반복의 틀에 갇힌 그는 마침내 똑같은 날을 똑같은 방식으로 살아가는 삶에 반기를 든다. 달라진 그는 프랑스어를 배우고 피아노 연주의 거장이 되고 이웃과 친하게 지내고 억압받는 사람들의 대변인으로 거듭난다.

왜 우리는 그런 주인공에게 열광하는 걸까? 반복되는 일이 아무리 매력적이어도 100% 완벽하게 예측 가능한 것은 원치 않기 때문이다. 그래서 우리는 자동 조종 상태를 기피하고 그 덕에 우리의 경험에 늘 깨어 있다. 사실 보상에 관여하는 신경 전달 물질계는 뜻밖의 놀라움과 깊은 관련이 있다. 예측 가능한 시간에 주기적으로 어떤 보상이 주어질 경우 예측 불가능한 시간에 멋대로 같은 보상이 주어질 때보다 뇌 속에서 일어나는 반응이 훨씬 약하다. 즉 뜻밖의 놀라움이 더 큰 기쁨을 준다.

이는 유머가 효과를 발휘하는 방식을 봐도 알 수 있다. 유머에서는 늘 두 남자가 아니라 셋이 술집에 들어온다. 왜 그럴까? 첫 번째 남자는 이것저것 막 내놓고 두 번째 남자는 어떤 패턴을 만든다. 그러면 십중팔구 세 번째 남자가 뇌의 예측에서 벗어나 그 패턴을 깨부순다. 이처럼 유머는 예측이나 기대를 저버리는 데서 생겨난다. 만일 당신이 그 유머를 로봇에게 들려준다면 로봇은 세 남자의 말을 하나하나 듣기만 할 뿐 유머를 재미있게 받아들이지 않을 것이다. 결정적인 대목에서 말이나 행동

으로 그 예측을 깨버리는 데 유머의 매력이 있기 때문이다.[3]

광고주는 계속해서 우리의 관심을 끌려면 끊임없는 창의력이 필요하다는 걸 알고 있다. 광고는 우리를 특정 브랜드의 세제나 감자칩, 향수로 슬금슬금 끌어당기지만 광고가 계속 새로워지지 않으면 우리는 결국 다른 데로 눈길을 돌리고 광고 효과는 사라진다.

반복 회피는 인류 문화의 근원이다. 흔히 듣는 "역사는 반복된다"는 말은 사실이 아니다. 마크 트웨인이 말했듯 "역사는 기껏해야 각운만 맞을 뿐"이다. 이는 서로 다른 시기에 비슷한 것을 내놓긴 해도 세세한 면은 같지 않다는 뜻이다. 모든 것은 진화한다. 결국 혁신은 필수고 인간은 새로운 걸 요구한다.

균형이 중요한 이유가 여기에 있다. 뇌는 한편으론 세상을 예측해 에너지를 절약하려 하지만, 또 한편으론 뜻밖의 놀라움이라는 짜릿함을 추구한다. 우리는 무한 반복을 원하지도 않고 늘 놀라며 살고 싶어 하지도 않는다. 당신은 다음 날 아침 눈을 떴을 때 〈사랑의 블랙홀〉에서처럼 하루가 반복되길 바라지도 않고, 갑자기 중력이 뒤바뀌어 당신이 천장에 붙어 있는 걸 발견하고 싶어 하지도 않는다. 이미 아는 것을 이용하는 것과 모르는 것을 탐구하는 것 사이에는 절충점이 존재한다.

익숙함과 낯섦 사이

뇌는 아는 지식을 이용하는 것과 새로운 가능성을 탐구하는 것 사이에서 절충점을 찾으려 한다. 이것은 언제나 쉽지 않은 일이다.[4] 예를 들어 당신이 지금 어떤 식당에 가서 점심을 먹을지 결정한다고 해보자. 항상 가던 식당을 고수할 것인가, 아니면 새로운 식당에 가볼 것인가? 항상 가던 식당을 찾아가는 것은 예전의 경험에서 얻은 지식을 이용하는 행동이다. 반면 알지 못하는 음식의 심연에 뛰어든다면 이는 시도해보지 않은 옵션을 모색하는 일이다.

동물의 왕국에서 동물은 중간 어디쯤을 절충점으로 삼는다. 만일 붉은 바위 밑에는 유충이 있고 푸른 바위 밑에는 유충이 없음을 경험으로 알았다면 그 지식을 이용할 필요가 있다. 그러나 어떤 날은 가뭄이나 화재, 유충을 찾아다니는 다른 동물 때문에 붉은 바위 밑에서 유충을 찾지 못할 수도 있다. 세상 법칙은 영원히 지속되는 경우가 거의 없으므로 동물은 알고 있는 사실(붉은 바위 밑에는 유충이 있다)을 이용하되, 그 사실과 새로 발견한 사실(푸른 바위 밑에도 뭔가가 있는 것 같다) 사이에서 균형을 유지할 필요가 있다. 어떤 동물은 붉은 바위 밑을 뒤지면서 대부분의 시간을 보내지만 모든 시간을 거기에 쓰지는 않는다. 과거에 몇 차례 시도했다 실패한 적이 있음에도 불구하고 푸른 바위 밑을 뒤지는 데 시간을 좀 쓰는 것이다. 그런 시도는 계속 이어진다. 먹을 것이 어디에서 나올지 전혀 알 수 없으므로 다음에는 누런 바위 밑이나 나무둥치 또는 강에서 먹을 것을 찾을지도 모른다. 이처럼 동물의 왕국 안에서는 힘들게 얻은 지식과 새로운 시도 사이에 균형이 이뤄지고 있다.

수백억 년에 걸친 진화 과정에서 뇌는 융통성과 엄격성 사이의 균형을 맞춘 탐구·이용 절충점을 찾아왔다. 우리는 세상이 예측 가능하길 원하면서도 지나치게 예측이 가능한 것을 원치 않는다. 그래서 헤어스타일은 적정 반응이 끝나는 지점까지 이르지 않는다. 이는 자전거나 경기

목재 책장의 모습을 닮은 전자책 뷰어 '아이북스'의 초기 디자인

장, 글꼴font, 문학, 패션, 영화, 주방, 자동차도 마찬가지다.

우리의 창조물은 이전에 나온 것과 대체로 비슷해 보이지만 실은 모두 변화한 것이다. 지나치게 예측 가능하면 사람들은 관심을 거둬들이고 뜻밖의 놀라움이 너무 크면 갈피를 잡지 못한다. 이어지는 장에서 살펴보겠지만 창의력은 그러한 긴장감 속에서 생명력을 얻는다.

탐구·이용 절충점은 세상에 왜 그토록 기능과 무관하게 이전에 나온 디자인을 모방한 것을 뜻하는 스큐어모프skeuomorph가 많은지 그 이유도 설명해준다. 세상에 처음 나온 아이패드의 전자책 뷰어는 목재 책장 모양이었는데, 프로그래머는 손가락으로 화면을 터치했을 때 페이지가 넘어가게 만들려고 애썼다. 왜 간단히 디지털 시대에 걸맞은 책을 재정립하려 하지 않았을까? 그것은 소비자를 편안하게 만들어주는 일이 아니었기 때문이다. 소비자는 이미 나온 책과 연관되길 원했다.

한 기술에서 다음 기술로 넘어갈 때 우리는 그 기술이 과거의 기술과 연결되어 과거에서 현재로 이어져왔음을 분명히 한다. 애플워치에서 동그랗고 작은 버튼처럼 생긴 입력 장치인 디지털크라운은 아날로그 시계의 용두 역할을 한다. 디자이너 조너선 아이브는《뉴요커》와의 인터뷰에서 '묘하게 익숙한' 느낌을 주기 위해 버튼을 시계 중앙에서 약간 벗어난 위치에 두었다고 말했다. 만일 중앙에 두었다면 사용자들은 그 버튼이 아날로그 시계의 용두와 똑같은 기능을 하리라고 기대했을 것이다. 버튼을 아예 없앴을 경우 애플워치는 왠지 시계처럼 보이지 않았을지도 모른다.[5] 이처럼 스큐어모프는 익숙한 것을 모방해 새것의 이질감을 완화해준다.

디지털크라운이 달려 있는 애플워치

스마트폰에는 스큐어모프가 잔뜩 들어 있다. 전화할 때는 오래전 기술 세계에서 도태한 송수화기가 달린 구식 전화기 아이콘을 건드린다. 또 디지털카메라에는 기계적인 셔터가 없지만 스마트폰의 카메라 아이콘을 누르면 파일이 작동하면서 셔터 소리가 난다. 스마트폰의 모든 아이콘은 드래그해 쓰레기통에 넣는다. 플로피 디스크는 태곳적 동물 마스토돈처럼 사라진 지 오래지만 파일을 저장할 때는 플로피 디스크 이미지를 클릭한다. 온라인에서 무언가를 구매할 경우 그걸 '쇼핑 카트'에 집어넣는다. 이 모든 것은 과거에서 현재로의 자연스런 변화를 가능하게 해준다. 가장 현대적인 기술조차 탯줄로 그 역사와 연결되어 있는 것이다.

탐구·이용 절충점이 인간에게만 있는 것은 아니다. 그러나 다람쥐가 여러 세대 동안 서로 다른 덤불 속만 뒤지는 동안 인간은 기술로 지구 전체를 접수했다. 결국 인간의 뇌에는 특별한 무언가가 있다는 얘기인데 대체 그게 뭘까?

동물적 감각과 고도의 창의성

만일 당신이 어떤 좀비와 마주앉아 저녁 식사를 한다면 그 좀비에게 창의적인 아이디어를 듣고 감명을 받을 거라는 기대는 아예 하지 않을 것이다. 좀비의 움직임은 자동적이며 미리 입력된 대로 틀에 박힌 행동만 한다. 좀비는 스케이트보드를 타거나 회고록을 쓰거나 달에 우주선을 쏘아 올리거나 헤어스타일을 바꾸지 않는다.

비록 실재하지는 않지만 좀비는 자연계와 관련해 우리에게 무언가 중요한 걸 보여준다. 그것은 바로 동물의 왕국 생명체는 대개 자동화한 행동을 한다는 점이다. 예를 들어 벌을 생각해보자. 푸른 꽃에 앉든 노란 꽃에 앉든 공격을 하든 날아가든 벌은 언제 어떤 자극을 주어도 똑같은 반응을 보인다. 왜 벌은 창의적인 생각을 하지 못하는 걸까? 벌은 신경계 단위인 뉴런이 고정적이라 소방관들이 일렬로 늘어서서 물통을 전달하듯 각종 신호를 단순히 입력에서 출력으로 전달하기만 한다.[6] 벌은 태어날 때부터 뇌 속에서 이러한 물통 전달 과정을 시작한다. 화학적 신호가 뉴런의 경로를 결정하고 서로 다른 뇌 부위에 움직이기, 듣기, 보기, 냄새 맡기 같은 기능을 할당한다는 말이다. 새로운 구역을 탐험할 때도 벌은 주로 자동 비행 모드로 움직인다. 좀비와 논리적인 대화가 불가능하듯 당신은 벌과도 논리적인 대화를 할 수 없다. 벌은 수백만 년 동안 의 진화 과정에서 생각하는 기능을 내장한 생물학적 기계나 다름없기 때문이다.

인간에게도 벌과 같은 면이 아주 많다. 먼저 우리는 벌과 똑같은 신경 메커니즘 덕에 걷고 씹고 숙이고 소화하는 것처럼 수많은 본능적 행동을 한다. 심지어 새로운 기술을 배울 때도 그 기술을 신속히 습관화해 능률을 높인다. 가령 자전거 타기, 자동차 운전, 스푼 사용, 타이핑 등을 배울 때 우리는 그 일을 빠른 경로로 신경 회로에 연결한다.[7] 이때 뇌가 실수할 가능성을 최소화하기 위해 가장 빠른 경로를 선호한다. 이런저런 일에 쓰이지 않는 뉴런에게는 더 이상 자극이 주어지지 않는다.

만약 모든 얘기가 여기서 끝이라면 우리가 아는 인간 생태계는 존재할 수 없다. 당연히 소네트, 헬리콥터, 포고스틱(일명 스카이콩콩. – 옮긴이), 재즈, 타코 매장, 깃발, 만화경, 색종이 조각, 칵테일 등도 만들어내지 못한다. 대체 벌과 인간의 뇌는 어떻게 다른 것일까? 벌의 뇌에는 뉴런이 100만 개에 불과하지만 인간의 뇌에는 1,000억 개가 있어서 행동 레퍼토리가 비교할 수 없을 만큼 다양하다. 인간은 뉴런의 양뿐 아니라 조직 측면에서도 장점을 갖추고 있다. 감각(저기 뭐가 있지?)과 행동(내가 하려는 건 이런 거야) 사이에 더 많은 뇌세포가 존재하는 것이다. 덕분에 우리는 어떤 상황을 파악해 이것저것 따져보며 대안을 생각하고 필요한 경우 행동에 옮긴다. 우리가 삶에서 접하는 대부분의 일은 느낌과 행동 사이의 어느 지점에서 발생한다. 그러므로 우리는 반사적인 것에서 창의적인 것으로 옮겨갈 수 있다.

인간의 뇌 피질이 엄청나게 커지면서 수많은 뉴런이 초기의 화학적 신호로부터 벗어났고 그 부위에서 보다 융통성 있는 연결이 가능해졌다. 이처럼 수많은 뉴런이 자유로워지면서 인간은 다른 어떤 종보다 큰 정신적 유연성을 얻었다. 동시에 인간은 '조율한' 행동을 하게 되었다.

조율한 행동(자동화한 행동의 반대)에는 시를 이해하고 친구와 매번 다른 대화를 하며 어떤 문제의 해결책을 찾아내는 것 같은 생각과 예견이 포함된다. 혁신적 아이디어에 이르는 새로운 길을 모색하는 것 역시 그런 종류의 생각이다.

신경학적 수다는 버튼식 반사적 반응보다 의회식 토론에 더 가깝다.[8] 모두가 토론에 참여하고 합종연횡이 이뤄지는 까닭이다. 강한 공감대를 형성할 경우 한 아이디어가 의식 위로 떠오르지만 갑작스런 깨달음이라고 여기는 것은 사실 폭넓은 내부 토론의 결과다. 가장 중요한 것은 우리가 다음에 같은 질문을 던질 때 그 대답이 달라질 수 있다는 점이다. 벌은 아마 자신의 여왕벌에게 〈천일야화〉를 들려주지 못하고 매일 그렇고 그런 똑같은 밤을 보낼 것이다. 벌의 뇌가 매번 똑같은 길을 가기 때문이다. 반면 인간은 즉시즉시 변화하는 신경 구조 덕분에 수많은 이야기를 지어내고 주변의 모든 것을 리모델링할 수 있다.

인간은 습관을 반영한 '자동화한 행동'과 습관을 무시하는 '조율한 행동' 간의 경쟁 속에서 살아간다. 인간의 뇌는 효율성을 위해 어떤 신경망을 간소화하는 것일까, 아니면 융통성을 위해 어떤 신경망을 조율하는 것일까? 우리는 그 두 가지 능력 모두에 의존한다. 자동화한 행동은 우리에게 전문적인 지식과 기술을 준다. 이로써 조각가와 건축가, 과학자는 숙련된 기술로 새로운 결과물을 만들어낸다. 문제는 자동화한 행동으로는 혁신할 수 없다는 데 있다. 새로운 것은 조율한 행동으로 만들어진다. 조율한 행동이 창의력의 신경학적 토대다. 창의력이란 소설가 아서 쾨슬러의 말처럼 "독창성으로 습관을 깨버리는 것"이거나 발명가 찰스 케터링이 말했듯 "지도에 나온 대로 남들이 모두 이용하는 25번 국도를 타지 않고 더 빠른 35번 국도로 빠져나가는 것"이다.

미래 자극하기

자극과 행동 사이에 끼어 있는 엄청난 수의 뇌세포는 인간의 창의력에 절대적으로 기여하고 있다. 이로써 우리는 바로 앞에 있는 것을 뛰어넘을 여러 가지 가능성을 생각해낸다. 이것은 인간의 두뇌가 부리는 마법에서 큰 부분을 차지하며 우리가 끈질기게 '만일 ~라면 어떨까?' 하고 이런저런 가능성을 시뮬레이션하게 만든다.

이처럼 가능한 미래를 시뮬레이션하는 것은 지적인 뇌가 하는 중요한 기능 중 하나다.[9] 사장의 의견에 동의한다고 고개를 끄덕여야 하나 아니면 말도 안 되는 아이디어라고 말해야 하나? 결혼기념일에 아내(또는 남편)에게 어떤 깜짝 이벤트를 해줄까? 오늘 저녁에는 중국·이탈리아·멕시코 음식 중 무얼 먹을까? 취업하면 실리콘 밸리의 집에서 살까 아니면 시내에 있는 아파트에서 살까?

우리는 상상 가능한 행동의 모든 결과를 알기 위해 일일이 테스트할 수 없어서 머릿속으로 시뮬레이션을 해본다. 그 시나리오 가운데 실제로는 단 하나만 현실화하거나 아니면 하나도 현실화하지 않겠지만, 우리는 각 대안에 대비함으로써 미래에 보다 유연하게 대처한다. 이러한 세심함은 중요한 변화로 인간은 그 영향을 받아 인식 면에서 현대적인 인간으로 거듭날 수 있었다. 인간은 대안이 될 만한 현실을 만드는 데 능숙해 주어진 현실로 여러 가지 가능성을 이뤄낸다.

우리는 어린 시절부터 가능한 미래 시뮬레이션에 매료되며 가상 놀이는 인간 발달 과정에 보편적으로 나타나는 특징이다.[10] 아이들의 마음은 대통령이 되는 상상, 동면 상태로 화성까지 가는 상상, 화재 현장에서 영웅적인 활약을 펼치는 상상 등으로 소용돌이친다. 그들은 가상 놀이로 새로운 가능성을 꿈꾸며 자신의 환경과 관련된 지식도 습득한다.

우리는 성장하면서 이런저런 대안을 생각하거나 다른 길로 갈 경우 어떤 일이 일어날지 궁금할 때마다 미래를 시뮬레이션한다. 주택 구매, 대학 선택, 배우자 탐색, 주식 투자에서 우리는 대부분의 시뮬레이션이 잘못된 생각이거나 결코 일어나지 않을 일이라는 것을 인정한다. 출산을 앞둔 부모는 태아가 아들일지 딸일지 궁금해한다. 그리고 아직 성별을 정확히 모르는 상태에서 아기의 이름, 옷, 장식, 장난감 등을 생각한다. 펭귄, 말, 코알라, 기린도 모두 자식을 낳지만 인간처럼 미래의 가능성을 놓고 많은 생각을 하지는 않는다.

여러 가지 가능성을 생각하는 것은 인간의 일상에 워낙 깊이 뿌리내려 우리는 그것이 창의력 계발에 커다란 도움을 준다는 사실을 쉽게 간과한다. 우리는 끝없이 '만일 ~했더라면' 하고 생각하며 언어는 우리가 미래 시뮬레이션을 쉽게 다운로드하도록 만들어져 있다.[11] 그 파티에 갔더라면 즐거웠을 것이다. 그 일자리를 잡았더라면 지금쯤 부자가 되었을 것이다. 감독이 투수를 교체했더라면 팀이 경기에서 승리했을 것이다. 희망은 일종의 창의적인 추측이다. 우리는 세상을 있는 그대로 보기

보다 자신이 바라는 대로 상상한다. 이를 깨닫지 못하는 우리는 삶의 상당 부분을 가정 영역 속에서 살아간다.[12]

가능한 미래를 시뮬레이션할 경우 안전을 확보한다는 이점이 있다. 세상에서 직접 이것저것 시도하기에 앞서 마음속으로 테스트해볼 수 있으니 말이다. 철학자 칼 포퍼의 말처럼 "가능한 미래를 시뮬레이션하면 우리 대신 추측이나 가정이 죽어줄 수 있다." 즉 우리는 미래를 시뮬레이션하고(이 절벽에서 발을 앞으로 내디디면 어찌될까?) 미래의 행동(뒤로 한 발 물러서자)을 수정한다.

우리는 정신적 사고와 능력으로 목숨만 부지하는 게 아니라 아직 존재하지 않는 세상을 창조하기도 한다. 그 '대체 현실'은 광활한 초원이며 우리의 상상력은 그 초원에서 많은 것을 수확한다. 아인슈타인은 '만일 ~라면 어떨까' 하는 가능성을 기반으로 우주 속에 파고들어가 전혀 새로운 시간 관련 사실을 알아냈다. 《걸리버 여행기》의 저자 조너선 스위프트는 '만일 ~라면 어떨까' 하는 가능성을 상상하며 거인의 섬과 소인국을 여행했다. 그 밖에 독일 나치가 2차 세계 대전에서 승리를 거둔 가상 세계를 다룬 과학소설가 필립 K. 딕, 줄리어스 시저의 마음속에 들어간 셰익스피어, 모든 대륙이 붙어 있던 시대로 돌아간 지구물리학자 알프레트 베게너, 종의 기원을 목격한 다윈은 모두 '만일 ~라면 어떨까' 하는 가능성 덕분에 그런 일을 해낼 수 있었다.

우리는 지금도 시뮬레이션 능력을 바탕으로 계속 새로운 길을 내고 있다. 비즈니스계의 큰손 리처드 브랜슨은 민간인이 지구 대기권 너머까지 비행하게 해줄 우주선 기업을 비롯해 100개가 넘는 기업을 창업했다. 무엇이 그에게 그토록 놀라운 기업가적 재능을 주는 것일까? 바로 실현 가능한 미래를 상상하는 능력이다.

또 다른 요소도 창의력 향상에서 큰 역할을 한다. 당신의 뇌를 벗어난 곳에 살고 있는 그것은 다름 아닌 다른 사람들의 뇌다.

사회적 관계에서 탄생하는 창의성

F. 스콧 피츠제럴드와 어니스트 헤밍웨이는 파리에서 친구가 된 가난한 젊은이들이었다. 팝아트 작가 로버트 라우센버그는 20대 때 아직 유명해지기 전이던 화가 사이 톰블리, 재스퍼 존스와 로맨틱한 관계였다. 20대 때의 메리 셸리는 동료 작가 퍼시 비시 셸리, 바이런 경과 함께 보낸 여름에 대표작《프랑켄슈타인》을 썼다. 왜 창작자들은 이처럼 서로에게 끌리는 걸까?

창의적인 예술가는 세상과 등질 때 가장 왕성하게 활동한다는 믿음이 퍼져 있지만 이는 오해에 불과하다. 작가 조이스 캐롤 오츠는 1972년에 쓴 수필《고립된 예술가를 향한 오해The Myth of the Isolated Artist》에서 이런 말을 했다.

"예술가가 일반 사회와 고립된 인물이라는 건 잘못된 믿음이다. (…) 전통 로맨스에서 비극적인 괴짜로 묘사하는 경우가 많긴 하지만 예술가 역시 지극히 평범하고 사회생활도 활발히 하는 개인이다."[13]

포부가 있는 창작자에게 돌봐주는 사람이나 관심을 주는 사람이 없고 도움과 용기를 주는 사람도 없다는 것은 최악의 시나리오다. 늘 자신의 동료들과 떨어져 고립된 생활을 하는 예술가는 신화 속에나 나올 법한

괴물이다. 창의력은 본질적으로 사회적인 활동이기 때문이다.

네덜란드 화가 빈센트 반 고흐는 외로운 예술가의 대표적인 인물이다. 살아생전 그는 예술가로서 그다지 인정받지 못했고 그림도 별로 팔지 못했다. 하지만 그의 삶을 자세히 들여다보면 동료들과 잘 지낸 예술가의 면모가 엿보인다. 그는 여러 젊은 예술가나 다른 화가를 솔직히 비판한 내용과 미술 얘기가 담긴 편지를 주고받았다. 화단에서 처음 좋은 평을 받았을 때는 그 비평가에게 선물로 상록수를 보내기도 했다. 한때는 폴 고갱과 함께 열대 지방에 화가촌을 건설할 계획을 세우기도 했다.

그런데 왜 사람들은 여전히 반 고흐가 철저히 고립주의자였다고 말하는 걸까? 그것이 그가 보여준 천재성의 근원을 설명해주는 얘기로 제법 그럴싸하기 때문이다. 여하튼 그건 잘못된 이야기다. 반 고흐는 부적응자도 외톨이도 아니었고 자신의 시대에 적극 참여한 인물이다.[14]

소셜 네트워크는 예술가뿐 아니라 창의적인 발명을 하는 모든 분야에 적용된다. 미국 사회 생물학자 에드워드 O. 윌슨은 이런 글을 썼다.

"외딴 연구실에서 홀로 연구하는 위대한 과학자는 세상에 존재하지 않는다."[15]

많은 과학자가 자신은 홀로 고독하게 연구한다고 생각할지도 모르지만 사실 그들은 상호의존적인 거대한 네트워크 속에서 움직인다. 그들이 중요하게 여기는 문제도 보다 규모가 큰 창의적인 사회의 영향을 받고 있다. 명실상부한 당대 최고의 지성인 아이작 뉴턴은 연금술을 터득하는 데 자기 삶의 상당 부분을 바쳤다. 그의 시대에는 연금술이 굉장히 주목받는 분야였기 때문이다.

인간은 사회적인 동물이다. 우리는 서로를 깜짝 놀라게 해주려고 쉼

없이 애쓴다. 친구가 당신에게 오늘 무얼 하느냐고 물을 때마다 늘 같은 대답을 한다고 상상해보라. 과연 그 우정이 오래 지속될까? 그래서 인간은 좋은 의미에서 서로를 깜짝 놀라게 해주려고 애쓴다. 인간은 서로에게 그렇게 하도록 프로그램되어 있고 그것은 실제 행동으로 나타난다.

어쩌면 컴퓨터는 그다지 창의적인 제품이 아닐지도 모른다. 아무튼 컴퓨터는 전화번호든 문서든 사진이든 집어넣은 그대로 되돌려주며 그 능력은 우리의 기억력보다 훨씬 뛰어나다. 그렇지만 그 정밀성에도 불구하고 컴퓨터는 가령 농담을 하거나 자신이 원하는 걸 얻기 위해 친절하게 행동하지 못한다. 영화를 감독하거나 TED 강연을 하거나 사람을 울리는 소설도 쓰지 못한다. 창의력을 갖춘 인공 지능을 만들려면 모두가 서로를 놀라게 하려 애쓰고 서로에게 감동을 안겨주고자 하는 탐구형 컴퓨터들의 '사회'를 구축해야 한다. 컴퓨터에는 그런 사회적인 면이 완전히 결여되어 있고 인공 지능 컴퓨터를 만드는 게 그토록 힘든 이유가 여기에 있다.

창의성이 닿지 않는 곳은 없다

척색동물 멍게는 기이한 행동을 한다. 어려서는 헤엄쳐 다니다가 결국 따개비처럼 붙어 있을 장소를 찾고 나면 영양분 섭취를 위해 자신의 뇌를 흡입한다. 왜 그럴까? 영구적인 집을 발견한 까닭에 더 이상 뇌가 필요 없어서다. 멍게의 뇌는 정착할 장소를 찾고 그곳에 정착할 결심을 하는 데 필요할 뿐이며 그 임무가 끝나면 뇌의 영양소를 다른 장기로 보낸다. 한마디로 멍게의 뇌는 무언가를 찾고 결정하는 데 쓰인다! 어떤 장소에 정착하는 즉시 뇌는 더 이상 필요치 않다.

인간은 하루 종일 소파에 들러붙어 감자칩을 먹으며 TV만 보는 게을러빠진 사람조차 자기 뇌를 먹지는 않는다. 인간에게는 멍게 같은 최종 정착지가 없기 때문이다. 인간은 늘 틀에 박힌 일상을 거부하려 안달하며 인간에게 창의력이란 생물학적 지상 명령이나 다름없다. 우리가 예술과 기술 분야에서 추구하는 것은 단순히 사람들의 기대를 충족해주는 게 아니라 그들을 깜짝 놀라게 해주는 것이다. 그 결과 기발한 상상력이야말로 인류 역사의 특징 중 하나다. 그렇게 우리는 복잡한 서식지를 구축하고, 많은 요리법을 개발하고, 시시각각 다른 옷을 입고, 정교한 언어로 의사소통하고, 직접 만든 날개와 바퀴를 이용해 서식지 안에서 이동한다. 우리 삶의 어떤 부분도 창의력이 닿지 않는 곳은 없다.

인간은 언제나 새로운 것을 추구하기 때문에 혁신은 필수다. 그것은 일부 소수만 하는 일이 아니다. 모든 인간의 뇌 속에는 혁신의 원동력이 있고 되풀이되는 일상에 맞서는 행동을 토대로 이번 세대에서 다음 세대로, 이번 10년에서 다음 10년으로, 이번 해에서 다음 해로 거대한 변화를 일으킨다. 새로운 것을 만들어내는 원동력은 인간의 생물학적 속성 중 일부다. 우리는 그렇게 수백 개의 문화, 수백만 개의 새로운 이야기를 만들어낸다. 돼지, 라마, 금붕어와 달리 인간은 지금 예전에 전혀 존재하지 않던 것에 둘러싸여 있다.

우리의 새로운 아이디어는 대체 어디서 오는 걸까?

2장

창조와 혁신의 뿌리

2007년 1월 9일 스티브 잡스는 평소 즐겨 입는 청바지에 검은색 터틀넥을 입고 맥월드MacWorld 무대에 섰다. 그는 "가끔 혁명적인 제품이 나와 모든 걸 바꿔놓습니다"라고 말한 뒤 이렇게 선언했다.

"오늘, 애플은 전화기를 재발명하려 합니다."

여러 해 동안 이어진 무성한 소문과 추측 끝에 드디어 아이폰이 나온 것이다. 이전까지 사람들은 그 비슷한 것조차 본 적이 없었다. 그것은 손에 들고 다니는 소형 PC 겸 통신 장치 겸 음악 재생기였다. 매스컴은 마법에 가까운 선구적인 제품이라며 환호했고 블로거들은 아이폰을 '지저스 폰Jesus Phone'이라고 불렀다. 그야말로 하늘에서 뚝 떨어진 듯 갑자기 전혀 새로운 모습으로 다가왔지만 아이폰에는 위대한 혁신의 특징이 그대로 담겨 있다.

겉모습과 달리 혁신은 갑자기 하늘에서 뚝 떨어지는 게 아니다. 혁신은 발명 가계도 혹은 족보 중 가장 최근의 가지에서 나온다. 수십 년간 첨단 기기를 수집해온 과학 연구자 빌 벅스턴은 오늘날의 첨단기기에 영향을 준 다양한 기술 DNA 계보를 그렸다.[1] 예를 들어 1984년 등장한 카시오 AT-550-7 손목시계를 생각해보자. 사용자는 여기에 담긴 터치스크린 기능으로 시계 화면에서 손가락으로 튕기듯 바로 숫자를 조작할 수 있었다.

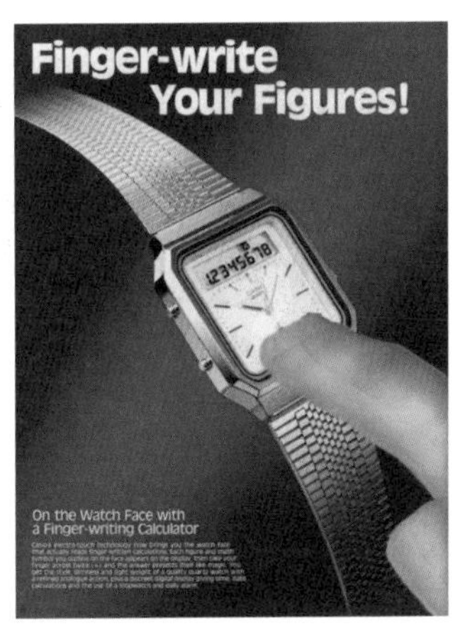

카시오의 AT-550-7 손목시계

10년 후, 그러니까 아이폰이 나오기 13년 전 IBM은 휴대 전화에 터치스크린을 추가했다. 그 휴대 전화 사이먼은 세계 최초의 스마트폰으로 기본적인 앱이 깔리고 스타일러스 펜도 달려 있었다. 팩스와 이메일을 주고받는 기능, 세계 시간 기록계, 노트패드, 달력, 단어 자동 완성 프로그램도 장착했다. 그런데 왜 사이먼은 그냥 사라졌을까? 아쉽게도 배터리가 1시간밖에 지속되지 않았고 당시 휴대 전화 요금이 너무 비쌌으며 이용할 만한 앱 생태계가 구축되어 있지 않았다. 하지만 카시오의 터치스크린과 마찬가지로 사이먼은 '어느 날 불쑥 나타난' 아이폰에 자신의 유전 물질을 남겼다.

IBM의 사이먼

카시오가 나오고 4년 뒤 스타일러스로 3D 조종이 가능한 개인용 디지털 보조장치 데이터 로버

데이터 로버 840

840이 나왔다. 이로써 사용자는 연락처 목록을 메모리칩에 저장해 어디든 갖고 다닐 수 있었다. 휴대용 컴퓨터의 토대가 다져지고 있었던 셈이다.

빌 벅스턴은 자신이 수집한 첨단 기기를 살펴본 뒤 전자 제품 산업의 길을 닦아준 여러 기기를 선별했다. 이를테면 1999년 등장한 팜 Vx는 요즘 전자 제품에서 흔히 볼 수 있는 얇은 두께를 구현했다. 벅스턴은 말했다.

"그 덕에 오늘날의 노트북처럼 두께를 얇게 만드는 것이 가능해졌다."

그는 말을 이었다.

"뿌리가 어디 있느냐고? 여기 있다, 바로 여기."[2]

스티브 잡스의 '혁명적' 제품을 위한 기초 공사는 차근차근 이뤄지고 있었다. 즉 '지저스 폰'은 처녀가 잉태해서 태어난 게 전혀 아니었다.

스티브 잡스의 연설 이후 몇 년 뒤 작가 스티브 시콘은 해묵은 《버펄로 뉴스》 1991년판 신문을 구입했다. 그간 세상이 어떻게 변했는지 알고 싶었기 때문이다. 그는 그 신문 1면에서 미국 소매업체 라디오섁Radio Shack의 광고를 발견했다.

팜 Vx

스티브 시콘은 그 광고에 실린 모든 전자 제품을 합친 게 자기 주머니 속에 있는 아이폰이라는 사실을 깨달았다.[3] 20년 전만 해도 소비자가 그 제품들을 모두 사려면 3,054달러 82센트를 써야 했으나 이제 그 비용의 일부만으로 제품을 모두 합치고도 무게가 140g에 불과한 기기를 살 수 있는 것이다.[4] 그 광고는 아이폰의 가계도를 한눈에 보여주는 족보나 다름없었다.

1991년 신문에 실린 라디오섁의 광고

빌 벅스턴의 말처럼 혁신 기술은 갑자기 하늘에서 뚝 떨어지는 게 아니라 발명가들이 영웅처럼 생각하는 이들의 뛰어난 아이디어를 바탕으로 만들어진다. 빌 벅스턴은 아이폰 디자이너 조너선 아이브를 자기 작품에 종종 다른 뮤지션을 인용한 기타리스트 지미 헨드릭스 같은 뮤지션에 비유한다. 그는 "만일 당신이 음악사에 조금만 관심을 기울인다면 지미 헨드릭스의 진가를 더 잘 알게 될 것"이라고 말했다.

비슷한 맥락으로 역사학자 존 거트너는 이런 글을 썼다.

> 대개 발명은 한순간에 이뤄진다고 상상한다. 발명가에게 갑자기 '유레카!'를 외치는 순간이 찾아오고 놀라운 계시 같은 걸 받는다고 말이다. 사실 기술 분야에서 일어나는 괄목할 만한 발전에는 정확한 출발점이 거의 없다. 처음에는 발명을 앞두고 이런저런 사람과 아이디어가 한데 모이면서 힘을 축적한다. 그렇게 몇 개월이나 몇 년(또는 몇십 년)을 거치며 그 힘이 점점 강해지고 분명해지면서 새로운 아이디어가 추가되는 것이다.[5]

다이아몬드와 마찬가지로 창의력도 역사를 압축해 놀랍고 새로운 형태를 형성하면서 만들어진다. 애플의 또 다른 혁신인 아이팟을 보자.

1970년대 음반 업계의 커다란 이슈는 해적 음반이었다. 음반 소매상은 음반이 팔리지 않으면 음반 회사에 반품해 환불을 요청했다. 많은 사람이 이 제도를 악용해 팔리지 않은 앨범 대신 해적 음반을 반품하며 환불을 요청했다. 대표적으로 올리비아 뉴튼 존의 앨범 〈피지컬Physical〉은 200만 장을 제작했는데, 각종 앨범 차트 정상에 올랐음에도 불구하고 무려 300만 장이 반품으로 돌아왔다.

만연한 해적 음반 제작을 근절하기 위해 영국 발명가 케인 크레이머가 한 가지 아이디어를 냈다. 전화선을 이용해 음악을 디지털 형태로 전송한 뒤 매장 내에 설치한 기계로 각 앨범을 맞춤 제작하는 법을 고안한 것이다. 그런데 문득 크고 무거운 기계가 꼭 필요할까 하는 생각이 들었다. 아날로그식 음반을 제작하는 대신 음악을 디지털 형태로 유지하고 휴대용 기계를 만들어 음악을 재생하는 방식은 어떨까? 결국 그는 휴대가능한 디지털 음악 재생기 IXI의 설계도를 만들었다. 그 음악 재생기에는 디스플레이 화면과 트랙을 재생해주는 버튼이 있었다.

음악 재생기를 설계한 케인 크레이머는 재고나 저장 창고 걱정 없이 디지털 음악을 판매하고 공유하는 전혀 새로운 방식을 예견했다. 폴 매카트니도 그의 첫 투자자 중 하나였으나 당시 이 음악 재생기의 이용 가능한 하드웨어 메모리는 노래 한 곡을 저장할 용량에 불과했다.

케인 크레이머의 유망한 아이디어에 빠져든 애플의 엔지니어들은 스크롤 휠, 더 세련된 자재, 보다 발전한 메모리와 소프트웨어를 통합했다. 그리고 크레이머의 아이디어가 나온 지 22년 후인 2001년 마침내 아이

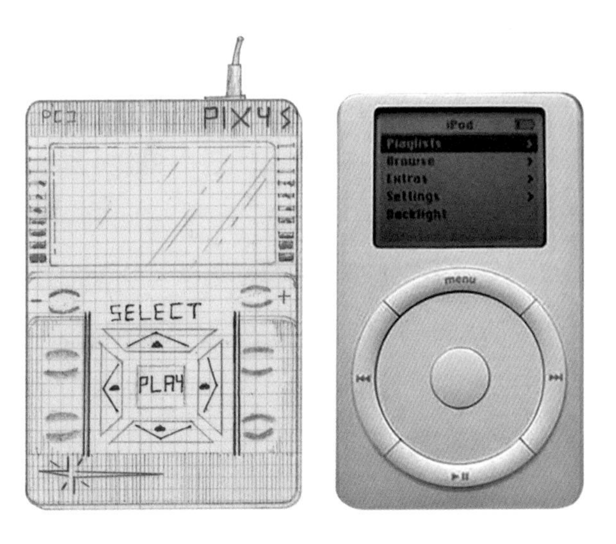

케인 크레이머의 원안(1979, 왼쪽)과 2001년에 애플이 내놓은 아이팟(오른쪽)

팟을 처음 선보였다.

훗날 스티브 잡스는 이렇게 말했다.

> 창의력은 그저 이것저것을 연결하는 일이다. 창의적인 사람에게 어떻게 그걸 해냈느냐고 물으면 그들은 자신이 실제로 그것을 한 것이 아니라서 약간의 죄의식 같은 걸 느낀다. 그들은 단지 무언가를 봤을 뿐이다. 얼마 지나지 않아 그것이 분명해 보이면 여기에 자신의 경험을 연결해 새로운 것으로 합성한다.

케인 크레이머의 아이디어도 갑자기 하늘에서 뚝 떨어진 것은 아니었다. 그는 소니의 휴대용 카세트 플레이어 워크맨의 발자국을 따라갔다.

워크맨은 1963년에 나온 카세트테이프의 영향을 받았고 다시 카세트테이프는 1924년에 나온 릴테이프 덕에 생겨났다. 이런 식으로 모든 발명은 계속 역사를 거슬러 올라간다. 즉 모든 것은 이전에 있던 혁신 생태계에서 생겨난다.

인간의 창의력은 진공 상태에서 나오는 게 아니다. 인간은 자신의 경험과 주변 원재료를 토대로 세상을 리모델링한다. 지나온 역사와 현재 상태를 알면 다음 세대 산업의 큰 틀이 보인다. 자신이 수집한 첨단 기기를 연구한 빌 벅스턴은 대개 20년 정도가 지나면 새로운 콘셉트가 시장을 지배한다는 결론을 내렸다. 그는 잡지 《애틀랜틱》과의 인터뷰에서 이렇게 말했다.

"만약 내 말이 믿을 만하다면 10년 후 10억 달러 가치를 지닐 물건은 이미 10년 전에 만들어졌다는 말 또한 믿을 만하다. 이는 혁신에 접근하는 우리의 방식을 송두리째 뒤바꿔놓는 얘기다. 세상에 갑자기 하늘에서 뚝 떨어진 발명이란 존재하지 않는다. 탐사하고 채굴하고 정제하고 세공해 그 무게만큼의 금보다 더 가치 있는 뭔가를 만들어내는 것이다."

• • •

고장 난 아폴로 13호를 구하고자 NASA의 엔지니어들은 그들이 알고 있는 것을 캐내고 정제했다. 우주선이 수십만 킬로미터 떨어진 곳에 있었기에 어떤 해결책을 찾아내든 우주 비행사들을 구할 수 있는 것이어야 했다. NASA의 엔지니어들은 우주선 안에 있는 모든 것을 소상히 알았고 이전 아폴로 임무에서 얻은 경험도 있었으며 또 많은 시뮬레이션을 해보았다. 그들은 구조 계획을 짜면서 그 모든 지식을 총동원했다. 훗날 NASA 관제 센터의 총책임자 진 크란츠는 다음과 같이 썼다.

> 나는 우리가 아폴로 13호 임무를 시작하기 전에 예상 가능한 모든 우주선 고장 상태를 놓고 다양한 대안과 해결책을 세우는 데 많은 시간을 쏟은 것에 감사했다. 우리는 위기 상황에서는 시스템 냉각용 물 대신 사령선 생존수나 농축한 땀 또는 승무원의 소변을 이용할 수도 있다는 걸 알고 있었다.

그동안 충분히 경험을 쌓은 엔지니어들은 문제 해결에 필요한 원재료를 어렵지 않게 구했다. 그들은 24시간 내내 아이디어를 짜냈고 그것을 훈련용으로 사용하는 모형 우주선 안에서 직접 테스트했다. 시간이 워낙 촉박해 모든 아이디어와 데이터를 그 자리에서 즉시 테스트해야 했던 것이다.

창의적인 작업 과정은 기존 아이디어를 활용하는 방식으로 크게 향상된다. 초창기 자동차업계를 생각해보자. 1908년 이전까지만 해도 자동차 한 대를 새로 제작하는 데 많은 시간과 노력이 필요했다. 각각의 자동차는 주문 제작했고 서로 다른 부품을 다른 장소에서 조립한 뒤 한데 모아 공들여 최종 조립했다.

그러다가 헨리 포드가 자동차 생산 과정 전체를 한 지붕 아래로 모아 조립 제작하는 혁신적 능률 시스템을 도입했다. 공장 한쪽 끝에서 목재와 광석, 석탄 등을 집어넣으면 다른 쪽 끝에서 모델 T가 줄지어 나왔다. 그의 조립 라인은 자동차 생산 방식 자체를 바꿔놓았다.

"조립 라인 도입으로 조립 장소에 작업 재료를 쌓아놓고 사람이 움직이던 방식에서 사람은 가만히 있고 작업 재료가 움직이는 방식으로 바뀌었다."[6]

이 혁신으로 자동차는 유례없을 만큼 빠른 속도로 공장 내부를 이동했다. 전혀 새로운 거대한 산업이 탄생한 셈이다.

아이폰과 마찬가지로 포드의 조립 라인 아이디어에도 긴 계보가 있다. 19세기 초 미국 기계 발명가 엘리 휘트니는 호환 가능한 부품으로 이뤄진 무기를 제작해 미군에 공급했다. 이로써 소총이 고장 났을 때 다른 무기에서 빼낸 부품을 이용해 수리하는 것이 가능해졌다. 헨리 포드는 이 호환 가능한 부품 아이디어, 다시 말해 각 자동차에 필요한 부품을 주문 제작하지 않고 대량 생산하는 아이디어에 매료됐다.

또한 18세기 담배 공장은 작업을 단계별로 이어서 진행하는 일괄 작업 방식으로 작업 속도를 높였다. 여기에서 영감을 얻은 포드는 이를 그대로 따랐다. 조립 라인 그 자체는 포드가 시카고의 도축 사업장에서 배운 것이기도 했다. 나중에 그는 이렇게 말했다.

"내가 새로운 것을 발명한 게 아니다. 몇 세기 동안 다른 사람이 발견한 방식을 활용해 자동차를 조립했을 뿐이다."

과거 역사를 캐내는 일은 기술 분야뿐 아니라 예술 분야에서도 일어난다. 열정적이고 충동적이며 상상력이 풍부한 낭만파 시인 새뮤얼 테일러 콜리지는 아편에 취해 꿈을 꾼 뒤 유명한 시 〈쿠블라 칸Kubla Khan〉을 썼다. 그 시에서 시인은 뮤즈들과 대화를 나눈다.

콜리지가 세상을 떠난 뒤 미국 학자 존 리빙스턴 로스는 콜리지의 서재에 꽂혀 있던 책과 일기를 참고로 이 시인의 창작 과정을 철저히 해부했다.[7] 그 결과 로스는 콜리지의 서재에 꽂힌 책이 '창의력이 절정에 달했을 때 콜리지가 쓴 거의 모든 시에 알게 모르게 영향을 주었다'는 사실을 밝혀냈다. 로스에 따르면 가령 콜리지의 시 〈늙은 선원의 노래Rime of the Ancient Mariner〉에 나오는 구절 '모든 발자국이 황금빛 불길이었고'는 불운한 탐험가 제임스 쿡이 형광 물고기를 '바닷속의 인공 불길'로 묘사한 것에서 따온 것이었다.[8] 또한 콜리지의 시에 나오는 '핏빛 태양'은 팔코너의 시 〈난파선The Shipwreck〉에 나오는 활활 타오르는 태양 묘사를 모방한 것이었다. 로스는 콜리지의 시 한 구절 한 구절이 그의 서재에 꽂힌 책에서 영향을 받았다는 걸 알아냈다. 어쨌든 이런 시를 쓸 무렵 콜리지는 배를 타고 바다로 나간 적이 없었다. 로스는 콜리지의 상상력이 그의 서재에 꽂힌 책에서 나온 것이라는 결론을 내렸다.

모든 것에는 그 나름대로 계보나 족보가 깃들어 있다. 미국 작가 조이스 캐롤 오츠는 이렇게 말했다.

"과학과 마찬가지로 예술도 공동의 노력으로 봐야 한다. 한 개인이 여러 사람의 목소리를 대변하려는 노력, 합성하고 탐구하고 분석하는 노력 말이다."

케인 크레이머의 음악 재생기 설계도, 엘리 휘트니의 소총, 시인의 서재에 있던 책은 각각 아이폰 디자이너 조너선 아이브·헨리 포드·새뮤얼 테일러 콜리지에게 잘 분석하고 소화해 변화를 도모하게 하는 자원 역할을 했다.

그렇다면 700년에 한 번 나올까 말까 한 획기적인 아이디어나 발명, 혁신은 어찌된 것일까? 미술사가 존 리처드슨이 "700년에 한 번 나올 만한 독창적인 그림"이라고 한 피카소의 〈아비뇽의 처녀들〉이 바로 그런 경우다.

폴 세잔, 〈생 빅투아르 산〉(1902~1904)

그처럼 독창적인 작품에서도 우리는 계보나 족보를 찾을 수 있다. 피카소가 등장하기 한 세대 전 일단의 진보적인 예술가들이 19세기 프랑스에서 유행한 극사실주의에서 탈피하려는 움직임을 보이기 시작했다. 그 대표적인 인물이 〈아비뇽의 처녀들〉(1907)이 나오기 전해에 세상을 떠난 폴 세잔으로 그는 기하학적 형태와 대담한 색채를 사용한 것으로 유명하다. 그의 그림 〈생 빅투아르 산Mont Sainte-Victoire〉은 마치 그림 조각 맞추기 같다. 훗날 피카소는 세잔이 자신의 "유일한 스승"이라고 말했다.

〈아비뇽의 처녀들〉에서 볼 수 있는 다른 특징은 피카소의 친구 중 한 명이 갖고 있던 그림, 즉 17세기 엘 그레코의 제단화 〈묵시록적 비전

엘 그레코, 〈묵시록적 비전〉(1608~1614)

Apocalyptic Vision〉에서 영향을 받았다는 점이다. 피카소는 직접 이 제단화를 여러 차례 찾아가 봤고 〈아비뇽의 처녀들〉에서 매춘부의 모습을 그릴 때 이 제단화에 나오는 여성들의 누드를 모델로 삼았다. 〈아비뇽의 처녀들〉은 그림 크기와 비율이 특이한데 그 또한 이 제단화를 모델로 삼은 것이다.

우리는 피카소의 그림에서 보다 특이한 영향도 찾아냈다. 그보다 몇십 년 전 화가 폴 고갱은 관습을 무시하고 아내와 자식을 버린 채 타히티섬으로 떠났다. 고갱은 개인적인 에덴에 살면서 자신의 그림과 목판화에 타히티 토착 예술을 가미했는데 피카소는 그것도 눈여겨보았다.

이베리아반도의 조각(기원전 300~200년경, 왼쪽), 폴 고갱, 〈기쁨의 땅〉(1893~1894, 가운데),
피카소, 〈아비뇽의 처녀들〉 중 일부(오른쪽)

피카소는 토착 예술 중에서도 자신의 고국인 스페인의 토착 예술에 큰 관심을 보였다. 어느 날 피카소의 한 친구가 경비원이 잠든 사이 루브르 박물관에 몰래 들어가 스페인 바스크 지역의 토착 미술품 두 점을 갖고 나와 피카소에게 50프랑에 팔았다. 나중에 피카소는 훔쳐낸 그 이베리아반도 조각품과 자신이 그린 얼굴들 사이에 비슷한 점이 있다며 전반적인 머리 구조와 귀 모양, 눈 묘사가 똑같다고 말했다. 미술사가 리처드슨은 이런 말을 했다.

"이베리아반도 조각은 그야말로 피카소가 찾아낸 그만의 것으로 (…) 그 어떤 화가의 것도 아니다."

피카소가 한창 〈아비뇽의 처녀들〉을 그리고 있을 때 인근의 한 박물관에서 아프리카 가면 전시회를 열었다. 한 친구에게 보낸 편지에서 피카소는 그 전시회를 방문한 날 〈아비뇽의 처녀들〉의 아이디어가 떠올랐

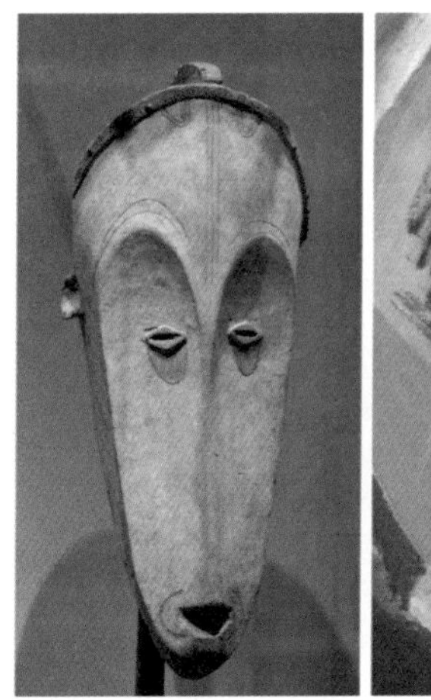

아프리카 가면(19세기, 왼쪽), 피카소, 〈아비뇽의 처녀들〉 중 일부(오른쪽)

다고 썼다. 후에 그는 자신이 그 전시회를 방문한 것은 〈아비뇽의 처녀들〉 작업을 끝낸 뒤였다고 말을 바꿨다. 하지만 〈아비뇽의 처녀들〉에서 가장 특이한 한 인물, 그러니까 가면처럼 보이는 두 매춘부 중 한 명의 얼굴이 그 아프리카 가면들과 많이 닮았다.

피카소는 자기 주변의 원재료를 캐낸 덕분에 자신의 문화를 전인미답의 길로 이끌어갈 수 있었다. 그가 자신에게 영향을 준 것을 찾아냈다고 해서 그의 독창성이 줄어드는 것은 아니다. 그의 동료들도 그가 접한 자원을 접했지만 누구도 그 영향을 한데 모아 〈아비뇽의 처녀들〉 같은 걸작을 만들어내지는 못했다.

자연이 현존하는 동물의 변화를 이끌어 새로운 동물을 만들듯 인간의 뇌도 과거의 전례로 무언가를 만든다. 400여 년 전 프랑스의 사상가 겸 수필가 미셸 드 몽테뉴는 다음과 같이 말했다.

"벌이 이 꽃 저 꽃에서 약탈을 해도 일단 꿀을 만들면 그 꿀이 전부 벌의 것이듯 (…) 다른 사람에게서 빌려온 작품도 마찬가지다. 그 모든 걸 바꾸고 뒤섞어 자기 작품을 만들어내는 것이다."[9]

과학 저술가 스티븐 존슨은 이렇게 말했다.

"우리는 다른 사람에게 물려받거나 우연히 찾아낸 아이디어로 새로운 것을 만들어낸다."[10]

아이폰을 발명하든 자동차를 제조하든 현대 미술을 시작하든 창작자는 다른 사람들에게 물려받은 것을 리모델링한다. 그들은 세계를 자신의 신경계 속으로 흡수해 그것으로 가능한 미래를 만들어낸다.《뉴요커》 표지를 비롯해 많은 것을 디자인한 그래픽 아티스트이자 일러스트레이터인 로니 수 존슨을 생각해보자. 2007년 그녀는 세균 감염으로 거의 죽다 살아나면서 기억력에 문제가 생겼다.[11] 겨우 목숨은 건졌지만 기억은 단 15분이라는 구간에 갇혀버렸다. 그녀는 자신의 결혼과 이혼은 물론 심지어 같은 날 앞서 만난 사람들도 기억하지 못했다. 그렇게 기억의 샘이 말라버리자 창의력의 샘도 말라버렸다. 그녀는 그림 소재를 생각해낼 수 없어 그림을 그리는 일을 그만두었다. 머릿속에 아무런 내적 모델도 떠오르지 않았고 이제껏 봐온 것을 어떻게 뒤섞어 쓸지도 생각나지 않았다. 종이를 앞에 두고 앉아도 백지 상태에서 한 발도 나아가지 못했다. 미래를 만들어내려면 과거가 필요했지만 그녀는 이용할 게 없었고 그래서 그릴 것도 없었다. 창의력을 발휘하려면 기억이 필요하다.

누구에게나 "유레카!"를 외치게 되는 순간은 있다. 불현듯 구체적인 아이디어에 사로잡히는 순간 말이다. 1944년 야외에서 공중전화로 자기 어머니와 통화하던 중 번개를 맞은 정형외과 의사 앤서니 시코리아를 예로 들어보자. 몇 주 후 그는 느닷없이 작곡을 하기 시작했다. 〈번개 소나타Lightning Sonata〉를 비롯해 여러 음악을 작곡한 그는 자신의 음악적 재능이 난데없이 생겨났다고 했다. 이것은 그야말로 창의력이 갑자기 하늘에서 뚝 떨어진 경우다. 음악가도 아닌 사람이 갑자기 작곡을 했으니 말이다.

그런데 좀 더 면밀히 조사해본 결과 시코리아는 자기 주변의 원재료를 활용한 것으로 밝혀졌다. 번개 사고 후 그는 19세기 피아노 음악을 듣고 싶은 욕구가 아주 강해졌다. 번개가 그의 뇌에 어떤 작용을 했는지는 알 수 없으나 그가 갑자기 짧은 기간 동안 19세기 피아노 음악에 몰입한 건 분명한 사실이다. 시코리아의 음악은 아름답지만 거의 2세기 전에 살았던 쇼팽 등 그가 즐겨 들은 작곡가들의 음악과 구조나 전개가 비슷하다. 로니 수 존슨과 마찬가지로 그에게는 캐낼 원재료가 보관된 저장소가 필요했다. 갑작스레 생긴 작곡 욕구가 하늘에서 떨어졌는지는 몰라도 기본적인 창작 과정은 그렇지 않았던 셈이다.

많은 사람이 거센 폭풍우 속에 서서 창의력을 안겨줄 번개가 내리치길 기다린다. 그러나 창의적인 아이디어는 기존의 기억과 인상을 기반으로 발전한다. 새로운 아이디어는 번개가 내리쳐 불타오르는 게 아니라 뇌 속의 거대한 어둠에서 번쩍이는 수십억 개의 미세한 불길에서 생겨난다.

창조하는 뇌의 세 가지 전략: 휘기, 쪼개기, 섞기

인간은 끝없이 창조한다. 원재료가 언어적이든 청각적이든 아니면 시각적이든 일종의 만능 조리 기구를 세상에 집어넣으면 거기서 뭔가 새로운 것이 나온다.

수많은 호모 사피엔스의 노력으로 능력이 배가된 우리의 타고난 인지능력은 점점 빠른 속도로 혁신하는 사회, 가장 최신 아이디어를 먹고사는 사회를 만들어냈다. 농업 혁명에서 산업 혁명까지는 무려 1만 1,000년이 걸렸지만 산업 혁명에서 전구 발명까지는 120년밖에 걸리지 않았다. 그로부터 인간이 달에 착륙하기까지는 고작 90년이 걸렸다. 거기에서 월드와이드웹까지는 22년이 걸렸고 다시 9년 후에는 인간 게놈

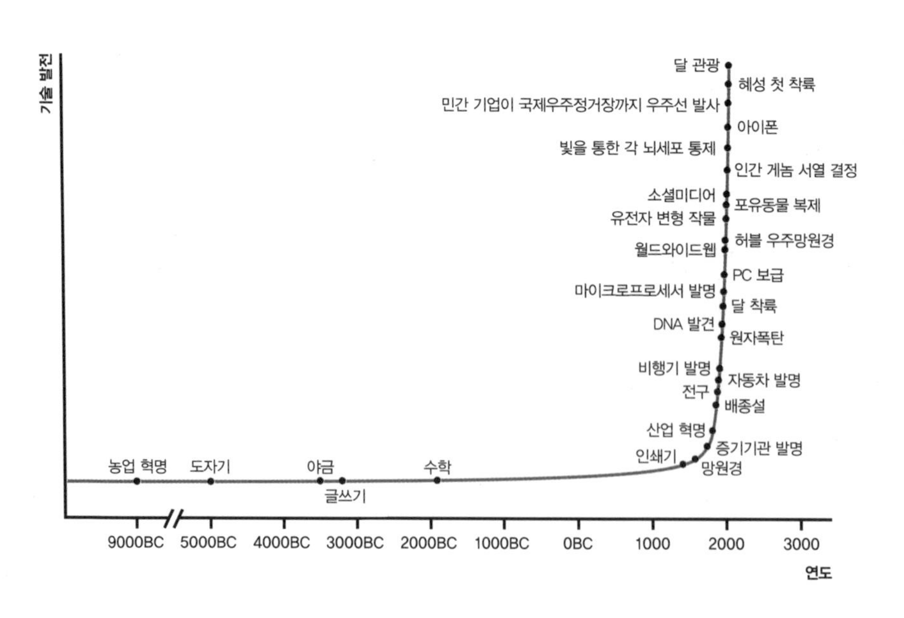

을 완전히 해독했다.[12] 역사적인 혁신이 보여주는 그림은 분명하다. 중요한 혁신과 혁신 사이의 기간이 급속도로 짧아지고 있다! 이런 현상은 지구에서 가장 뛰어난 아이디어를 흡수해 그것을 더 좋게 만드는 인간의 두뇌에 우리가 기대하는 바이기도 하다.

세상을 재창조할 때 애플과 NASA의 엔지니어, 포드, 콜리지, 피카소는 모두 과거의 전례에서 시작했다. 언뜻 그들이 해낸 방식이 전혀 달라 보일 수도 있다. 전자 제품과 자동차, 시, 그림을 재창조하는 일에는 판이한 종류의 정신적 작업이 필요하니 말이다. 흔히 창의적인 사람은 주변 세상을 재창조하는 데 서로 다른 다양한 방법을 쓸 거라고 생각한다. 이제 우리는 인간의 인지활동 틀을 크게 휘기Bending, 쪼개기Breaking, 섞기Blending라는 세 가지 기본 전략으로 나눠 생각하려 한다.[13] 우리가 제시하는 이 세 가지야말로 모든 아이디어가 진화해가는 핵심 전략이다.

휘기, 쪼개기, 섞기(3B)는 혁신적 사고를 뒷받침하는 뇌 활동을 포착하는 한 방법이다. 이 세 가지 정신활동은 각각 혹은 서로 합쳐져 인간이 휴대 전화 사이먼에서 아이폰에 이르는 또는 토착 미술품에서 현대 미술 탄생에 이르는 모든 혁신을 이루게 해준다. 이 세 가지 전략을 기반으로 아폴로 13호는 지구로 무사히 귀환했고 포드의 자동차 공장도 생겨났다. 이제 우리는 인간의 상상력이 어떻게 이 같은 인지 메커니즘 날개를 이용해 날아가는지 보여줄 것이다. 주변의 모든 것에 인지 소프트웨어를 적용함으로써 우리는 끊임없이 새로운 세상을 만들어간다.

휘기, 쪼개기, 섞기는 우리가 세상을 보고 이해하는 토대다. 예를 들어 우리의 기억은 비디오를 녹화하듯 우리가 하는 경험을 있는 그대로 충실히 기록하지 않는다. 기억에는 왜곡과 축약, 흐릿함이 있다.

'휘기'에서는 원형을 변형하거나 뒤틀어 본래의 모습에서 벗어난다.

폴란드 북부의 휴양도시 소포트에 있는 슈틴쉬 앤드 잘레브스키, '크시비 도메크(비뚤어진 집, 2004)'

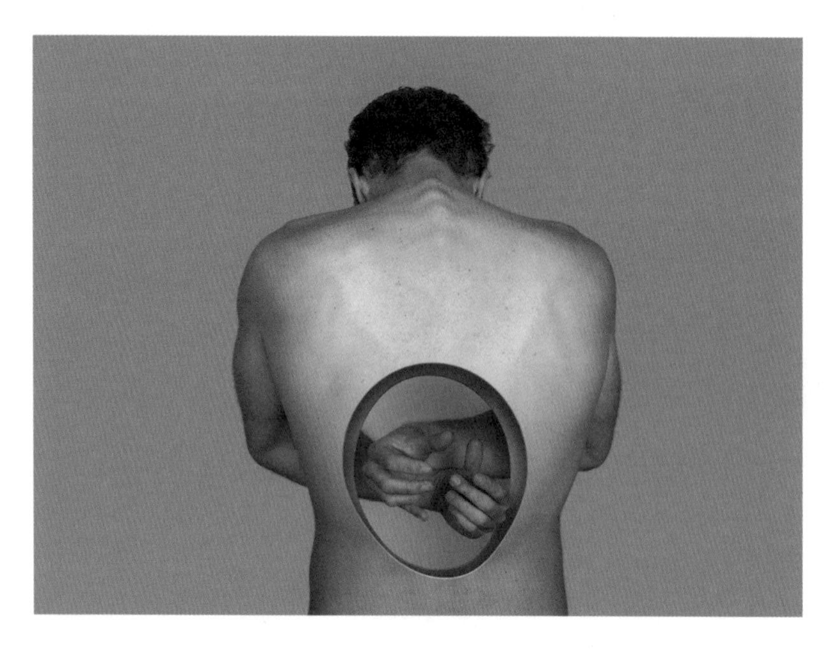

'쪼개기'에서는 전체를 해체한다.

야고 파탈, 〈조각 모음〉(2015)

'섞기'에서는 2가지 이상의 재료를 합한다.

토마스 바베이, 〈오 시트!〉(미상)

입력된 그대로 출력하는 것이 아니라서 똑같은 자동차 사고를 목격하고도 기억이 제각각 다르고, 똑같은 대화에 참여하고도 나중에 얘기가 달라진다. 인간의 창의성은 이러한 메커니즘을 거쳐 생겨난다. 우리는 자신이 관찰하는 모든 것을 휘고 쪼개고 섞는다. 이 세 가지 전략 덕분에 우리는 주변 현실에서 벗어나 멀리 갈 수 있다. 인간은 정확하고 세세한 정보를 오래 유지하는 일에는 서툴지만 가상 세계를 설계하고 만드는 일에는 능하기 때문이다.

우리는 뇌가 각기 다른 구역으로 나뉘어 일한다는 것을 알고 있다. 그러나 이 접근 방식은 뇌의 가장 중요한 측면을 간과한다. 사실 뉴런은 복잡하게 얽혀 있고 어떤 뇌 구역도 혼자 일하지 않는다. 뇌의 각 구역은 마치 인간 사회처럼 끊임없이 왁자지껄 논쟁을 벌이고 타협하거나 협력하며 움직인다. 이 광범위한 상호작용이 인간의 창의력을 뒷받침해주는 신경학적 토대다.

물론 어떤 기능은 특정 뇌 구역에 한정되지만 창의력은 뇌 전체의 움직임으로 생기며 이때 방대한 신경 네트워크가 전면 협력한다.[14] 이 방대한 상호연결성으로 인간의 뇌는 3B를 광범위한 경험에 적용한다. 끊임없이 세상을 받아들여 완전히 씹어 먹은 뒤 새로운 세상으로 바꿔 내뱉는 것이다.

세 가지 창의적 전략을 적용하는 데 능한 것은 인간의 커다란 장점이다. 한정적인 옵션으로 놀랄 만큼 다양한 결과를 만들어내니 말이다. 자연이 DNA를 재배열해 만들어낸 것을 생각해보라. 깊숙한 바닷속에 사는 식물과 물고기, 땅 위에서 풀을 뜯고 먹이를 찾아다니는 동물, 하늘 높이 날아오르는 새, 뜨겁고 찬 곳·고도가 높고 낮은 곳·열대 우림과 사막에 사는 유기체는 모두 네 가지의 같은 뉴클레오타이드Nucleotide(DNA와 RNA 같은 핵산의 기본 구성 단위.－옮긴이)를 서로 다르게 섞어 만든 생명체다.

현미경으로만 볼 수 있는 아메바부터 빌딩처럼 큰 고래까지 수백만 종의 생명체가 이전 버전을 재조직해서 만들어졌다. 인간의 뇌 역시 입력된 것을 바꾸고 재배열하는 몇몇 기본적인 기능으로 혁신을 거듭한다. 우리는 경험의 원재료로 휘고 쪼개고 섞어 새로운 결과물을 만든다. 이 세 가지 전략으로 새로운 아이디어와 행동이 샘솟듯 끝없이 생겨난다는 얘기다.

다른 동물들도 드문드문 창의력을 보이지만 인간만큼 뛰어난 창의력을 보이는 동물은 없다. 무엇이 인간을 그렇게 만들어주는 걸까? 인간의 뇌는 감각적 자극과 반응 간의 구역에 보다 많은 뉴런이 있어서 신경회로에 더 많은 추상적 개념과 경로가 생길 수 있다. 더구나 인간은 유난히 사회성이 뛰어나 서로 상호작용하고 아이디어를 공유함으로써 서로에게 정신적 씨앗을 뿌린다. 때로 인간의 창의력은 기적처럼 보이지만 실은 서로 간의 협력으로 뇌에서 새로운 아이디어가 만들어지는 것이다.

은밀한 창의성과 드러난 창의성

뇌는 늘 보이지 않는 곳에서 은밀하게 창의적인 소프트웨어를 돌린다. 당신이 과장하고, 거짓말하고, 재치 있는 말을 하고, 있는 재료로 뚝딱 요리하고, 깜짝 선물로 파트너를 놀라게 하고, 휴가를 계획하고, 다양한 인간관계를 생각할 때마다 당신은 이전에 흡수한 기억과 감각을 소화하고 재건하는 셈이다.

인간의 뇌가 이것저것 흡수하고 수백 년간 그 소프트웨어를 돌려온 결과 우리는 지금 창의적인 산물에 둘러싸여 있다. 이를테면 어느 제조업체에서 신모델을 발표하거나 당신이 좋아하는 노래를 리믹싱한 것을 들을 경우 세상을 재창조한 일이 쉽게 눈에 띈다. 이와 달리 오늘날 끝없이 재탄생하는 발명품, 아이디어, 경험 중에는 쉽게 눈에 띄지 않는 것도 많다.

유튜브를 예로 들어보자. 이 사이트는 온라인상에서 비디오를 공유하는 방식에 일대 혁명을 일으켰다. 그러나 선두주자 자리를 지키는 것은 쉬운 일이 아니다. 유튜브는 계속해서 사람들의 관심을 끌려면 중단 없이 비디오를 스트리밍해야 한다는 사실을 일찌감치 깨달았다. 비디오가 중단될 경우 사용자는 금세 다른 데로 가버리고 만다.[15]

고화질 비디오가 출현하면서 문제는 더 심각해졌다. 고화질 비디오는 용량이 커서 제대로 스트리밍하려면 많은 대역폭이 필요하다. 통과 주파수 범위를 의미하는 대역폭이 너무 좁으면 대기 상태로 돌아가 보고 있는 비디오가 동작을 멈추고 만다. 유감스럽게도 대역폭은 변동이 심하며 그 통제권은 유튜브가 아니라 인터넷 서비스 제공 업체에 있다. 현실적으로 더 많은 사용자가 고화질 비디오를 선택할수록 비디오를 제대로 즐기는 것은 그만큼 더 힘들다.

대역폭에 직접 영향력을 행사할 수 없는 상황에서 유튜브 엔지니어들은 어떻게 사용자에게 믿을 만한 스트리밍 서비스를 제공할 수 있었을까? 그들의 해결책은 놀랍도록 교묘했다. 유튜브 비디오는 대개 고화질, 표준화질, 저화질의 세 가지 해상도로 저장한다. 여기에서 착안한 엔지니어들은 서로 다른 해상도 파일을 마치 목걸이 구슬처럼 아주 짧은 클립Clip(필름 중 일부만 따로 떼어내 보여주는 부분.-옮긴이)으로 쪼개주는 소프트웨어를 고안해냈다. 이 경우 당신이 컴퓨터로 비디오를 스트리밍하는 동안 또 다른 소프트웨어가 순간순간의 대역폭 변동을 추적해 컴퓨터에 필요한 해상도를 제공해준다. 언뜻 중단 없이 이어지는 비디오로 보이지만 실은 수천 개의 작은 클립이 서로 연결된 비디오다. 당신은 진주 사이에 섞인 자갈을 알아채지 못하듯 스트리밍 안에 고화질 클립만 충분하면 보다 저화질 클립을 알아채지 못한다. 당신은 그저 스트리밍 서비스가 더 좋아졌다고 느낄 뿐이다.

유튜브 엔지니어들은 고화질 스트리밍을 개선하기 위해 비디오를 잘게 잘라 섞었다. 이는 고화질은 100% 품질이 좋아야 한다는 전제에 물음표를 던진 결과다. 한데 여기에는 한 가지 문제가 있다. 당신은 스트리밍 밑에 깔려 있는 창의성을 감지할 수 없다!

유튜브 스트리밍은 은밀한 창의성의 한 가지 예다. 애초에 사람들의 관심을 끌지 않도록 고안한 그것은 무표정한 포커페이스의 창의성인 셈이다. 기업과 업계에서는 창의성을 보이지 않게 숨기는 경우가 많다. 중요한 것은 어떤 도구가 제 역할을 제대로 하는 것이기 때문이다. 비디오는 스트리밍을 잘하고 앱은 교통 경로를 잘 업데이트하며 스마트워치는 당신이 계단을 얼마나 많이 오르는지 잘 모니터링하면 그만이다. 이처럼 혁신은 스스로를 감추는 경우가 많다.[16]

우리를 둘러싼 건물을 생각해보자. 대개 통풍관과 파이프, 전선, 지지대 등 건물이 제 기능을 하도록 만들어주는 기술은 전부 벽 뒤에 숨어 있다. 예외적으로 파리에 있는 퐁피두 센터는 건축물 안쪽이 그대로 드

프랑스 파리 퐁피두 센터의 외부

러나게 지어졌다. 기능적·구조적 요소를 전부 밖으로 드러내 사람들이 볼 수 있게 건축한 것이다.

디자인을 감추지 않고 표면에 드러낼 때 창의성은 겉으로 나타난다. 그처럼 창의성은 발명의 전선과 관을 노출함으로써 혁신을 가능하게 해준 내부 정신 과정을 그대로 보여준다.

다양한 문화권에서 창의성이 가장 잘 보이는 쪽은 예술 분야다. 예술품은 전시를 목적으로 만드는 데다 소스 코드를 공개하는 혁신적인 소프트웨어이기 때문이다. 크리스찬 마클레이의 설치 미술품 〈시계The Clock〉를 예로 들어보자. 이 24시간짜리 비디오 몽타주에는 매 분마다 영화 속 여러 장면이 나오는데 거기에 정확히 같은 시간이 나타난다. 가령 오후 2시 18분에 배우 덴절 워싱턴이 벽시계를 바라보는 장면이 나오는 스릴러 영화 〈펠햄 123〉 속 시계는 정확히 2시 18분을 가리킨다. 이 설치 미술품의 24시간 사이클에는 〈보디 히트〉, 〈007 문레이커〉, 〈대부〉, 〈나이트메어〉, 〈하이 눈〉 같은 영화에서 뽑아낸 수천 편의 클립이 나온다. 또 아날로그 방식이든 디지털 방식이든, 흑백 시계든 컬러 시계든, 회중시계·손목시계·자명종·출퇴근 시간 기록계·대형 괘종시계·시계탑 등 엄청나게 많은 종류의 시계가 등장한다.[17]

기존 장면을 짧은 클립으로 잘게 나눈 뒤 그것을 다시 이어 붙였다는 점에서 크리스찬 마클레이가 한 일은 유튜브 엔지니어가 한 일과 다르지 않다. 그러나 유튜브 엔지니어는 창의성이 감춰진 반면 마클레이는 창작 과정의 뼈대까지 다 드러냈다. 우리는 그가 여러 편의 영화를 쪼개고 섞어 새로운 영화 시계를 만들었음을 알 수 있다. 유튜브 엔지니어와 달리 자신의 작업 과정을 그대로 보여준 것이다.

예술은 지난 수만 년간 인류 문화와 함께하면서 우리에게 겉으로 드러나는 창의성을 풍족하게 쏟아 부었다. 뇌 스캔으로 뇌가 작동하는 방식을 알아내듯 우리는 예술로 창작 과정을 낱낱이 해부한다.

예술과 과학은 어떻게 우리가 새로운 아이디어 탄생을 더 잘 이해하게 해주는 걸까? 자유시는 DNA 염기서열이나 디지털 음악과 어떤 관련이 있는 걸까? 스핑크스는 자기 회복 시멘트와 어떤 관련이 있을까? 힙합은 구글 번역과 관련해 우리에게 어떤 걸 보여주고 있는 걸까?

이제 이 질문의 답을 찾아 3B를 하나하나 자세히 살펴보자.

3장

휘기: 가능성의 문을 여는 변형

1890년대 초 프랑스 화가 클로드 모네는 루앙 대성당 맞은편에 방을 하나 얻었다. 그리고 2년간 그는 그 성당의 정문을 30장 이상 그렸다. 그는 시각 스타일을 그대로 유지한 채 똑같은 각도에서 성당 앞면을 그

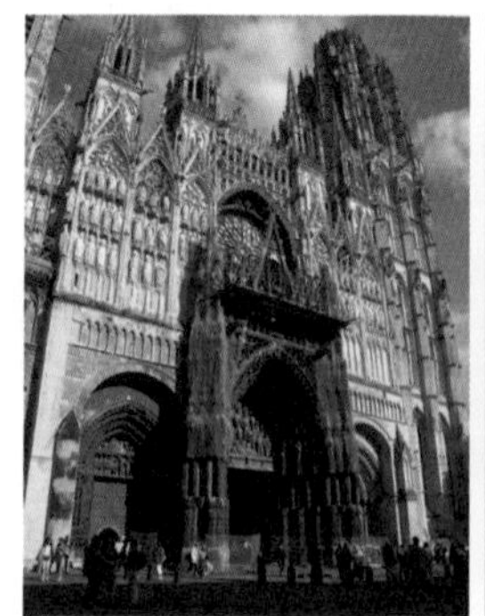
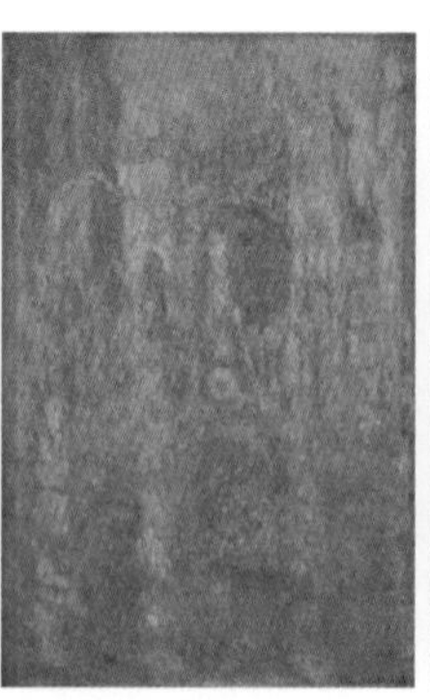

모네가 그린 루앙 대성당 앞면 그림(1892~1894)

가츠시카 호쿠사이의 후지산 목판화(1830~1832)

리고 또 그렸다. 한데 똑같은 장면을 그렸음에도 불구하고 그 그림들 가운데 똑같은 그림은 하나도 없었다. 이는 모네가 성당을 다른 빛으로 보여주었기 때문이다. 한 그림에서는 정오의 태양이 성당 정면을 표백한 듯 창백해 보이고 어떤 그림에서는 황혼녘의 태양이 성당을 붉은색과 오렌지색으로 비춘다. 한 가지 원형을 계속 새로운 방법으로 그리면서 모네는 첫 번째 창작 도구인 휘기를 활용했다.

모네와 마찬가지로 일본 화가 가츠시카 호쿠사이는 일본의 후지산을 비주얼 아이콘으로 삼아 총 36점의 목판화를 만들었다. 이것은 다른 계절에 다른 거리에서 다른 시각 스타일로 포착한 후지산의 모습이었다. 인류 역사에서 각 문화권은 인간의 형태에 서로 다른 방식으로 휘기를 적용했다.

마야(7~10세기경, 왼쪽), 일본(기원전11~5세기경, 가운데), 가나의 인간 조각상(19~20세기경, 오른쪽)

중국(기원전 220~206년경, 왼쪽), 키프로스(기원전 600~480년경, 가운데), 그리스의 말 조각상(기원전 8세기경, 오른쪽)

그들은 동물의 형태도 마찬가지로 변형했다.

휘기는 드러내기도 하지만 은밀하게도 행해진다. 예를 들어 순환기내과를 생각해보자. 의학계에는 오래전부터 인공 뼈와 의수, 의족을 만들듯 인공 심장을 만들고자 하는 꿈이 있었다. 1982년 의학계는 인공 심장을 만들 수 있다는 결론을 내렸다. 같은 해 12월 1일 윌리엄 더브리스 박사는 퇴직한 치과의사 버니 클라크에게 인공 심장을 장착했고 이후 클라크는 4개월을 더 살다가 인공 심장이 뛰는 상태에서 숨을 거뒀다. 이는 생체공학 분야에서 거둔 놀라운 성공이었다.

한 가지 문제는 막대한 에너지를 필요로 하는 인공 심장 펌프의 작동 부분이 빨리 닳아버리는 것이었다. 기계를 사람의 가슴 안에 맞춰 넣는 것도 난제였다. 2004년 의사 빌리 콘과 버드 프레이저가 새로운 해결책을 들고 나왔다. 알다시피 자연적인 수단은 몸 안에서 피를 펌프질해 계속 돌리는 것이다. 그런데 그 해결책이 단 한 가지일 필요는 없지 않은가. 콘과 프레이저는 피를 끊임없이 돌리는 방법을 쓰면 어떨까 하는 생각을 했다. 분수의 물이 그 자체 내에서 계속 순환하듯 심장도 피가 심실을 통과할 때 산소를 공급하고 바로 돌아 나올 수는 없을까?

2010년 미국 부통령 딕 체니는 계속 순환하는 인공 심장을 장착했다. 그는 지금까지 살아 있지만 그때 이후로 맥박이 뛰지 않는다. 맥박은 순전히 심장 펌프 작용의 부산물일 뿐 꼭 있어야 하는 기능은 아닌 셈이다. 어쨌든 콘과 프레이저는 자연의 원형을 작업대 위에 올려 새로운 형태의 심장을 만들어냈다.

휘기는 여러 방식으로 어떤 자원을 리모델링한다. 그러면 크기를 생각해보자. 넬슨 앳킨스 미술관 앞 잔디밭에 서 있는 클래스 올덴버그와 코

클래스 올덴버그·코셰 반 브루겐, 〈셔틀콕〉(1994)

셰 반 브루겐의 작품 〈셔틀콕Shuttlecocks〉은 티피Teepee(천장이 높은 피라미드 형태의 아메리카원주민 텐트.–옮긴이) 크기로 확대되어 있다. 본명이 알려지지 않은 설치 예술가 JR은 2016년 하계 올림픽 때 브라질 리우데자네이루의 한 건물 꼭대기에 고공 점프 전문가 알리 모흐드 유네스 이드리스의

설치 예술가 JR의 거대한 조각(2016)

알베르토 자코메티, 〈광장〉(1947~1948)

아나스타샤 엘리아스, 〈피라미드〉(미상)

비크 무니즈, 〈모래성 #3〉(2014)

거대한 조각을 설치했다.

확대 가능한 것은 축소할 수도 있다. 2차 세계 대전 중 망명가로서 한 호텔 방에 감금되다시피 했던 건축가 알베르토 자코메티는 잔뜩 위축되어 미니어처 인간 조각상 시리즈를 만들었다.

프랑스 화가 아나스타샤 엘리아스는 휴지심 안쪽에 들어갈 정도의 미니어처 작품을 만들고 있다.

화가 비크 무니즈는 이온 빔을 집중해 모래알에 나노 크기의 그림을 새긴다.

혹시 이들 작품이 야간 운전을 보다 안전하게 만드는 일과 관련이 있을까? 언뜻 별로 상관이 없어 보인다. 그러나 자동차 앞 유리와 관련된 한 가지 당혹스런 문제를 해결할 때도 이와 동일한 인지 과정이 작동했다. 자동차 시대 초기에는 밤에 자동차를 몰고 다니는 게 위험한 일이었는데, 그건 맞은편에서 다가오는 자동차의 헤드라이트 불빛이 눈 뜨기 힘들 만큼 밝았기 때문이다. 그때 미국인 발명가 에드윈 랜드는 밝은 불빛을 막아주는 자동차 앞 유리를 만들 결심을 했다. 그는 가시성을 높이기 위해 편광 현상에 주목했는데 이것은 새로운 개념이 아니었다.

나폴레옹 재임기에 한 프랑스 엔지니어가 방해석 크리스털을 통해서 보면 궁전 창문에 반사된 햇빛이 덜 눈부시다는 사실을 알아냈다. 발명가들은 여러 세대에 걸쳐 커다란 크리스털을 실생활에 적용하려 애썼으나 그게 쉽지 않았다. 15cm 두께의 자동차 앞 유리를 상상해보라. 앞이 제대로 보이지도 않을 것이다.

이전의 모든 발명가와 마찬가지로 랜드도 커다란 크리스털로 어떻게 해보려고 했지만 소용이 없었다. 그러던 어느 날 크리스털을 수축해보

비편광 자동차 앞 유리(왼쪽), 랜드의 편광 앞 유리로 내다본 자동차 헤드라이트 불빛(오른쪽)

자는 생각을 떠올린 그는 아하! 하고 무릎을 쳤다. 훗날 그는 자신의 '직교적 사고법Orthogonal Thinking'[1]이 알베르토 자코메티나 아나스타샤 엘리아스, 비크 무니즈가 초소형 작품을 제작할 때 떠올린 것과 같다고 했다. 그는 크리스털을 손에 쥘 수 있는 물질에서 눈에 보이지 않는 물질로 바꿔 속에 수천 개의 작은 크리스털이 들어 있는 유리를 만드는 데 성공했다. 그 크리스털이 현미경으로 봐야 보일 만큼 작아 유리는 투명하면서

마사 그레이엄의 혁신적인 포즈

프랭크 게리의 비크만 타워(2011, 왼쪽), 루 루보 뇌건강 센터(2010, 오른쪽 위),
댄싱 하우스(1996, 오른쪽 아래, 체코 건축가 블라도 밀루닉과 공동 설계)

도 눈부심 현상이 덜했다. 결국 운전자는 도로를 더 잘 내다보게 되었으나 그걸 뒷받침해준 창의성은 눈에 띄지 않았다.

크기뿐 아니라 형태도 휘기가 가능하다. 전통적인 서양 발레에서 무용수의 자세는 가능한 한 많은 직선을 만들어낸다. 그런데 무용수이자 안무가인 마사 그레이엄은 1920년대부터 혁신적인 포즈와 움직임, 천으로 인간의 형태를 휘기 시작했다.

무용수가 인간 형태를 변화시키듯 구조물도 바꿀 수 있다. 건축가 프랭크 게리는 일반적으로 평평한 건물 외형을 비틀어 때론 물결치는 형태로 또 때론 뒤틀린 형태로 바꿔놓았다.

이와 비슷한 휘기로 미래 자동차에 더 많은 연료를 담을 수는 없을

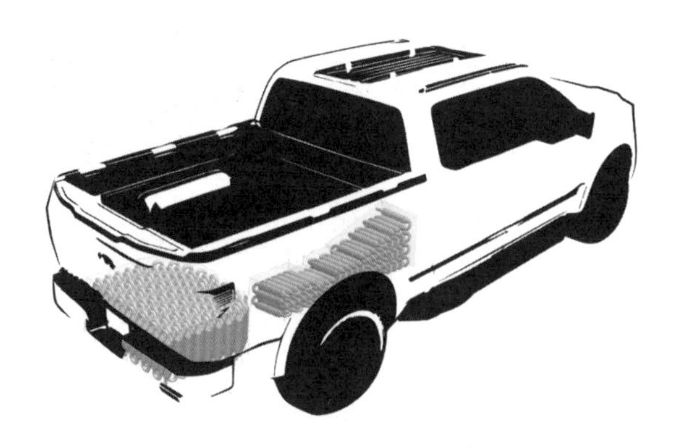

볼류트 사의 변형한 연료 탱크

까? 가솔린 엔진을 수소 엔진으로 전환하는 데 걸림돌로 작용하는 요소 중 하나는 연료 탱크의 크기다. 표준적인 수소 연료 탱크는 통 모양으로 큰 적재 공간을 필요로 한다. 한데 볼류트라는 회사가 휘기로 그 문제를 해결했다. 그들은 연료 탱크를 겹겹이 쌓는 형태로 바꿔 차체의 쓰이지 않는 공간에 보이지 않게 집어넣었다.

인간 두뇌는 어떤 원형을 끝없이 다양한 형태로 휘고자 한다. 거대한 〈셔틀콕〉의 공동 제작자 클래스 올덴버그는 크게 휘기뿐 아니라 부드럽게 휘기도 했다. 대리석이나 돌 대신 비닐, 천 같이 유연한 물질로도 조각품을 만든 것이다. 그의 커다란 작품 〈얼음주머니 Icebag〉는 모터를 집어넣어 조각품이 늘어났다 줄어들었다 한다. 이는 단단한 대리석 같은 물질로는 만들 수 없는 조각품이다.

클래스 올덴버그, 〈얼음주머니〉(1971)

그 외에 TV 시리즈 〈로스트 인 스페이

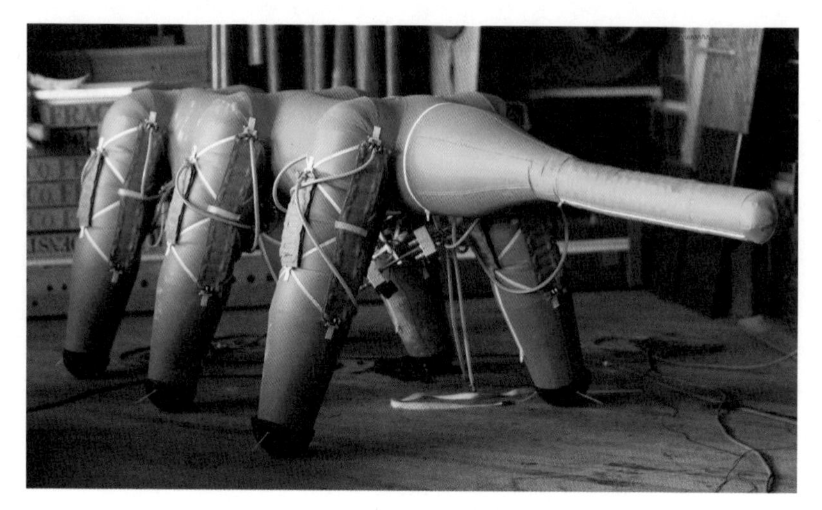

아더랩 사의 개미 바퀴벌레 로봇

스Lost in Space〉의 로봇 B-9부터 오늘날의 공장에서 쓰이는 자동 용접기에 이르기까지 로봇은 철갑옷을 입은 내조자다. 번쩍이는 그들의 뼈대는 내구성이 좋지만 결점도 있다. 우선 금속 부품이 무거워 움직이는 데 많은 에너지가 필요하다. 또 금속 로봇은 깨지기 쉬운 물체를 들어 올리거나 잡을 때 문제가 많다.

현재 소프트 로봇 전문 업체 아더랩은 소프트 로봇공학을 실험하는 중인데 그들은 금속 대신 가볍고 값싼 천을 사용한다. 이 회사의 팽창형 로봇은 재래식 로봇보다 훨씬 가볍고 배터리 소모도 적다. 특히 개미 바퀴벌레 로봇은 자신의 무게보다 10배 이상 무거운 것을 실어 나른다. 이처럼 소프트 로봇공학은 새로운 가능성을 대폭 열어젖히고 있다. 이 회사 연구진은 그동안 흐물흐물한 로봇을 제작했는데 이것은 지렁이나 애벌레처럼 꿈틀거리며 기어 다닌다. 금속 로봇이 넘어지거나 꼼짝하지 못하고 갇힐 지형에서도 이들은 돌아다닐 수 있다. 또한 소프트 로봇은 깨지기 쉬운 것도 잘 집어 들고 금속 로봇이 다룰 수 없는 신선한 달걀이나 연약한 생체조직 같은 것도 다룬다.

뇌는 어떤 한 가지 주제로 끊임없이 변주곡을 연주하는데 시간 경험도 그 주제 중 하나다. 키스톤 캅스Keystone Cops(키스톤 사가 제작한 무성 영화에 나오는 유머러스하고 무능한 허구의 경찰. –옮긴이)가 등장하는 영화는 경찰의 실수를 과장하기 위해 패스트 모션을 이용했다. 반면 영화 〈우리에게 내일은 없다〉에서는 범죄를 저지른 주인공들이 빗발처럼 쏟아지는 경찰의 총알 세례 속에서 죽어가는 장면을 우아하게 만들고자 슬로 모션을 택했다. 또한 영화 〈300〉은 전투 신에서 사람들의 일반적인 예측을 깨기 위해 패스트 모션과 슬로 모션을 번갈아 사용했다.

기술 분야에서도 이와 동일한 속도 휘기를 이용한다. 앞서 말한 혈액이 지속적으로 흐르는 인공 심장은 처음에 예기치 못한 이유로 제대로 작동하지 않았다. 혈액이 흐르면서 소용돌이가 생기고 혈액이 급커브를 도는 곳에 혈전이 형성되어 뇌졸중 발병 위험이 높아진 것이다. 여러 해 결책으로 실험해본 끝에 프레이저와 콘은 혈액 흐름 속도를 조절해 혈전 형성을 막을 수 있음을 알아냈다. 결국 두 사람은 맥박 없는 인공 심장이 미세하게 속도를 조정하도록 프로그래밍해서 치명적인 문제가 발생하는 걸 막았다. 영화 〈300〉에서 속도가 폭력성을 과장해서 보여주었다면 인공 심장은 동일한 휘기로 생명을 연장한 셈이다.

그 외에도 시간을 휘는 방법은 더 있다. 시간은 대개 앞으로 흐르지만 영국 극작가 해럴드 핀터의 연극 〈배신Betrayal〉에서는 그렇지 않다. 삼각관계를 다루는 이 연극에서 로버트의 아내 엠마는 남편의 가장 친한 친구인 제리와 불륜 관계다. 핀터는 시간의 흐름을 뒤집어 불륜관계가 끝난 이후, 그러니까 엠마와 제리가 여러 해 떨어져 있다가 재회하는 순간부터 이야기를 시작한다. 2시간 동안 연극을 공연하는 과정에서 내레이션은 제리가 엠마에게 사랑을 고백한 몇 년 전의 어느 날 밤으로 되돌아간다. 시간을 차근차근 되밟아 올라가면서 실현하지 못한 예전의 계획, 약속, 마음을 다독이는 말이 드러난다. 그렇게 마지막 장면에 이르러 주인공들이 하는 말을 들어보면 서로 간의 신뢰는 거의 찾아볼 수 없다. 핀터는 우리가 당연시하는 것에 이의를 제기하면서 두 남녀의 결혼을 파멸에 이르게 하는 뿌리를 적나라하게 보여준다.

인간의 뇌는 극장뿐 아니라 연구실에서도 시간을 되돌린다. 2차 세계대전 당시 스위스 물리학자 에른스트 스튜에켈베르크는 양전자(반물질의 입자)의 움직임을 시간 속을 거슬러가는 전자의 움직임으로 그려냈다. 우리의 인생 경험에 반하는 일이긴 하지만 시간 역류는 아원자 세계를 이해하는 새로운 길을 열었다.

같은 맥락에서 과학자들은 지금 시간을 거슬러 올라가 네안데르탈인을 복제하겠다는 목표를 추구하는 중이다. 네안데르탈인은 유전학적으로 우리와 가장 가까운 종으로 유전자 10개 중 하나 정도가 우리와 다르다. 그들 역시 연장을 사용했고 죽은 이를 땅에 묻었으며 불을 피웠다. 그들은 우리보다 더 크고 강했지만 우리 조상은 그들과의 경쟁에서 완승을 거뒀다. 3만 5,000년에서 5만 년 전 사이에 마지막 네안데르탈인이 멸종된 것이다.

하버드 대학교 생물학자 조지 처치는 현대 인류를 비롯해 네안데르탈인의 게놈을 연구하는 리버스 엔지니어링Reverse Engineering(이미 존재하는 시

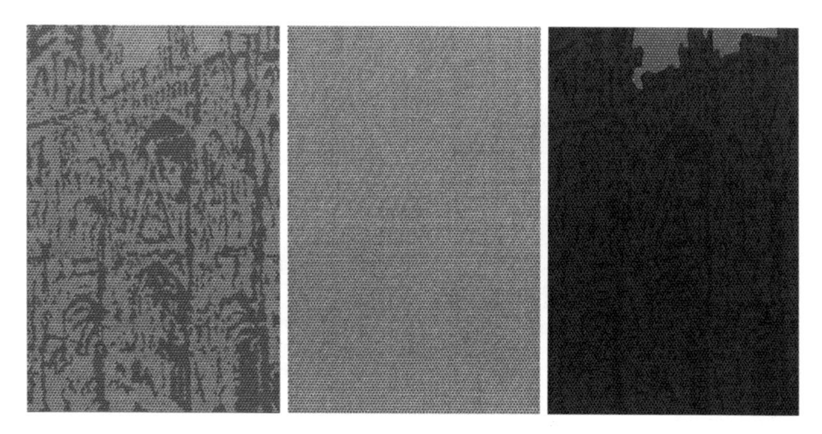

로이 리히텐슈타인, 〈루앙 대성당 세트 5〉(1969)

스템을 역추적해 처음 문서나 설계 기법 등을 얻어내는 기법.－옮긴이)을 제안했다. 핀터가 무대에서 시간을 거슬러 올라갔듯 생물학자가 인간의 진화 과정을 거슬러 올라가 네안데르탈인의 줄기세포를 만들고 그것을 적절한 여성의 자궁 안에 이식하자는 얘기였다. 처치의 이 아이디어는 아직 추정에 불과하지만 여하튼 뇌가 시간 흐름을 조정해 새로운 결과물을 만들어낸다는 것을 보여주는 또 다른 예다.

어떤 창의적인 휘기는 강렬하고 또 어떤 것은 미미하다. 1960년대 미술가 로이 리히텐슈타인은 모네의 성당 그림에 경의를 표했다. 그의 실크 스크린 작품은 보다 투박하고 단조롭지만 모네에게 바치는 작품이라는 걸 금방 알 수 있다.

마찬가지로 인물 캐리커처는 코믹 효과를 내기 위해 중요한 특징을 과장하지만 그게 누구인지 알아보지 못할 정도는 아니다.

만약 극단적으로 왜곡할 경우 원본을 알아보지 못할 정도로 모호할

도널드 트럼프 미국 대통령의 캐리커처(2017)

수 있다. 모네의 두 그림은 그가 파리 서쪽 지베르니의 자기 집에 있는 일본 다리를 그린 것인데, 그림 대상이 같다는 걸 알아보기가 쉽지 않다(87쪽).

프랜시스 베이컨이 그린 초상화는 얼굴이 흐릿하게 뭉개지면서 얼굴 특징이 뒤섞이는 바람에 인물의 정체성이 완전히 사라져버렸다.

TV 시대 초창기에 원본을 알아볼 수 없을 정도로 휘는 능력 덕분에 문제를 하나 해결하기도 했다. 1950년대 들어 TV가 모든 미국 가정의 필수품이 되자 방송국은 사람들에게 시청료를 받고 싶어 했다. 그런데 이것은 케이블 TV가 나오기 한참 전의 일로 각 프로그램을 직접 특정 가정에 제공할 방법이 없었다. 방송국은 유료 프로그램을 실어 나르는 전파를 대책 없이 사방으로 내보내는 것 외에 달리 방법이 없었다.

어떻게 하면 각 가정의 안테나에 잡힌 유료 프로그램에 시청자가 돈을 내게 할 수 있을까? 해결책은 이랬다. 엔지니어들은 베이컨이 자기 얼굴로 그렇게 했듯 전파 신호를 뒤섞는 방법을 고안해냈다. 한 암호 체계 내에 아날로그 회선을 뒤섞은 것이다. 다른 암호 체계는 각 회선에서 무작위로 신호를 지연시켜 비동기화했다. 결국 개봉 영화나 프리미엄 스포츠 경기를 시청할 때 파라마운트 '페이 투 씨Pay to See' 유료 서비스 고객은 박스 안에 코인을 떨어뜨렸고, '서브스크라이버비전Subscribervision' 서비스 고객은 펀치 카드를 삽입했다.[2] 유료 고객은 해독

클로드 모네의 <수련과 일본 다리>(1897~1899, 왼쪽), <일본 다리>(1920~1922, 오른쪽)

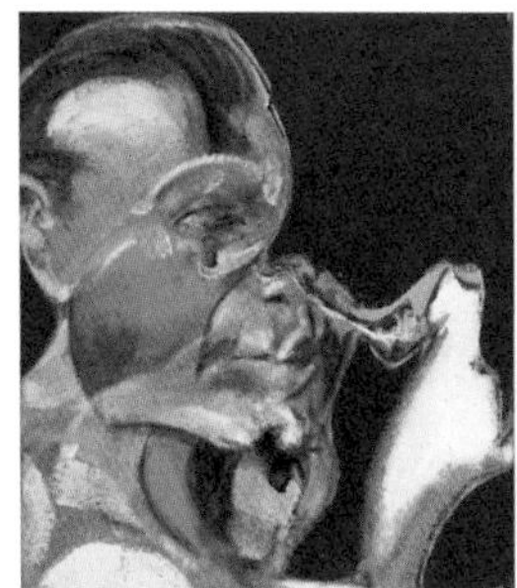

프랜시스 베이컨, 초상화 연구(자화상 포함, 1969)

박스가 전파 신호를 해독해준 반면 나머지 사람들은 시청할 수 없을 정도로 뿌옇게 나왔기 때문이다. 이처럼 프랜시스 베이컨이 이미지를 비튼 것은 초상화에 정신적 깊이를 더해주었고 TV 방송국이 이미지를 비튼 것은 이익을 내는 데 일조했다.

무한한 가능성을 열어주는 휘기

많은 사람이 간혹 종말 환상에 빠진다. 여기서 종말 환상이란 사람이 할 수 있는 일은 이미 다 했다고 확신하는 것을 말한다. 하지만 휘기의 역사에 따르면 그렇지 않다. 언제든 더 쥐어짤 여지가 있으며 인류 문화는 영원히 진행 중이다.

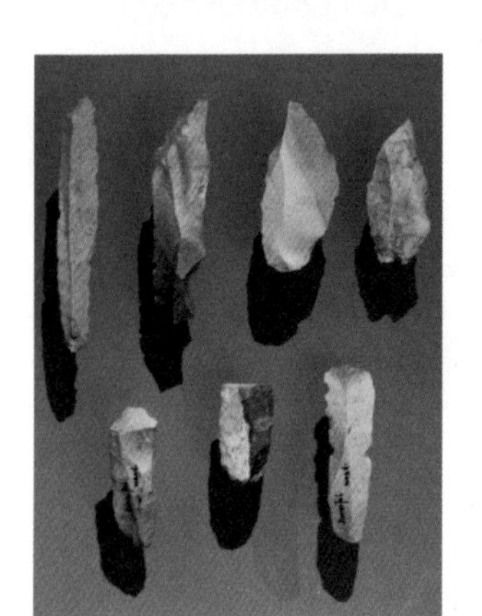
다양한 돌칼(기원전120~100세기경)

예를 들어 날카롭게 연마한 면이 있는 돌칼 중 가장 오래된 것은 200만 년 정도 되었다. 인류는 칼날과 손잡이를 점점 더 길게 만들어 휘두를 때 더 큰 힘을 받게 했다. 비록 시작은 초라했으나 칼은 수많은 형태로 휘기를 했고 그 계보는 나뭇가지처럼 끝없이 뻗어 나갔다. 19세기경 필리핀에서 사용된 칼들(89쪽)이 단일 문화와 시기의 칼이라는 것을 생각해보라. 정말 다양하지 않은가?

칼과 마찬가지로 우산과 파라솔도 고대부터 존재했다. 초기 이집트인은 종려나무 잎사귀나 새의 깃털로, 로마인은 동물 가죽과 껍질로, 아즈텍인은 새의 날개와 금으로 우산과 파라솔을 만들었다.[3] 고대 중국인의 우산처럼 로마인의 우산도 접을 수 있었고, 인도와 태국 왕실에서 사용한 우산은 너무 무거워 시종들이 하루 종일 들고 있어야 했다.

1969년 미국인 브래드포드 필립스는 지금과 같이 접는 우산 디자인의 특허를 냈다. 필립스 모델은 내구성이 상당히 우수했으나 그게 우산의 끝은 아니다. 늘 우산 특허 신청이 밀려드는 미국 특허국에는 우산 특

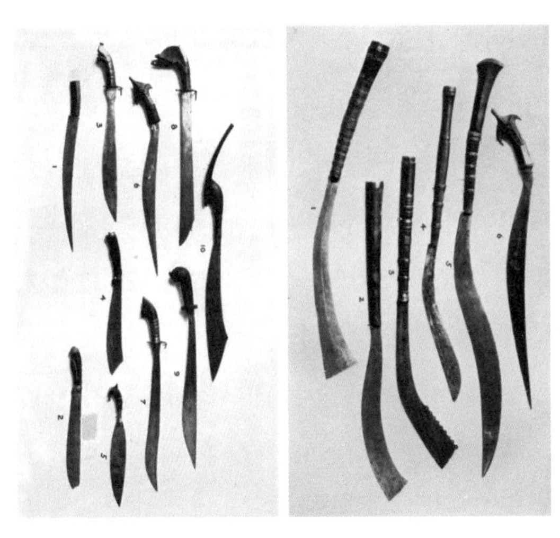

19세기경 필리핀에서 사용된 다양한 칼들

허만 전담하는 정규직 조사원이 4명이나 된다.[4] 예를 들어 센즈Senz 우산은 비대칭 형태라 바람 저항성이 좋고, 언브렐라UnBrella 우산은 일반 우산과 반대로 위로 펴져 우산살이 바깥쪽에 있으며, 누브렐라Nubrella 우산

센즈 우산(왼쪽), 언브렐라 우산(가운데), 누브렐라 우산(오른쪽)

은 배낭처럼 등에 매는 것이라 두 손을 자유롭게 쓸 수 있다.

칼과 우산처럼 예술에도 종말은 없다. 고전은 끊임없이 장르를 넘나들며 새로운 형태로 등장한다. 가령 셰익스피어의《로미오와 줄리엣》은 발레곡·오페라·뮤지컬(〈웨스트 사이드 스토리West Side Story〉)로 만들어졌고 노미오gnomeo, 즉 정원 요정들이 불운한 연인으로 나오는 애니메이션 영화〈노미오와 줄리엣〉을 비롯한 40편 이상의 영화로도 만들어졌다.

위대한 재즈가수 바비 쇼트는 뉴욕시에 있는 카페 칼라일에서 35년간 피아노를 치며 노래했다. 그는 〈나는 다시 사랑에 빠졌죠I'm in Love Again〉나 〈믿기 어려운 말Too Marvelous for Words〉 같은 스탠더드 곡을 수없이 연주했는데 곡들이 연주할 때마다 다 다르게 들렸다. 재즈 아티스트에게 최고의 연주나 마지막 연주라는 건 없다. 같은 노래도 절대 같은 식으로 연주하지 않는 그들에게는 계속 새로워지겠다는 목표만 있을 뿐이다.[5]

셜록 홈즈도 재창조 대상으로 인기가 높다. 예를 들어 아서 코난 도일의 소설《주홍색 연구》를 보면 경찰이 한 시신을 발견하는데 현장 벽에 붉은 피로 'RACHE'라는 낙서가 남아 있다. 영국 경시청의 레스트레이드 경감은 셜록 홈즈에게 이 곤혹스런 사건을 해결해달라고 요청한다. 사건 현장을 꼼꼼히 살펴본 레스트레이드 경감은 피로 쓰인 벽의 낙서를 이렇게 해석한다.

> 이 낙서를 한 자는 여자 이름 레이첼Rachel을 쓰려다 끝판에 뭔가 헛갈린 겁니다. 잊지 마시오. 이 사건을 마무리할 때쯤이면 레이첼이란 여성이 이 사건과 관계가 있음을 알게 될 것이오. 웃어도 좋

소, 셜록 홈즈 씨. 당신이 더없이 똑똑하고 영리한 사람인지 모르겠지만 뭐니 뭐니 해도 늙은 사냥개가 늘 최고인 겁니다.

범죄 현장을 꼼꼼히 살핀 홈즈는 일련의 놀라운 추리를 했다.

살인이 저질러졌고 살인자는 남자입니다. 그 자는 키가 180cm 이상이고 장년기에 접어들었으며 키에 비해 발이 작습니다. 코가 뭉툭한 부츠를 신었고 트리치노폴리 시가를 피웁니다.

희생자가 독살되었다며 홈즈는 이런 말을 덧붙인다. "레스트레이드 경감님, 한 가지만 더 (…) Rache는 독일어로 '복수'란 뜻입니다. 그러니 레이첼이란 여성을 찾느라 시간을 낭비하지 마십시오."

이 소설은 고전이지만 끊임없이 각색이 이뤄지고 있다. 영국 BBC에서 방영한 TV 시리즈 〈셜록〉의 작가들은 이 이야기를 휘기 형태로 들고 나왔다. 첫 에피소드(제목이 '분홍색 연구A Study in Pink'로 바뀜)에서 한 여성의 시신을 비슷한 환경에서 발견했는데 그 희생자는 나무 바닥에 손톱으로 RACHE라고 썼다.

레스트레이드 경감은 홈즈에게 잠시 범죄 현장을 둘러보게 한 뒤 무슨 단서라도 있느냐고 묻는다. 그때 복도에 서 있던 한 경찰이 자신 있는 어조로 끼어든다.

"이 여자는 독일인입니다. 'Rache'는 복수를 뜻하는 독일어죠."

그 말에 홈즈가 되받는다.

"예, 알려줘서 고맙습니다. 물론 이 여자는 그게 아니고…."

홈즈는 급히 방문을 닫더니 이렇게 말을 잇는다.

"이 여자는 타지에서 왔는데 런던에서 하룻밤 묵고 카디프에 있는 집으로 돌아갈 계획이었습니다. 이건 아주 확실합니다."

레스트레이드 경감이 묻는다.

"메시지는 뭐죠?"

홈즈는 여자의 결혼 생활이 행복하지 못했고 여러 차례 간통했으며 분홍색 여행 가방을 갖고 여행 중인데 그게 사라졌다고 말한다. 이어 이런 말로 끝낸다.

"이 여자에겐 분명 전화기나 서류철이 있었습니다. 자, 이제 레이첼이 어떤 사람인지 알아보죠."

레스트레이드 경감이 믿기 어렵다는 표정으로 묻는다.

"이 여자가 Rachel이라고 쓰려 했다고요?"

홈즈는 냉소 띤 얼굴로 답한다.

"이 여자는 독일어로 분노의 낙서를 하려고 한 겁니다. 물론 Rachel이라고 쓰려 한 거고요."

이것은 고전 소설을 업데이트하면서 휘기를 한 사례 중 하나다.

• • •

언어 진화는 인간의 뇌가 입력한 것을 끊임없이 휘면서 일어난다. 인간의 소통 방식은 계속 변화하며 인간의 DNA 속에 녹아들었고 그 결과 오늘날의 사전은 500년 전의 사전과 판이하다. 언어는 대화와 의식에 맞춰 수시로 변화한다. 또 언어는 새로운 아이디어를 전달해주는 강력한 수단이다. 이 같은 언어의 창의적 가능성 덕분에 우리가 말할 수 있

는 것과 말해야 할 것 사이에 조화가 잘 이뤄진다.[6]

단어의 음절을 뒤집어서 말하는 프랑스식 은어 베를랑Verlan을 생각해보자. 가령 bizarre(기이한)는 zarbi로, cigarette(담배)는 garettsi로 뒤집어진다.[7] 이는 원래 도시의 젊은이와 범죄자가 자신들만 알아듣는 대화를 할 목적으로 쓰기 시작했으나 많은 베를랑이 널리 쓰이면서 프랑스인의 일상 대화 속에 녹아들었다.

우리의 언어 사용법과 지식은 끝없이 변하고 더불어 사전의 정의도 끝없이 변한다. 약물 중독자를 뜻하던 단어 'addict'는 로마 시대에 빚을 갚을 능력이 없어 스스로 채권자의 노예가 되는 사람을 뜻했다. 물론 약물 중독자는 약물의 노예가 되는 셈이다. 남편을 뜻하는 단어 'husband'는 원래 주택 소유주가 되는 걸 의미했다. 결혼과 전혀 관계가 없었던 것이다. 그런데 재산을 소유하면 배우자를 찾을 가능성이 높아지자 결국 husband는 결혼한 남자를 뜻하는 의미로 바뀌었다.

1605년 11월 5일 가이 포크스라는 인물이 영국 의회를 폭파하려다 체포되어 처형당했다. 왕당파는 그의 모습을 한 인형을 불태웠는데 당시 그 인형을 'guy'라고 불렀다. 흥미롭게도 몇 세기가 지나면서 guy의 부정적 뉘앙스는 사라졌고 브로드웨이에서는 〈아가씨와 건달들Guys and Dolls〉이라는 뮤지컬을 공연했다.[8] 미국 속어에서는 bad(나쁜)가 good(좋은), hot(뜨거운)이 sexy(섹시한), cool(시원한)이 great(대단한), wicked(짓궂은)가 excellent(훌륭한)의 의미로 쓰이기도 한다. 만일 당신이 100년 후로 날아간다면 후손들의 대화를 제대로 이해하지 못해 어안이 벙벙해질지도 모른다. 언어는 그 자체로 끝없이 변화하는 인간의 창의성을 반영하기 때문이다.

• • •

지금껏 보아왔듯 휘기는 원형을 변형한다. 다시 말해 크기와 형태, 소재, 속도, 시간 등을 바꿔 온갖 가능성을 활짝 열어젖힌다. 인류 문화는 끊임없는 신경계 조정으로 여러 세대에 걸쳐 내려오는 특정 주제의 변주곡 수를 계속 늘려가고 있다.

만약 당신이 어떤 주제를 분해해 그 구성 요소로 하나하나 쪼개고 싶다고 해보자. 이를 위해 이제 뇌의 두 번째 전략인 '쪼개기'를 좀 더 자세히 살펴보자.

4장

쪼개기:
창조의 재료를 만드는 해체

쪼개기에서는 인간의 몸처럼 완전한 것을 분해하고 그 조각을 조립해서 새로운 것을 만들어낸다.

미국 화가 바넷 뉴먼은 자신의 작품 〈부러진 오벨리스크Broken Obelisk〉를 만들기 위해 오벨리스크를 반으로 부러뜨린 뒤 거꾸로 세워놓았다.

프랑스 화가 조르주 브라크와 파블로 피카소는 평면을 분해해 그림 조각 맞추기 같은 입체파의 관점으로 바꿔놓았다. 자신의 거대한 작품 〈게르니카Guernica〉에서 피카소는 쪼개기로 전쟁의 공포를 보여주었다. 온전한 형체를 알아볼 수 없게 갈기갈기

바넷 뉴먼, 〈부러진 오벨리스크〉(1963~1967)

소피 케이브, 〈떠다니는 머리들〉(2006, 왼쪽), 오귀스트 로댕, 〈그림자 토르소〉(미상, 가운데), 막달레나 아바카노비츠, 〈알 수 없는 것〉(2002, 오른쪽)

찢긴 민간인·동물·병사의 몸통과 다리, 머리는 전쟁의 잔학성과 고통을 적나라하게 보여준다.

뉴먼, 브라크, 피카소의 예술 작품을 낳은 쪼개기 인지 전략은 공항을 보다 안전한 장소로 만들어주기도 했다. 1971년 7월 30일 팬암Pan Am 항공사 소속 747기 한 대가 짧은 새 활주로 쪽으로 기수를 돌린 채 샌프란시스코 공항을 떠날 준비를 하고 있었다. 새 활주로는 각도를 위로 더 틀어 이륙해야 했는데 조종사들이 잘못 조종하는 바람에 비행기가 너무 낮게 떠오르면서 조명 타워에 부딪쳤다. 그 무렵 공항의 타워와 울타리는 강력한 바람에도 잘 견디도록 무겁고 단단했다. 그러다 보니 조명 타워가 거대한 칼 역할을 하면서 비행기가 손상됐다. 조명 타워의 일부가 기내를 뚫고 들어가면서 한쪽 날개가 부서지고 랜딩 기어 일부가 뜯겨 나간 것이다. 비행기는 연기를 내뿜으며 태평양 위를 날았고 거의 2시간

조르주 브라크, 〈바이올린과 물주전자가 있는 정물화〉(1910, 왼쪽),
파블로 피카소, 〈게르니카〉(1937, 오른쪽)

동안 비행하며 연료를 소진한 뒤 비상 착륙했다. 착륙할 때 타이어가 터지고 활주로를 이탈하면서 승객 27명이 부상을 당했다.

이 사고 이후 미국 연방 항공국은 공항에 새로운 안전 조치를 취하라고 지시했다. 이때 사고 재발을 예방하라는 임무를 부여받은 엔지니어들은 신경 네트워크를 가동해 여러 가지 전략을 내놓았다.

오늘날 비행기가 이륙하기 위해 달릴 때 창밖 활주로의 착륙 유도등과 무선 탑이 단단한 금속처럼 보이지만 실은 그렇지 않다. 이것은 깨지기 쉬워 언제든 작은 조각으로 분해되기 때문에 비행기에 손상을 가하지 않는다. 엔지니어의 뇌가 단단한 타워를 보면서 조각조각 해체되면 어찌될까 하는 생각을 했던 셈이다.

한 지역을 쪼개는 것은 이동통신 분야에 일대 혁신을 몰고 왔다. 최초의 이동 전화 시스템은 TV나 라디오 방송과 같이 작동했다. 주어진 지

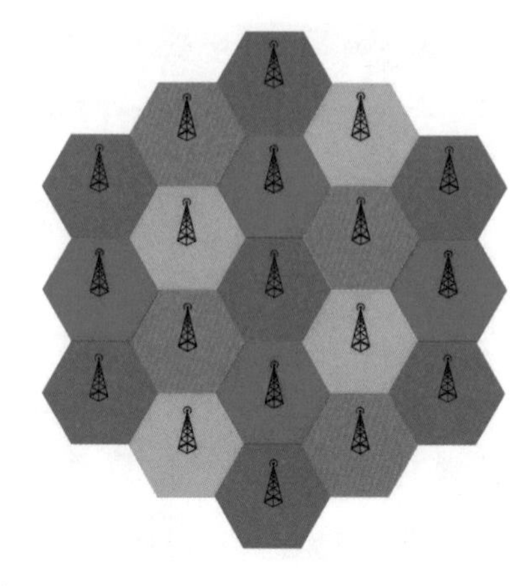

에르콘 사의 부러지기 쉬운 안테나 탑(왼쪽). 서로 다른 색깔은 서로 다른 주파수를 나타낸다(오른쪽).

역에 있는 하나의 송전탑에서 사방으로 전파를 쏜 것이다. 이때 동시에 얼마나 많은 사람이 TV를 시청하는가는 문제가 아니었으나 동시에 얼마나 많은 사람이 이동 전화로 통화하느냐는 문제가 되었다. 수십 명만 동시에 통화가 가능했기 때문이다. 통화자 수가 그 이상으로 넘어가면 시스템에 과부하가 걸렸다. 가령 하루 중 가장 바쁜 시간대에 전화할 경우 통화중 신호를 받기 십상이었다.

벨 연구소 엔지니어들은 이동 전화 문제를 TV 문제처럼 다루면 소용이 없다는 걸 깨달았다. 결국 그들은 단일 통신 가능 지역을 조그만 셀Cell로 쪼갠 뒤 각 셀에 따로 송신탑을 세우는 혁신 전략을 짜냈다.[1] 현대의 셀폰Cellphone, 즉 휴대 전화는 그렇게 탄생했다.

이 시스템에서는 서로 다른 여러 동네에서 같은 주파수를 사용하는 것이 가능해 더 많은 사람이 동시에 통화할 수 있다. 입체파 그림에서는 이어진 것을 칸칸이 쪼갠 것이 한눈에 보인다. 셀폰에도 그런 아이디어가 바탕에 깔려 있다. 우리가 알고 있는 것은 단지 통화 중단이 발생하지 않는다는 점이다.

시인 에드워드 에스틀린 커밍스는 단어와 구문을 쪼개 자유시를 썼다. 그의 시 〈딤dim〉의 경우 거의 모든 단어가 쪼개져 이 행 저 행에 걸쳐 있다.*

dim

i

nu

tiv

e this park is e

mpty(everyb

ody's elsewher

e except me 6 e

nglish sparrow

s) a

utumn & t

he rai

n

---

* 이 시는 "diminutive this park is empty(everybody's elsewhere except me 6 english sparrows) autumn & the rain the rain the rain"을 대소문자, 띄어쓰기, 행 등을 무시한 채 썼다. '이 조그만 공원은 (나와 집참새 6마리를 제외하고 아무도 없이) 텅 비어 있고 가을비가 주룩주룩 내린다'는 뜻이다. -옮긴이

th

e

raintherain[2]

1950년대 영국 생화학자 프레데릭 생어는 실험실에서 아날로그형 쪼개기로 실험을 했다. 당시 과학자들은 인슐린 분자를 구성하는 아미노산 배열 순서를 규명하려 전력투구했으나 인슐린 분자가 너무 커서 그 일이 쉽지 않았다. 이때 생어는 인슐린 분자를 보다 다루기 쉬운 조각으로 쪼갠 뒤, 짧아진 분자 조각으로 배열 순서를 규명하자는 해결책을 제시했다. 생어의 그림 조각 맞추기식 방법으로 과학자들은 마침내 인슐린 구성 요소의 배열 순서를 규명했다. 그 공로로 생어는 1958년 노벨 화학상을 받았다. 오늘날 그의 기술은 단백질 구조를 밝히는 데도 그대로 쓰이고 있다.

하지만 그것은 시작에 불과했다. 생어는 DNA 분해 방법을 고안했고 이로써 DNA 사슬이 쪼개지는 시기와 방법을 정확히 통제하게 되었다. 원리는 똑같이 DNA의 긴 가닥을 작업이 가능한 정도로 쪼개는 것이었다. 이 단순명료한 방식 덕분에 유전자 배열 순서 규명 작업에 가속도가 붙었다. 또 인간 게놈 프로젝트를 비롯해 수백 종의 다른 유기물 유전자 배열 순서도 규명할 수 있었다. 그 공로로 생어는 1980년 두 번째 노벨 화학상을 받았다.

E. E. 커밍스가 글의 가닥을 창의적인 방식으로 쪼개 새로운 언어 사용 방식을 만들어냈다면, 생어는 DNA 가닥을 쪼개 자연의 유전자 암호를 푸는 방식을 만들어낸 셈이다.

쪼개기의 신경학적 과정은 영화를 관람하는 방식에서도 찾아볼 수 있다. 초창기 시절 영화의 모든 장면은 실시간으로, 다시 말해 실제 삶을 그대로 보여주었다. 각 장면의 행동을 롱 테이크long take(한 카메라로 끊임없이 연속해서 촬영하는 기법. - 옮긴이)로 보여준 것이다. 그리고 한 장면에서 다른 장면으로 넘어가는 컷만 편집했다. 예를 들면 이런 식이다.

한 남자가 전화기에 대고 다급하게 말한다.

"금방 그리로 갈게요."

그는 전화를 끊고 자동차 열쇠를 챙긴 뒤 문을 나선다. 복도를 따라 걸어가다 계단을 내려간다. 이어 건물을 나서서 인도를 따라 카페까지 걸어간 뒤 카페 안으로 들어서서 만나기로 한 사람의 앞자리에 앉는다.

이후 에드윈 포터 감독 같은 선각자가 각 장면의 처음과 끝을 생략함으로써 영화 장면을 보다 촘촘하게 연결하기 시작했다. 이를테면 앞의 남자가 전화기에 대고 "금방 그리로 갈게요"라고 말한 뒤 중간 동작을 생략한 채 곧바로 카페에 들어가 앉는 식이다. 이것은 시간을 쪼갠 것이지만 관객은 그것을 두 번 생각하지 않았다. 영화 산업이 진화하면서 영화 제작자들은 점점 더 과감하게 사건 묘사를 축약했다. 가령 〈시민 케인〉의 경우 아침 식사 장면에서 단 몇 컷 만에 몇 년의 시간이 흘러간다. 케인과 그의 아내는 나이가 들고 우리는 두 사람이 애정 어린 말을 주고받던 사이에서 말없이 서로를 응시하는 사이로 발전한 것을 본다. 영화감독들은 오랜 시간 열차를 타거나 순진한 소녀가 스타덤에 오르는 과정을 몇 초 분량의 필름에 집약하는 몽타주 기법도 만들었다. 할리우드 영화사는 이런 몽타주 편집에만 전념하는 몽타주 전문가를 고용했다. 〈록키 4〉에서 권투선수 록키 발보아와 그의 상대역 이반 드라고의 훈련

몽타주는 영화 전체 분량의 3분의 1을 차지한다. 더 이상 영화 속 시간은 실제 삶의 시간처럼 흐르지 않았다. 시간 흐름 쪼개기가 영화 언어의 일부가 되어버린 셈이다.

연속적인 행동 쪼개기는 TV 분야에서도 일대 혁신을 이끌어냈다. 1963년 미 육군과 해군 간의 미식축구 경기를 생방송으로 중계할 때였다. 당시 비디오테이프 장비는 시간 문제를 다루기 힘들었고 비디오테이프를 되감는 일도 부정확했다. 그날의 경기 방송 총책임자 토니 베르나는 비디오테이프에 음성 표시를 하는 방법을 찾아냈다. 그 음성 표시는 스튜디오 안에서는 들리지만 TV 방송으로 나가지는 않았다. 덕분에 그는 플레이 시작 신호를 은밀히 할 수 있었다. 그가 수십 차례 시도한 끝에 마침내 그 비디오테이프 장비는 제대로 작동했다. 나아가 4쿼터에서 육군이 중요한 득점을 올린 뒤 생방송 중에 비디오테이프를 정확한 위치까지 되감아 터치다운 장면을 '다시 보여주기instant replay'로 방송하는 데 성공했다. 시간 흐름을 쪼개 비디오의 즉시 재생이 가능하게 한 것이다. 스포츠 중계에서 다시 보여주기는 처음 있는 일이었고 경기를 중계하던 아나운서는 추가 설명을 했다.

"이건 생방송이 아닙니다! 신사숙녀 여러분, 육군이 다시 득점한 게 아닙니다!"

단일 롱 테이크를 주로 활용한 초창기 영화는 컴퓨터 본체 하나로 한 번에 하나의 문제를 처리하던 초창기 컴퓨터와 비슷했다. 컴퓨터 사용자는 펀치 카드를 만든 뒤 대기하고 있다가 자기 차례가 오면 그 카드를 기술자에게 건넸다. 그런 다음 숫자가 풀리면서 결과를 수집할 때까지 몇 시간 동안 기다려야 했다.

이후 컴퓨터 공학자 존 맥카시가 시간을 공유하는 아이디어를 들고 나왔다. 컴퓨터가 한 번에 한 알고리즘만 작업하는 게 아니라 영화에서 서로 다른 숏을 커트하듯 여러 개의 알고리즘 사이에서 왔다 갔다 하며 작업한다면 어찌될까? 사용자는 손 놓고 자기 순서를 기다릴 필요 없이 동시에 본체로 작업을 진행할 수 있다! 이때 사용자 입장에서는 컴퓨터 본체가 여기저기로 관심을 분산하지 않고 자기 일만 하는 것 같으나 실은 여러 작업 사이에서 빠른 속도로 왔다 갔다 한다. 더 이상 자기 순서를 기다리며 대기할 필요 없이 컴퓨터 단말기 앞에 앉은 사용자는 각자 컴퓨터와 1대1 관계로 작업한다고 믿으며 일을 진행한다.

진공관이 반도체 트랜지스터로 바뀌면서 맥카시의 아이디어는 더 힘을 받았고 사용자 친화형 코딩 언어도 비약적으로 발전했다. 그러나 컴퓨터 연산 능력을 최대한 잘게 쪼개는 일은 기계 공학적으로 여전히 힘겨운 일이었다. 잠재 고객 앞에서 맥카시가 보인 시범 작업은 제대로 이뤄지지 않았다. 맥카시의 컴퓨터 본체가 메모리 부족 상태에 빠지면서 에러 메시지를 쏟아낸 것이다.[3] 다행히 기술적인 문제는 곧 해결됐고 몇 년 지나지 않아 컴퓨터 사용자는 각자의 컴퓨터 단말기 앞에 앉아 컴퓨터 본체와 실시간 '대화'를 했다. 맥카시가 디지털 처리 과정을 은밀히 쪼개 인간과 기계 사이의 인터페이스에 일대 혁명을 일으킨 덕분이다. 오늘날 스마트폰 같은 휴대용 장치는 수백만 사용자 사이를 빠른 속도로 왔다 갔다 하는 수많은 서버 처리 능력을 활용한다. 이 모든 것은 맥카시의 아이디어에서 비롯되었다.

시간과 마찬가지로 인간의 뇌는 시각적인 세계를 작은 조각으로 쪼갤 수 있다. 영국의 팝아티스트 데이비드 호크니는 커다란 타일이 서로

조르주 쇠라, 〈그랑자트섬의 일요일 오후〉(1884~1886)

겹치고 부딪치게 해 사진 콜라주 〈십자말 풀이The Crossword Puzzle〉를 만들었다.

작은 색 점을 찍어 표현하는 점묘법에서는 장면이 수많은 작은 점으로 이뤄진다. 사람의 실제 동작을 애니메이션에 담아내는 디지털 픽실레이션Pixilation에서는 점이 워낙 작아 육안으로는 잘 보이지 않는다. 이 은밀한 쪼개기 기법으로 디지털 우주에 일대 혁신이 일어났다.

데이비드 호크니, 〈십자말 풀이〉(1983)

전체를 작은 부분으로 쪼개는 픽실레이션 아이디어는 그 역사가 오래됐다. 지금도 이메일에서 '참조'라는 뜻

디지털 픽실레이션의 예. 확대하면 작은 부분들이 보인다.

으로 쓰이는 CC(카본 카피carbon copy의 줄임말)는 그 뿌리가 아날로그 시대까지 거슬러 올라간다. 19세기와 20세기 초 어느 작가가 평범한 종이 두 장 사이에 검은색이나 파란색 카본지를 끼워 복사본을 만들었다. 이어 맨 위 종이에 글씨를 쓰거나 타이핑해서 건성 잉크와 안료가 아래쪽 종이로 스며들게 하는 방식이 나왔다. 하지만 카본지는 너무 지저분해서 그것으로 작업하면 모든 것이 더러워졌다.

1950년대 발명가 바렛 그린과 로웰 슐라이허가 그 문제를 해결할 방법을 고안했다. 이것은 종이 개념을 수백 개 단위로 쪼개는 '미세 캡슐화 기법'이다. 이 기법을 쓸 경우 사람이 종이에 글씨를 쓰면 잉크 캡슐이 터지면서 아래쪽 종이가 파랗게 변했다.[4] 여전히 카본 카피라 불렸으나 카본지를 대신하는 사용자 친화적인 대안이 등장한 셈이다. 연필이나 타자기 키로 어느 부분을 누르든 잉크가 흘렀다.

수십 년 후 복사기가 나오면서 카본지는 사라졌지만 그린과 슐라이허의 미세 캡슐화 기법은 약물을 지속적으로 방출하는 약이나 액정 디스플레이LCD 등에 쓰였다. 예를 들어 1960년대에 나온 코막힘 완화제 콘택은 젤라틴 캡슐 안에 600개가 넘는 작은 알약이 들어 있는데, 그 알약은 체내에 들어가 각기 다른 속도로 소화된다. 마찬가지로 LCD TV는 단단한 유리판이 아니라 촘촘하게 배열한 미세 결정 수백만 개로 이뤄진 것을 화면으로 쓴다. 한때 분리하지 않고 통째로 써야 한다고 여기던 많은 것이 보다 작은 부분으로 쪼개진 것이다.

쪼개기가 어찌나 자연스럽게 다가왔던지 우리는 뭔가를 쓰고 말하는 데 얼마나 많은 쪼개기가 쓰이는지 알아채지 못한다. 가령 영미인은 gymnasium(체육관, 맨몸으로 훈련한다는 의미의 그리스어 'gymnazein'에서 나온 말)을 줄여 gym(덜 진보적인 복장 규정을 뜻하기도 함)[5]이라고 한다. 대화를 좀 더 빨리 진행하기 위해 말을 줄인 사례다. 또 글자와 구절을 생략해 FBI·CIA·WHO·EU·UN 같은 두문자어를 만들거나 face-to-face(대면하다)를 F2F로, overhead(전해 들은 말)를 OH로, bye for now(이만 안녕)를 BFN으로 바꿔 쓴다.

이런 두문자어를 편하게 느끼는 걸 보면 우리 뇌가 축약이나 압축을 얼마나 좋아하는지 알 수 있다. 우리는 무언가를 쪼개는 걸 잘한다. 언어에서 일부분으로 전체를 나타내는 제유법을 많이 사용하는 이유도 여기에 있다. 이를테면 때론 자동차를 wheels(바퀴들)로, 사람의 수를 head count(머릿수)로 나타낸다. 정장이 비즈니스맨을, 회색 수염이 나이든 중역을 뜻하는 것도 비슷한 경우다.

브루노 카탈라노, 〈여행자들〉(2005, 왼쪽), 데이비드 피셔, 다이내믹 아키텍처(건축 예정, 오른쪽)

축약은 인간의 고유한 특성이다. 프랑스의 항구 도시 마르세유에 있는 브루노 카탈라노의 조각을 생각해보라. 이것은 제유법을 시각적으로 보여주는 조각이라 할 수 있다.

일단 뇌가 전체를 부분으로 쪼갤 수 있음을 깨달으면 새로운 것이 탄생한다. 건축가 데이비드 피셔가 주도해 건축 예정인 '다이내믹 아키텍처Dynamic Architecture'는 일반적으로 고정된 단단한 건물 구조를 쪼갠 뒤 회전식 레스토랑처럼 모터를 사용해 건물의 모든 층이 각기 따로 움직이게 만들었다. 그 결과 외관이 변화하는 건물이 탄생했다. 이는 각 층이 따로따로 혹은 서로 조화를 이뤄 춤을 추며 도시의 스카이라인에 끊임없이 변화를 주는 경우다. 사물을 쪼개는 우리의 신경학적 재능 덕분에 한때 하나로 합쳐져 있던 조각을 쪼개게 된 것이다.

다이내믹 아키텍처와 마찬가지로 고전 음악의 위대한 혁신 가운데 하나도 음절을 작은 단위로 쪼갰다. 예를 들어 요한 제바스티안 바흐의

〈평균율〉 전곡 가운데 '푸가 D장조'를 살펴보자. 다음은 그 주요 주제다.

악보를 볼 줄 몰라도 걱정할 것 없다. 요점은 바흐가 1악장 후반부에서 자신의 주제를 둘로 쪼갰다는 사실이다. 〈평균율〉의 앞부분 절반은 버리고 오직 붉은색으로 표시한 마지막 네 음표에만 집중했다. 다음 악절에서 바흐는 이 네 음표의 중복 버전을 13차례나 반복하며 빠르고 아름다운 조각의 모자이크를 만들어냈다.

바흐 같은 작곡가는 이러한 쪼개기로 자장가나 발라드 등의 민요에서 찾아볼 수 없는 유연성을 선보였다. 즉 주제 전체가 아닌 일부만 반복함으로써 다양한 주제 조각을 쉽게 압축해 영화 〈시민 케인〉이나 〈록키 4〉에서 볼 수 있는 몽타주 효과를 냈다. 그러한 혁신의 힘을 보여주듯 바흐는 자신의 여러 작품에서 특정 주제를 도입한 뒤 그것을 쪼갰다.

코리 아르칸젤, 〈슈퍼 마리오 구름들〉(2002)

전체를 쪼개는 것이 가능한 까닭에 어떤 부분은 도려내 제거하기도 한다. 아티스트 코리 아르칸젤은 자신의 설치 미술품 〈슈퍼 마리오 구름들Super Mario Clouds〉에서 컴퓨터 게임 '슈퍼 마리오 브러더스'를 해킹해 구름만 빼놓고 모든 걸 제거했다. 그렇게 남은 것을 그는 커다란 화면에 투사했다. 방문객은 전시장을 따라 돌며 확대한 만화 그림이 화면 위에서 평화롭게 떠다니는 것을 구경했다.

일부 조각을 생략하고 나머지 조각을 그대로 유지하는 뇌의 능력은 종종 또 다른 기술 혁신을 이뤄낸다. 19세기 후반 농부들은 말을 증기기관으로 대체하는 아이디어를 생각해냈다. 그러나 그들이 만든 최초의 트랙터는 잘 작동하지 않았다. 그 트랙터는 기본적으로 거리 기관차나 다름없었고 기계가 너무 무거워 흙이 눌리고 작물이 다 망가졌다. 동력이 증기에서 가스로 바뀌면서 조금 나아졌으나 트랙터는 여전히 크고 무거웠으며 운전하기도 힘들었다.

19세기 증기 트랙터

기계로 밭을 가는 것은 실현 불가능한 일처럼 여겨졌다. 그러던 중 아일랜드 출신의 영국 발명가 해리 퍼거슨이 아이디어를 내놓았다. 기존 트랙터에서 불필요한 것을 최대한 덜어낸 뒤 엔진 바로 위에 좌석을 갖다 붙인 것이다. 그의 '검은 트랙터Black Tractor'는 가볍고 훨씬 더 효율적이었다. 이렇게 전체에서 일부만 남기고 나머지는 다 제거하는 방식으로 현대적인 트랙터의 씨앗이 뿌려졌다.[6]

그로부터 거의 100년 후 음악 공유에도 뭔가를 쪼개고 일부를 생략하는 방식으로 변화가 일어났다. 1982년 한 독일 교수가 전화선으로 음악을 주문하는 맞춤형 음악 공유 시스템의 특허를 내려 했다. 그렇지만 오디오 파일 용량이 너무 커 독일 특허청 측은 실현 불가능해 보이는 그 아이디어를 받아들이지 않았다. 그 교수는 젊은 대학원생 칼하인츠 브란덴부르크에게 파일 압축 방법을 찾아달라고 부탁했다.[7] 초기의 압축 기술은 말을 압축할 수 있었으나 두루 적용하도록 만든 솔루션이라 모든 파일을 똑같이 취급했다. 브란덴부르크는 음원에 유연하게 반응하는 모델을 개발했고 이로써 인간의 청각 특성에 적합한 압축 기술을 만들 수 있었다. 그는 우리 뇌가 음을 선별적으로 듣는다는 것을 알고 있었다. 예를 들어 큰 소리는 더 작은 소리를 가리고, 낮은 주파수의 음은 높은 주파수의 음을 가린다. 이 지식을 토대로 그는 들리지 않는 주파수를 음질 손상 없이 제거하거나 줄였다. 브란덴부르크에게 주어진 가장 큰 숙제는 미국 가수 수잔 베가의 노래 〈톰의 식당Tom's Diner〉을 압축하는 것이었다. 여성 혼자 읊조리듯 부르는 그 노래를 충실도 높게 압축하는 데 수백 차례의 시행착오가 따랐다. 몇 년간의 미세한 조율 끝에 브란덴부르크와 그의 동료들은 마침내 파일 크기를 최소화하면서 음의 충실도를 높게 유지해주는 절충점을 찾아냈다. 결국 사람 귀로 듣는 데 필요한 것만 제공하는 방식으로 오디오 파일 용량을 무려 90%나 줄였다.

처음에 브란덴부르크는 자신의 압축 기법이 실용 가치가 있을까 하고 걱정했다. 하지만 몇 년 지나지 않아 디지털 음악이 탄생했고 아이팟에 최대한 많은 음악을 구겨넣을 절대적인 필요성이 생겼다. 브란덴부르크와 그의 동료들은 음 데이터를 쪼개 불필요한 주파수를 제거함으로써 인터넷상의 거의 모든 음악을 지원하는 MP3 압축 기술을 개발했다. 이후 몇 년 만에 'MP3'는 'sex'를 제치고 인터넷상에서 사람들이 가장 많이 검색하는 단어가 되었다.[8]

우리가 유지해야 할 정보는 예상보다 적다. 카네기멜론 대학교 마누엘라 벨로소 박사 팀이 건물 통로를 돌아다니며 심부름을 하는 로봇 코봇CoBot을 개발했을 때도 그랬다. 그 팀은 코봇에 센서를 장착해 앞 공간을 3차원 렌더링할 수 있게 했다. 하지만 너무 많은 데이터를 실시간으로 처리하려다 로봇에 탑재한 프로세서에 과부하가 걸렸고 코봇은 가끔 제 기능을 하지 못했다. 결국 벨로소 박사 팀은 코봇이 벽을 탐지하기 위해 전 지역을 분석할 필요는 없으며 단지 같은 벽면의 세 지점만 분석하면 된다는 걸 깨달았다. 코봇의 센서는 많은 양의 데이터를 기록하지만 그들은 그 알고리즘을 내장 컴퓨터 처리 능력의 10% 이내로 사용해 극히 일부 데이터만 처리하도록 만들었다. 결국 코봇은 자체 알고리즘으로 벽이라는 평면의 세 지점만 확인하면 자신이 장애물을 쳐다보고 있다는 걸 알았다.

MP3 기술이 인간의 뇌가 들려오는 모든 소리에 관심을 갖는 게 아니라는 사실을 이용했듯, 코봇도 자신의 센서가 기록하는 모든 것을 '볼' 필요는 없다는 점을 활용했다. 코봇이 보는 건 스케치 수준에 지나지 않지만 그 정도 그림이면 장애물에 부딪히는 걸 피하는 데 충분하다. 코봇은 시야가 제한적이라 건물 안에서는 완벽하게 작동해도 탁 트인 야외에서는 그야말로 무용지물이다. 이 용감무쌍한 로봇은 그간 수백 명의 방문객을 벨로소 박사의 사무실까지 안내했는데 그 모든 것은 풍경 전체를 구성 요소로 쪼갰기 때문이다.

전체를 쪼개 일부분을 버리는 기법으로 새로운 뇌 연구 방법도 등장했다. 인간의 뇌에는 복잡한 회로가 있는데 그것이 뇌 깊은 곳에 위치해 볼 수 없는 탓에 뇌 조직을 연구하는 신경과학자들은 오랜 세월 발목이 잡혀 있었다. 과학자들은 대개 그 문제를 뇌를 얇게 나누기, 즉 일종의 쪼개기로 해결했다. 이는 얇게 나눈 뇌 조각 이미지를 만든 뒤 디지

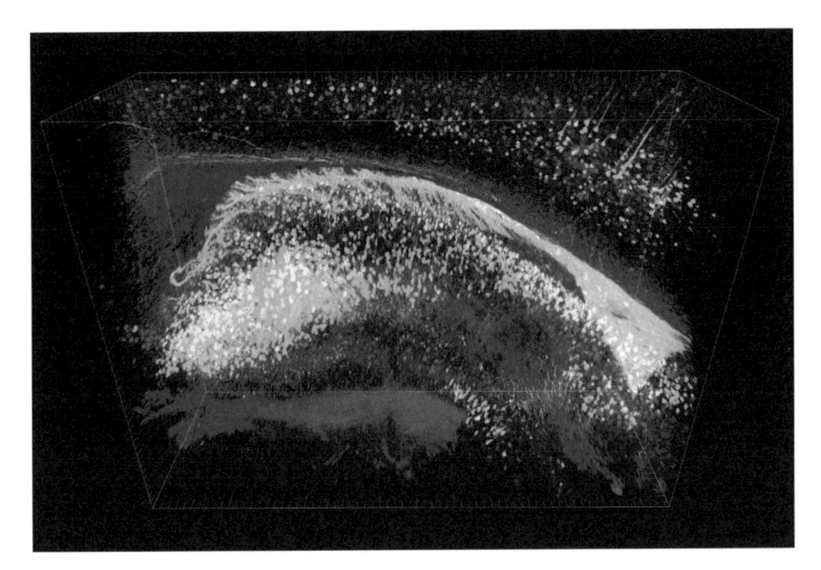

클래리티(CLARITY) 기법으로 살펴본 쥐의 해마

털 시뮬레이션으로 그것을 다시 힘겹게 온전한 뇌로 재조합하는 방식이다. 그렇지만 뇌를 나누는 과정에서 워낙 많은 신경 연결이 손상되는 탓에 컴퓨터 모델은 기껏해야 근사치일 뿐이었다.

이후 신경과학자 칼 다이서로스와 정광훈 교수가 이끄는 팀이 그 방법을 대체할 해결책을 찾아냈다. 지질이라 불리는 지방 분자는 뇌 결합에 도움을 줄 뿐 아니라 빛을 분산하는 역할도 한다. 과학자들은 죽은 쥐의 뇌에서 지질만 제거하고 뇌 구조는 그대로 유지하는 방법을 고안해냈다. 지질을 제거하면 쥐의 회색질이 투명해진다. 코리 아르칸젤의 설치 미술품 〈슈퍼 마리오 구름들〉처럼 과학자들이 고안한 '클래리티 CLARITY 기법'은 원래의 뇌에서 일부만 제거할 뿐 그 공백을 메우지는 않는다. 그 공백 덕분에 신경과학자들은 예전에 불가능했던 뉴런 연구를

할 수 있게 되었다.[9]

우리는 쪼개기로 무언가 단단하거나 이어진 것을 다루기 쉬운 조각으로 나눌 수 있다. 우리의 뇌는 세계를 조각낸 뒤 재건하거나 개조한다.

휘기와 마찬가지로 쪼개기도 대개 한 가지 원천을 중심으로 이뤄진다. 어떤 이미지를 픽실레이션 기법으로 바꾸거나 건물의 각 층이 빙빙 돌게 만드는 것이 대표적인 예다. 만일 한 가지 이상의 자원에 의존하면 어떤 일이 일어날까? 많은 창의적인 혁신은 예상을 뛰어넘는 결합의 결과였다. 초밥 피자와 선상 가옥, 빨래방 술집 또는 시인 메리앤 무어가 사자의 갈기를 '사나운 국화꽃 머리'로 묘사한 것 등이 좋은 사례다. 이와 관련해 이제 창의력을 위한 뇌의 세 번째 전략을 살펴보자.

5장

섞기: 아이디어의 무한한 결합

섞기에서는 인간의 뇌가 두 가지 이상의 자원을 새로운 방식으로 결합한다. 실제로 세계 곳곳에서 인간과 동물의 모습을 섞은 신화적 존재를 많이 만들었다. 고대 그리스에서는 사람과 소를 합쳐 미노타우로스를 만들었고 이집트에서는 인간과 사자를 합쳐 스핑크스를 만들었

미노타우로스(미상, 왼쪽), 스핑크스(기원전 26~25세기경, 가운데), 마미 와타(1950~1960년경, 오른쪽)

다. 아프리카에서는 여자와 물고기를 합쳐 마미 와타Mami Wata, 즉 인어를 만들었다. 대체 두 종 이상의 상이한 유전자 세포를 섞어 이런 키메라Chimera(한 개체 내에 두 가지 이상의 다른 유전적 조직이 함께 존재하는 현상. – 옮긴이)를 만들어낸 마법은 무엇일까? 이는 익숙한 개념의 새로운 결합이다.

인간의 뇌는 동물과 동물을 섞기도 한다. 그리스의 페가수스는 날개 달린 말이고 동남아시아의 가자심하Gajasimha(힌두 신화에 등장하는 영묘한 짐승. – 옮긴이)는 사자 몸에 코끼리 머리가 달린 동물이다. 영국의 문장紋章에 나오는 알로카메루스Allocamelus는 낙타 몸에 당나귀 머리가 달린 동물이다. 신화 속 존재와 마찬가지로 오늘날의 슈퍼히어로 중에도 키메라 부류가 많다. 대표적인 예가 배트맨, 스파이더맨, 앤트맨, 울버린 등이다.

섞기는 과학에도 존재한다. 유전학자 랜디 루이스는 거미줄에 엄청난 상업적 잠재력이 있다는 걸 알았다. 강철보다 몇 배 더 강하니 말이다.[1] 거미줄을 대량 생산할 수 있으면 엄청나게 가벼운 방탄조끼를 짜는 것도 가능하다. 그러나 거미를 대량으로 기르는 것은 어렵다. 많은 거미를 한데 모아놓으면 서로를 잡아먹기 때문이다. 더구나 거미가 거미줄을 뽑게 하는 것도 굉장히 힘든 일이다. 4m^2 정도의 천을 짤 거미줄을 뽑아내려면 82명이 거미 100만 마리로 수년간 작업해야 한다.[2] 루이스는 거미줄을 만드는 거미의 DNA를 염소와 접목하는 혁신적인 아이디어를 생각해냈다. 그 결과가 바로 거미염소 프레클스Freckles다. 프레클스는 생긴 건 염소지만 젖에서 거미줄을 분비한다. 루이스 연구팀은 지금 연구실 안에서 프레클스에게 짜낸 젖으로 거미줄을 뽑아내고 있다.[3]

유전공학은 실재하는 키메라를 만들어내는 데 첨병 역할을 하고 있다. 예를 들어 유전공학은 거미염소를 비롯해 인간의 인슐린을 만들어

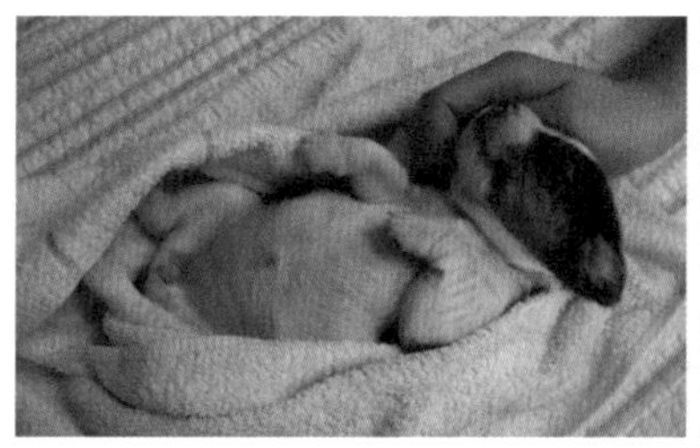
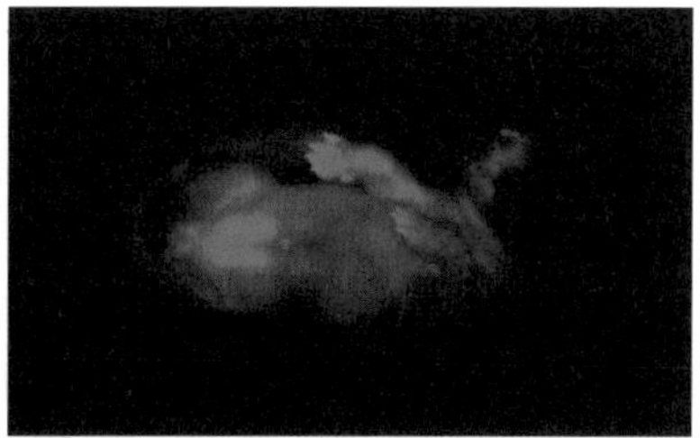

햇빛과 어둠 속에서의 러피 더 퍼피

내는 세균, 해파리의 유전자를 내포해 빛을 내는 물고기와 돼지 그리고 세계 최초의 유전자 이식 개로 말미잘 유전자 때문에 자외선을 쐬면 적색으로 빛나는 러피 더 퍼피Ruppy the Puppy 등을 만들어냈다.

인간의 신경망은 자연계에서 얻은 지식의 실을 짜는 데 능하다. 아티스트 요리스 라만은 인간의 골격 발달 과정을 시뮬레이션하는 소프트웨어로 〈뼈 가구Bone Furniture〉를 만들었다. 인간의 골격이 골질량 분배를

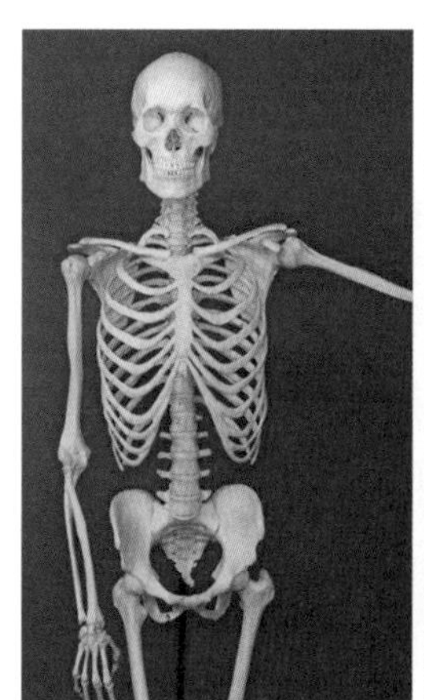
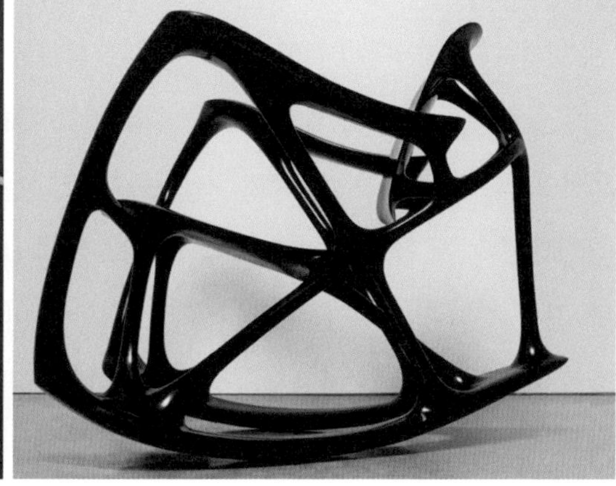

인간의 골격(왼쪽), 요리스 라만, 〈뼈 가구〉(2008, 오른쪽)

새 부리를 닮은 일본의 고속 열차 앞부분

최적화하듯 라만의 가구도 보다 큰 무게를 견뎌야 하는 곳에 더 많은 재료가 들어간다.

같은 맥락에서 일본 엔지니어 나카츠 에이지는 골치 아픈 문제를 푸는 해결책을 자연과의 결합에서 찾았다. 1990년대 그는 여행 시간을 단축해줄 고속 열차 디자인 작업에 관여했는데 기존 디자인에는 한 가지 결함이 있었다. 열차 맨 앞부분이 평평해 열차가 고속으로 달리면 귀가 찢어질 듯 소음이 났던 것이다. 새 관찰을 즐긴 나카츠는 물총새가 끝으로 갈수록 가늘어지는 부리 덕에 물속으로 뛰어들어도 거의 잔물결이 생기지 않는다는 데 주목했다. 결국 그는 열차를 새 부리처럼 뾰족하게 만드는 것으로 문제를 해결했다. 그렇게 만든 열차는 시속 320km 넘게 달릴 때도 소음이 그다지 크게 나지 않았다.

인간의 뇌는 가끔 이전에 본 것과 기발하게 접목하는 아이디어를 낸다. 가령 치트라 가네쉬와 시몬 리가 제작한 비디오 설치 미술에서는 조용히 살아 숨 쉬는 한 여성의 몸이 생명이 없는 자갈 더미와 합쳐져 있다.

살아 있는 것과 죽은 것의 결합은 언뜻 미술 프로젝트에만 유용한 듯 보이지만 금이 간 건물과 도로 문제를 해결해주기도 한다. 도로, 다리,

치트라 가네쉬·시몬 리, 〈내 꿈, 내 일은 지옥 이후까지도 기다릴 것이다〉(2012)

고층 건물 등 세상 건축물의 절반은 콘크리트로 지어졌는데 시멘트는 비바람에 약하고 손상됐을 때 고치기도 힘들다. 이 문제를 해결하기 위해 화학자들은 자연계로 눈을 돌렸다. 그들은 특정 종의 세균을 그 세균이 좋아하는 먹이와 함께 콘크리트에 추가했다. 그 세균은 콘크리트가 온전할 때는 활동하지 않다가 콘크리트에 금이 가면 활동을 시작한다. 그들은 자신을 기다리고 있던 먹이를 먹으며 번성해 방해석을 배설하는데 그 방해석이 콘크리트에 생긴 금을 메워준다. 이처럼 독특한 미생물과 건축 자재의 결합으로 콘크리트는 스스로를 치유한다.[4]

인간의 신경망도 디지털 세계를 아날로그 세계와 섞는 일에 능하다. 컴퓨터는 처리 능력이 인간을 능가하지만 인간에게 별것 아닌 일부 능력에는 아주 취약하다. 전통적으로 이미지 인식도 그런 능력 중 하나다. 예를 들어 얼굴을 알아보는 것은 아이에게조차 쉬운 일이지만 컴퓨터에겐 어려운 일이다.

이미지 안면 인식

왜 그럴까? 컴퓨터 입장에서 디지털 사진은 서로 다른 색과 농도가 있는 화소 집합에 지나지 않기 때문이다. 컴퓨터는 사진 내용을 알아보기 위해 더 고차원적 패턴을 익혀야 하며 그러자면 수백만 가지의 예를 거쳐야 한다. 이 문제는 2000년대 초 전 세계에서 많은 사람이 수십억 개 이미지를 웹상에 올리기 시작하면서 많은 관심을 받았다. 구글은 그 이미지에 자동으로 라벨을 붙일 방법을 찾으려 했으나 다양한 노력에도 불구하고 효과적인 알고리즘을 찾아낼 수 없었다.

그러던 중 컴퓨터 공학 교수 루이스 폰 안이 기계와 인간을 연결하는 EPS 게임(텔레파시, 초능력을 뜻하는 'extrasensory perception'에서 따온 이름. – 옮긴이)을 고안해 문제를 해결했다. 게임 방법은 이렇다. 세계 어느 곳에 있든 두 사람이 로그인을 한다. 그들에게 사진 한 장을 보여주며 그걸 설명하는 단어를 제시하라고 한다. 두 사람이 같은 단어를 제시하면 컴퓨터는 이견이 없는 것으로 간주해 해당 사진에 꼬리표를 붙인다. 두 사람은 계속 게임을 하면서 동시에 같은 단어 여러 개를 고르고 그 이미지에 일련의 단어를 붙인다. 인간이 확인하고 컴퓨터가 정리하는 셈이다. 인간과 컴퓨터 어느 쪽도 단독으로 수백만 개 이미지에 꼬리표를 달 수 없으므로 서로 협력해야 한다. 이는 인간과 컴퓨터가 웹상에서 이미지에 라벨을 붙이는 주요 수단이다.[5]

인간이 섞기를 좋아한다는 것은 우리가 현재에 과거를 합치는 것만 봐도 알 수 있다. 영화 〈백 투 더 퓨처〉에서 주인공 마티 맥플라이는 30년 전으로 돌아가 어쩌다 자기 부모가 만나는 걸 방해하는 바람에 자칫 자신이 세상에 태어나지 못할 상황에 빠진다. 마크 트웨인의 소설 《아서왕 궁전의 코네티컷 양키》에서 행크 모건은 예기치 않게 중세 시대로 돌아가는데 거기에서 그의 엔지니어링 노하우는 마술처럼 여겨진다. 또 레이 브래드버리의 단편소설 〈천둥소리A Sound of Thunder〉에서는 한 사냥꾼이 인간이 지구 위를 돌아다니기 한참 전인 쥐라기 시대로 되돌아가 거기에서 무심코 나비 한 마리를 밟았다가 미래의 모든 것이 바뀐다. 이처럼 우리의 상상력 속에서는 서로 다른 시대의 서로 다른 면이 빈틈없이 결합하고 있다.

인간의 뇌가 서로 다른 개념을 섞는 걸 좋아한다는 것은 의사소통 방식에도 그대로 드러난다. 즉 언어에도 많은 단어 섞기가 포함되어 있다. 영어의 rainbow(무지개), eyeshadow(아이섀도), braintrust(두뇌 집단), heartthrob(심장의 심한 고동), newspaper(신문), frostbite(동상), soulmate(소울메이트) 등이 좋은 예다. 예언가는 로스앤젤레스에서 카마겟돈(Carmaggedon, car와 '지구 종말 대전쟁'을 뜻하는 Armageddon의 합성어)을, 베이징에서 에어마겟돈(Airmaggedon, air와 Armageddon의 합성어)을, 다큐멘터리 〈토네이도 앨리〉에서는 스톰마겟돈(Stormaggedon, storm과 Armageddon의 합성어)을 경고한다. 코크니 라이밍 슬랭Cockney Rhyming Slang(런던 토박이가 사용하는 독특한 억양의 현대 속어. –옮긴이)은 낯익은 구절에서 한 단어를 운이 같은 다른 단어로 대체한다. 이를테면 Watch out for the guard(경비병을 조심해라)를 Watch out for the Christmas card(크리스마스카드를 조심해라)로 바꾼다. 또 I've got a date with the missus(나는 아내와 데이트를 했다)를 I've got a date with cheese and kisses(나는 치즈, 키세스와 데이트를 했다)로 바꾼다.[6]

은유 역시 인간의 뇌가 섞기를 좋아해서 생겨났다. 예를 들어 T. S. 엘리엇의 시구 "When the evening is spread out against the sky/Like a patient etherized upon a table(수술대 위에 누운 환자처럼/저녁놀이 하늘에 퍼져 있을 때)"은 그의 신경망이 저녁놀이라는 자연 현상을 병원에서 있었던 일과 연결한 데서 나왔다. 그리고 마틴 루서 킹 주니어는 〈버밍엄 감옥으로부터의 편지Letter from Birmingham Jail〉에서 음악, 지질학, 기상학 용어를 섞어가며 새로운 형태의 사회를 만들 것을 역설했다.

> 이제 민주주의를 향한 약속을 실현하고 전 국민적 비가를 인류애를 위한 창의적인 찬가로 승화해야 할 때입니다. 이제 국가 정책도 수렁 같은 인종 차별이 아닌 바위처럼 굳건한 인간 존엄 쪽으로 옮겨야 할 때며 (…) 우리 모두 곧 인종 차별의 어두운 구름이 사라지고 두려움에 가득 찬 우리 사회에서 불신의 짙은 안개가 걷히길 바랍시다. 또 그리 멀지 않은 미래에 사랑과 인류애의 찬란한 별이 눈부시게 아름다운 이 위대한 나라를 비춰주길 바랍시다.[7]

크레올어(유럽어와 서인도제도 노예가 사용하던 아프리카어의 혼성어.-옮긴이)는 여러 언어의 섞기로 만들어졌다. 최근 언어학자들은 아이들이 만든 새로운 크레올어 연구를 진행한 바 있다. 호주의 한 외딴 마을에서 나이 든 사람은 대개 세 가지 언어, 즉 왈피리어(원주민 언어), 크리올어(영어 기반의 크레올어), 영어를 사용한다. 부모는 갓난아기에게 유아어로 말하는데 그 유아어는 세 가지 언어 사이를 자유롭게 왔다 갔다 한다.

아이들은 부모가 섞어 쓰는 언어를 모국어로 받아들여 자신만의 문법을 만든다. 그렇게 해서 나온 것이 라이트 왈피리어로 이 새로운 언어에는 세 가지 원천어에 속하지 않는 혁신적인 말도 섞여 있다. 예를 들어 새로운 단어인 'you'm'은 미래가 아닌 현재와 과거 모두에 속하는 사람을 가리키는 말로, 이는 부모의 언어에서는 찾아볼 수 없다. 아이들의 뇌가 계속 경험의 원재료를 리메이크하면서 이 마을의 언어는 진화하고 있고 전통 언어는 뒤섞인 언어로 대체되고 있다.[8]

인간의 뇌는 종종 많은 자원을 한꺼번에 섞는다. 중세 시대 유럽 작곡가는 서로 다른 텍스트를 동시에 노래하는 보컬 작품을 작곡했다. 때로 서로 다른 언어를 섞기도 했다. 라틴어로 된 키리에Kyrie(가톨릭에서 미사 때 부르는 짧은 찬송가.–옮긴이) 하나와 세속적인 프랑스어를 합한 유명 작품도 있다. 이 작품의 첫 번째 보컬 파트에서는 성가를 부르고 두 번째 파트에선 5월의 진정한 사랑을 찬미하며, 세 번째 파트에서는 이중 결혼을 한 자들에게 교황이 아니라 자신을 향해 불평하라고 경고한다.

그로부터 500년 후 음악의 섞기는 힙합 장르에 살아남았다. 힙합은 과거 음악의 노랫말과 멜로디, 후크Hooks, 리프Riffs 등을 수정해 섞으면서 새로운 노래를 만들었다. 예를 들어 닥터 드레의 1992년 히트곡 〈렛 미 라이드Let Me Ride〉는 소울 가수 제임스 브라운의 드럼 패턴과 R&B 밴드 팔러먼트의 보컬, 힙합 래퍼 킹 티의 음향 효과를 섞어 썼다.[9] 한 가지 리프가 음악 문화 곳곳을 누비고 다니는 경우도 있다. 1960년대 밴드 더 윈스턴스의 드럼 솔로는 에이미 와인하우스부터 제이 지까지 수많은 뮤지션의 1,000개가 넘는 곡에 섞여 들어갔다.[10]

가끔은 보이지 않는 곳에서 이뤄지는 섞기로 비약적인 기술 발전을 이루기도 한다. 사진은 대개 한 가지 조리개 설정으로 촬영해 정해진 양

HDR 방식으로 찍은 사진

의 빛을 받아들이기 때문에 어떤 부분은 노출이 부족하고 또 어떤 부분은 노출이 과하다. 만일 당신이 창문 앞에서 어머니의 사진을 찍을 경우 쏟아져 들어오는 빛 때문에 어머니 쪽은 컴컴해진다. 그렇지만 하이 다이내믹 레인지HDR 방식으로 사진을 찍으면 모든 것이 적절한 대비를 이루고 있는 것처럼 보인다.

그 이유는 다음과 같다. 디지털카메라의 경우 같은 장면을 아주 빠른 속도로 찍되 조리개를 모두 다르게 설정해 각기 다른 양의 빛을 받아들인다. 그 결과 사진들 가운데 일부는 노출이 부족하고 일부는 과하며 일부는 그 중간쯤이 된다. 이때 소프트웨어를 이용해 여러 사진을 결합해서 최적의 국소 대비를 이끌어낸다. 최종 사진은 서로 다른 사진을 섞어 합친 것으로 흔히 실물보다 더 실물 같아 보인다고 한다. 이는 보이지 않는 곳에서 서로 다른 노출을 잘 섞은 결과다.

큰 데이터는 크게 섞는다. 당신이 구글 번역기에 어떤 단락을 타이핑할 경우 컴퓨터는 당신을 이해하려 하지 않는다. 대신 당신이 타이핑한 내용과 방대한 분량의 기존 번역 데이터베이스를 비교해 단어 대 단어,

구절 대 구절 식으로 가장 근접한 번역을 찾는다. 물론 번역 소프트웨어는 사전을 필요로 하지 않는다. 번역을 일종의 통계로 활용할 뿐이다. 즉 컴퓨터는 당신의 글에 관심이 없으며 그 글을 다른 사람들이 쓴 글의 짜깁기로 본다. 르네상스 시대 다성 음악에서는 텍스트 섞기를 직접 들을 수 있으나 구글 번역기에서는 그런 텍스트 섞기가 보이지 않는 곳에서 일어난다.

보통은 두 자원이 서로 구분하기 힘들 정도로 섞이지만 가끔은 두 자원을 나란히 놓아 확연히 구분 가능한 경우도 있다. 오해의 여지가 없는 어울림의 예로 중국계 미국인 건축가 이오 밍 페이의 뇌와 루브르 박물관 앞마당에 세워놓은 이집트 피라미드의 어울림, 멕시코 출신의 여성 화가 프리다 칼로의 신경망과 상처 입은 사슴의 몸에 갖다 붙인 그녀 얼굴의 어울림을 꼽을 수 있다.

자원을 좀 더 철저하게 섞는 경우도 있다. 아티스트 크레이그 월시가 나무 위에 인간의 얼굴을 투사해 만든 작품인 〈공간 창조자〉, 엘리자베스 딜러와 리카르도 스코피디오의 '블러 빌딩' 등이 좋은 예다(126쪽). 블

루브루 박물관의 유리 피라미드(1989, 왼쪽), 프리다 칼로, 〈상처 입은 사슴〉(1946, 오른쪽)

크레이그 월시, 〈공간 창조자〉(2013, 왼쪽), 블러 빌딩(2002, 오른쪽)

러 빌딩은 반은 건물이고 반은 구름인 건축물로 수천 개의 물 분사기를 동원해 수증기 장벽을 만들어내고 있다.

이 정도 수준의 섞기 작품은 브라질의 모래사장에서도 찾아볼 수 있다. 축구와 배구를 섞은 인기 있는 새로운 스포츠 푸테볼레이Futevolei는 해변 배구장에서 축구공으로 진행한다. 축구처럼 선수들은 손을 제외한 몸의 어느 부위로도 공을 건들 수 있고 배구와 마찬가지로 두 팀이 서로 공을 네트 너머로 넘기는데, 이때 공을 한쪽 땅에 떨어뜨리면 상대팀에게 1점을 내준다. 배구의 스파이크는 샤크 어택Shark Attack이라는 동작으로 대체하며 그 동작에서 선수는 한 발을 공중 높이 들어 올려 공을 네트 너머로 강하게 차 넘긴다.

푸테볼레이

다양한 섞기 스펙트럼의 끝부분으로 가면 자원을 구분하는 게 힘들어진다. 예를 들어 미국 화가 재스퍼 존스의 〈0에서 9까지0 Through 9〉를 보면 0에서 9까지의 숫자가 서로 중복돼 있음을 알아보기가 쉽지 않다.

섞기는 인류 문명의 비약적인 발전에 도움을 주었다. 지금으로부터 1만여 년 전 메소포타미아인은 구리를 캐내기 시작했다. 몇천 년 후 그들의 자손은 주석을 캐냈는데 두 금속 모두 단단한 것이 아니다. 하지만 두 금속을 한데 섞을 경우 연철보다 단단한 청동 합금이 된다. 기원전 2,500년경 의도적으로 섞은 최초의 물건이 탄생했고 이 시기에 나온 청동기는 천연 구리 광석보다 주석 밀도가 더 높았다. 그처럼 구리와 주석을 섞어 동전, 조각, 자기, 무기나 갑옷을 널리 제작하면서 청동기 시대가 열렸다. 청동은 자기 혈통을 숨기고 있는 혼합물로 부드러운 두 금속이 합쳐져 이토록 내구성 강하고 금빛 광택이 나는 합금이 생겨나리라고 짐작하기는 쉽지 않다.[11]

재스퍼 존스, 〈0에서 9까지〉(1961)

청동 합금과 마찬가지로 합성물, 약제로 쓰는 물질인 팅크처Tinctures, 물약, 묘약 등은 모두 여러 가지 자원을 섞어 만든 물질이다. 1920년 향수 디자이너 어네스트 보는 장미, 재스민, 베르가모트, 레몬, 바닐라, 백단 등 수십 가지 자연 진액에 처음 알데히드라는 합성 향을 섞었다. 그는 서로 다른 향을 섞어 만든 향수가 담긴 병에 번호를 붙여 늘어놓은 뒤 사장 코코에게 가장 마음에 드는 것을 골라보라고 했다. 그녀는 일일이 모든 향수 냄새를 맡아본 뒤 다섯 번째 병을 골랐다. 세상에서 가장 유명한 향수 '샤넬 넘버 5'는 그렇게 탄생했다.

미켈란젤로가 그린 예언자 이사야(1509, 왼쪽), 노먼 록웰, 〈리벳공 로지〉(1943, 오른쪽)

뇌는 늘 경험을 저장한 창고 안을 돌아다니며 종종 널리 퍼진 연결망으로 각종 아이디어를 연결한다. 미국이 2차 세계 대전에 참전할 무렵 삽화가 노먼 록웰은 미켈란젤로의 시스티나 성당 천장화에 나오는 '예언자 이사야' 그림에 현대 산업과 점증하는 여성의 힘을 섞어 새로운 인물 〈리벳공 로지Rosie the Riveter〉를 만들었다. 이와 관련해 인지과학자 마크 터너는 이렇게 말했다.

"인간의 생각은 광대한 시간과 공간에 걸쳐 뻗어 있으며 (…) 인간의 생각은 그 모든 것을 아우르고 그 모든 것 간의 연결을 찾아내며 그 모든 것을 섞는다."[12]

우리는 대부분 보이지 않는 데서 섞기가 일어난다는 것을 모르지만 실은 지식 교류로 끊임없이 새로운 기술이 등장하고 있다. 이를테면 미세 유체 검사는 의학적 진단의 초석이다. 이는 혈액 샘플을 특수 제작한 접시 위의 조그만 홈에 나눠 넣은 뒤 각 채널에서 서로 다른 병원균 검사를 하는 것이다. 유감스럽게도 이 검사 장비는 제조 비용과 시간이 만만치 않게 들어 개발 도상국이 이용하기 어렵다. 부담이 더 적은 대안을 찾던 생물 의학 공학자 미셸 카인 연구팀은 슈링키 딩크스Shrinky Dinks라는 놀랄 만한 해결책을 찾아냈다. 이 장난감은 예열하면 아이들이 그림을 그려도 좋을 정도의 크기로 늘어나는 플라스틱 시트로 구성되어 있다. 이 시트에 다시 열을 가할 경우 원래 크기로 줄어들어 아이들의 작품이 귀여운 미니어처로 변한다. 카인 연구팀은 레이저 제트 프린터와 토스터로 슈링키 딩크스 안에 홈을 파는 방법을 찾아냈고, 열을 가해 플라스틱 시트를 축소해서 쓸 만한 미세 유체 검사 접시를 만들었다. 시트당 얼마 안 되는 비용으로 장난감을 혈액 검사 장비로 바꿔버린 셈이다.

일반 상대성 이론을 연구할 때 알베르트 아인슈타인은 하나의 사고 실험을 했다. 승강기를 지상에 설치할 경우 그 안에서 공을 떨어뜨리면 중력 때문에 공이 바닥에 떨어진다. 그럼 무중력 상태의 우주 공간에서 위로 치솟는 승강기 안에 있다면 어찌될까? 손에서 공을 놓는 순간 지상 승강기 안과 똑같은 방식으로 떨어지는 것처럼 보이겠지만, 공이 중력의 영향으로 떨어지는 게 아니라 바닥이 공 쪽으로 올라오는 것이다. 아인슈타인은 사람들이 이 두 가지 경우를 구분할 수 없으리라는 걸 깨달았다. 공이 중력 때문에 떨어지는 것인지 아니면 가속도로 인해 떨어지는 것처럼 보이는 것인지 구분할 수 없다는 얘기다. 결국 그의 등가 원리Equivalence Principle는 중력을 일종의 가속도로 취급할 수도 있음을 보여주었다. 이처럼 아인슈타인은 승강기와 천체 아이디어를 섞어 뜻밖에도 물리적 원리를 터득했다.

전혀 다른 아이디어를 새로운 방식으로 결합하는 섞기는 혁신의 강력한 추진력이다. 동물의 왕국에서는 성적 결합으로 다양한 종이 탄생하지만 그 결합은 늘 같은 시기에 살아 있고 유전학적으로 비슷한 동물 파트너 간의 결합이라는 제한을 받는다. 반면 인간의 마음은 수많은 기억과 감정이 우글대는 거대한 정글과 같아 아이디어 간의 결합에 제한이 없다.

6장

창조를 향한 실패의 역사

NASA의 엔지니어들이 아폴로 13호의 전류로 사령선 배터리를 재충전한 것은 휘기의 사례이고, 피카소가 〈아비뇽의 처녀들〉에서 인간의 몸을 변형한 것 역시 휘기다. NASA의 엔지니어들이 전기 장치를 뜯어낸 것은 쪼개기며 피카소가 평면을 해체한 것도 쪼개기다. NASA의 엔지니어들이 판지와 플라스틱, 양말, 호스 등을 테이프로 붙여 공기 필터를 만든 것은 섞기며 피카소가 이베리아반도와 아프리카의 가면을 자신의 초상화에 통합한 것도 마찬가지로 섞기다. 원재료는 다르지만 NASA의 엔지니어들과 피카소는 모두 같은 방식으로 혁신을 했다. 자신들이 알고 있는 것을 휘고 쪼개고 섞은 것이다. 그 결과 한쪽은 용기 있는 구조 활동으로, 다른 한쪽은 획기적인 미술 작품으로 모두 역사에 남았다.

휘기와 쪼개기, 섞기는 우리 뇌가 경험을 활용해 새로운 결과물을 만들어내는 유용한 툴로 혁신이라는 소프트웨어의 토대가 되는 전략이다. 그 전략에 쓰이는 원재료는 어구 전환, 음악 리프, 장난감, 사진, 눈이 휘둥그레질 만한 개념, 우리가 축적해온 기억 등 세상의 모든 측면으로부터 제공받는다.

인간의 마음은 휘기와 쪼개기, 섞기를 적절히 사용해 자신의 경험을 비틀고 나누고 합쳐 새로운 형태를 만들어낸다. 그리고 인류 문명은 이 같은 파생, 재조립, 재결합이라는 구불구불한 가지에서 꽃을 활짝 피운다.

인간의 뇌는 늘 과할 정도로 많은 아이디어를 만들지만 그 대부분은 주목받지 못하고 사라진다. 어째서 그 많은 창의적 아이디어가 사회의 혈류 속으로 들어가지 못하는 것일까?

시간과 공간에 따라 달라지는 평가

창의적인 아이디어라고 해서 모두 사람들의 관심을 끄는 것은 아니다. 휘고 쪼개고 섞는다고 사람들이 그 진가를 알아봐준다는 보장은 없다. 창의적인 행동은 전체 이야기의 절반에 불과하며 창의적으로 행동하는 공동체가 그 나머지 절반에 해당한다. 즉 새로움만으로는 충분치 않으며 자신이 속한 사회의 공감도 필요하다.

작가 조이스 캐롤 오츠는 소설 쓰기를 일종의 "말로 행하고 동료들의 판단에 따라야 하는 즐거운 실험"이라고 했다. 동료들이 그 실험을 어떻게 생각하느냐는 그들이 속한 문화에 따라 달라진다. 또한 한 사회 안에서 평가받는 창의적인 행동은 그 이전에 어떤 창의적인 행동이 있었는지에 영향을 받는다. 결국 상상력의 산물은 그 사회 역사에 따라 생겨난다.

예를 들어 당신이 무언가를 창의적이고 흥미롭다고 생각하는 것은 당신이 어떤 사회에 살고 있느냐가 결정한다. 17세기 프랑스 극작가들은 아리스토텔레스가 꼽은 '연극의 3일치(시간, 장소, 행동)' 원칙을 아주 중요시했다. 이는 연극은 하루에 한 장소에서 일어나는 일과 한 가지 주요 주제를 다뤄야 한다는 것을 의미한다.

그러나 셰익스피어 같은 동시대 영국 극작가들은 이 원칙을 알고 있으면서도 무시했다. 가령 햄릿은 1막에서 덴마크를 떠나 영국으로 가며 2막에서 몇 주 후 덴마크로 돌아온다. 그 무렵 일본의 전통 가면극 '노能'는 공간과 시간을 사실적으로 묘사하지 않아 서로 다른 시대에 사는 두 인물이 나란히 서 있기도 했다.[1] 문화적 규범이 워낙 달라 런던과 도쿄에서 상연하는 연극을 파리에서는 하지 않았다. 이처럼 창작자와 대중 모두 문화적 제약에 얽매인다. 한 장소에서 통하는 아이디어가 반드시 다른 장소에서도 통하는 것은 아니며, 이는 같은 아이디어를 다른 장소에서는 소화하지 못하는 탓이다.

프랑스와 영국은 수 세기 동안 조경 기준도 서로 달랐다. 17세기와 18세기 프랑스 정원은 뚜렷한 대칭과 깔끔하게 손질한 배치가 특징이었으나, 영국 정원은 구불구불하고 둥글게 돌아가는 길과 자유롭게 자라나는 꽃나무가 주류였다. 즉 영국 정원은 무질서해 보이도록 디자인했다. 18세기 영국 정원사 케이퍼빌리티 브라운은 자신의 조경을 시처럼 표현했다.

"여기에 쉼표를 찍는다. 필요하다면 저기에 괄호를 친다. 그리고 마침표로 끝낸 뒤 다른 주제를 시작한다."[2]

프랑스 베르사유 궁전 정원(왼쪽), 케이퍼빌리티 브라운이 디자인한 영국 정원(오른쪽)

프랑스 정원사들은 이처럼 자유분방한 접근 방식을 절대 용납하지 않았다.

같은 맥락에서 18세기와 19세기 빈은 진보적인 작곡가들의 집결지였다. 하이든, 모차르트, 베토벤, 슈베르트는 모두 빈에 살면서 그곳에서 활동했다. 하지만 모험 정신이 강한 그들 중 누구도 연주자가 전체 화음에서 벗어난 연주를 하거나 장시간 침묵을 지키거나 숨을 내뱉는 것을 표현 기법으로 사용하는 작품을 작곡하지 않았다. 이것은 지구 반대편에 있는 일본의 왕실 음악 가가쿠雅樂의 일반적인 특징이었다. 하이든 같은 서양 작곡가는 상상력이 풍부했으나 자신의 문화가 허용하는 한계 안에서만 움직였다.

당시 유럽 발레계도 우아하면서 외관상 힘들이지 않은 듯한 동작을 이상적인 춤 동작으로 여겼다. 무용수는 점프를 하면서도 그저 잠시 공중에 떠 있는 것으로 보여야 했고 얼굴에는 아무 감정도 드러내지 않았다. 반면 동시대 인도 무용계는 뿌리박힌 듯 바닥에만 머물면서도 몸은 힘차게 뒤틀렸고 머리와 손발을 격하게 움직였다. 인도 무용수는 한 가지 춤 안에서 얼굴 표정과 자세를 슬쩍슬쩍 바꿔 창조의 여신 샤크티가 됐다가 파괴의 여신 시바도 되었다. 이는 유럽의 전통 발레에서 상상도 할 수 없던 이원성이다. 창의성에는 한계가 없다고 생각하기 쉽지만 사실 우리 뇌와 거기서 나오는 결과물은 사회적 맥락의 영향을 받는다.

끊임없이 문화의 제약을 받는 것은 비단 예술뿐이 아니다. 과학적 진실도 다른 문화권에서는 다르게 받아들여질 수 있다. 2차 세계 대전 때 미국은 나치 독일을 탈출한 망명 과학자들을 환대했다. 그중에는 아인슈타인과 질라드, 텔러 같은 과학자뿐 아니라 최초의 원자폭탄 개발에 앞장서 전쟁을 끝내는 데 기여한 과학자들도 있었다. 사실 원자폭탄을 먼저 개발하기 시작한 쪽은 독일 나치였고, 그들에게는 베르너 하이젠베르크 같이 뛰어난 과학자도 있었다.

그런데 왜 나치는 핵 경쟁에서 승리하지 못했을까? 결정적인 원인은 문화적 환경에 있었다. 자유세계에서 아인슈타인의 명성이 점점 커져가는 상황에서도 여러 국수주의적 독일 과학자는 그의 이론을 무시했고 그의 생각은 일고의 가치도 없다고 공언했다.[3] 독일의 노벨 물리학상 수상자 필리프 레나르트도 아인슈타인을 폄하하면서 그의 이론이 말도 안 된다고 단언했다. 심지어 그는 유대인의 과학이 체제 전복을 목적으로 독일 국민을 호도한다고 주장했다. 이처럼 나치는 미국인과 달리 과학적 진실을 자신들의 선입견에 맞춰 멋대로 걸러냈다.[4]

과학 이론뿐 아니라 발명도 어디서 만드느냐에 따라 운명이 달라졌다. 2차 세계 대전 이후 두 장소에서 동시에 만든 동일한 첨단 기술을 생각해보자. 미국 뉴저지주 벨 연구소 엔지니어들은 당시 쓰고 있던 커다란 진공관보다 더 효율적으로 전기 신호를 증폭하는 조그만 장치를 개발했다. 그들은 그 새로운 발명품을 '트랜지스터'라고 불렀다. 파리 외곽의 작은 마을에 있는 웨스팅하우스 연구소에 근무 중이던 전직 나치 과학자 2명도 거의 똑같은 장치를 개발했는데, 그들은 그것을 '트랜지트론'이라 불렀다. 그 장치를 벨 연구소는 미국에 특허를 냈고 웨스팅하우스 연구소는 프랑스에 특허를 냈다.

처음에는 프랑스 버전이 우세할 것 같았다. 프랑스에서 제작한 것이 미국 것보다 품질이 더 뛰어났기 때문이다. 그러나 그 이점은 곧 사라졌다. 파리에서는 아이디어 자체가 공감을 얻지 못했다. 정부 관리들은 곧바로 흥미를 잃고 모든 자원을 원자력 발전으로 돌렸다.[5] 반면 벨 연구소의 트랜지스터는 성능을 더 높이고 제작도 용이해져 휴대용 라디오 쪽에서 판로를 찾았다. 한 세대가 지나기도 전에 트랜지스터는 거의 모든 전자 장치에 들어가면서 디지털 혁명의 초석으로 자리매김했다. 이처럼 미국에서는 발명가들이 트랜지스터를 상업화해 이후 몇십 년간 세상을 지배했으나 불행히도 유럽에서 발명한 트랜지트론은 단명했다.

당신이 어느 시대에 사느냐 하는 것도 어디에 사느냐에 못지않게 중요하다. 셰익스피어의 작품《리어왕》을 생각해보자. 이 희곡의 마지막 부분에서 리어왕은 교수형을 당한 사랑하는 막내딸 코델리아의 싸늘한 시신 앞에 무릎 꿇고 앉아 절규한다.

"개와 말과 쥐는 다 생명이 있는데 왜 너는 숨을 쉬지 않느냐?"

셰익스피어가 세상을 떠나고 몇 세대 지나지 않아 시인 나훔 테이트는《리어왕》을 해피 엔딩으로 끝나는 희곡으로 개작했다. 시대적 정의에 맞춰 선이 악을 이기게 하는 등 영국 왕정복고 시대 당시의 예술적·문화적 기준에 맞게 개작한 것이다. 새로운 버전의《리어왕》에서 코델리아는 살아남고 진실과 미덕이 승리하며 그 무렵 찰스 2세가 왕위를 되찾은 것처럼 리어왕도 왕위를 되찾는다.[6] 테이트의 이 버전은 한 세기 이상 셰익스피어의 원작을 대신했다.

레즈비언 관계로 비난받는 두 여교사 이야기를 다룬 릴리언 헬먼의 희곡 《아이들의 시간The Children's Hour》도 이와 비슷한 경우다. 1930년대 이 희곡을 영화화했을 때 레즈비언 관계는 시대의 요구에 따라 이성 관계로 바뀌었다. 그로부터 몇십 년 후 윌리엄 와일러 감독이 리메이크했을 때는 레즈비언을 죄악시하는 분위기가 사라져 영화 스토리도 헬먼의 원작을 그대로 복원했다.

연극이나 영화와 마찬가지로 과학 발전 역시 시대적 분위기에 커다란 영향을 받는다. 오늘날 필수불가결하게 여겨지는 여러 과학적 방법과 요소, 즉 실험과 그 결과 발표, 실험 방법 설명, 실험 재연, 동료들의 검토 등은 영국 내전의 여파로 17세기 말에 생겨났다. 그 이전까지만 해도 자연과학은 실험보다 개인적 계시와 이론적 고찰로 뒷받침했다. 예지력 내지 통찰력이 과학적인 자료에 우선했던 것이다. 그런데 영국 내전이 끝난 뒤 과학자들은 과학을 국가 이익과 결부할 방법을 찾았다. 화학자 로버트 보일은 실험으로 명확한 증거를 찾아내는 것이 과학 위원회 등의 합의를 이끌어내는 보다 확실한 방법이라고 믿었다. 하지만 그의 방법은 많은 반대에 직면했는데 특히 철학자 토머스 홉스의 반대가 심했다. 홉스는 위원회의 결정은 신뢰할 수도 없고 조작 가능성도 높다고 생각했다. 무엇보다 그는 과학계를 지배하는 엘리트들을 불신했다.[7]

결국 보일의 실험 방법은 과학계의 대세가 되었는데 이는 그 방법 자체에 과학적 이점이 있고 시대적 요구에도 부합했기 때문이다. 영국에서는 1688년 혁명으로 왕의 절대 권력이 무너지고 의회 권력이 부상했다. 이것 역시 보일의 실험론이 번성한 이유였다. 이전에는 왕이 전권을 쥔 상황에서 특정 과학자가 자신의 방법론을 일방적으로 공포해 과도한 영향력을 발휘했으나 보일의 실험론이 공동 연구를 강조하면서 과학 민주화가 가능해졌다. 이제 왕 대신 의회가 실권을 쥐었고 일반 과학자의 권한도 커졌다.[8] 이처럼 진리 탐구같이 근본적인 것은 문화적 환경의 영향을 받는다.

각종 혁신이 특정 시기에 이뤄지는 것도 이런 이유 때문이다. 역사 연대표에 점점이 박힌 혁신 중에는 이전에 누구라도 해낼 수 있을 법한데 아무도 하지 않은 그런 혁신이 많다. 어니스트 헤밍웨이의 단편소설 〈흰 코끼리를 닮은 언덕들Hills Like White Elephants〉의 대화를 예로 들어보자. 한 남자와 한 여자가 낙태 관련 얘기를 빙빙 돌려가며 하는 장면이다.

> 남자가 말했다.
> "맥주가 시원하니 좋네."
> 여자가 말했다.
> "정말 좋아."
> 남자가 말했다.
> "그야말로 간단한 수술이었어, 지그."
> "정말 수술도 아니었어."
> 여자는 식탁 다리가 놓인 바닥을 내려다보았다.
> "난 당신이 개의치 않을 거라는 걸 알아, 지그. 정말 아무것도 아니잖아. 그냥 공기를 들이마신 것처럼 말이야."

여자는 아무 말도 하지 않았다.

"난 당신과 함께할 거야. 늘 당신 곁에 있을 거라고. 그들이 공기를 넣어줬으니 이제 모든 게 완전히 자연스러워질 거야."

"그런데 우리 이제 뭘 하지?"

"이제 괜찮아질 거야. 이전에도 그랬듯이 말이야."[9]

대화 속 문장은 모두 평범한 영어로 쓰여 있다. 100년 전 작가가 이와 똑같은 스타일로 글을 써선 안 될 이유는 전혀 없었다. 그러나 아무도 이런 스타일로 글을 쓰지 않았다. 당시 작가들은 이와 다른 식으로 자신을 표현했다. 헤밍웨이의 이 소설보다 한 세기 앞서 나온 제임스 페니모어 쿠퍼의 소설《개척자들》에 나오는 다음 대화를 보자.

"이 나라에 만연한 사치와 낭비를 보고 있노라니 슬프네요."

판사가 말했다.

"거주민은 의당 누려야 할 축복을 가벼이 여기고 있고, 성공한 모험가는 사치와 낭비가 심하고요. 커비, 당신도 예외는 아닙니다. 조그만 상처도 크게 악영향을 줄 텐데 이 나무들에 이토록 심각한 상처를 입히고 있으니 말입니다. 간곡히 바라건대 이 나무들은 수 세기 동안 자라왔고 한번 사라지면 절대 그 손실을 만회할 수 없음을 기억해주기 바랍니다."[10]

할 말만 하는 헤밍웨이 소설 속 등장인물들은 비슷하게 짧은 말로 온전한 대화를 한다. 쿠퍼와 유사한 어휘를 사용하지만 헤밍웨이의 문장

스타일은 쿠퍼 시대 독자들에게 맞지 않는다. 19세기 독자가 보기에는 직접적이지 않고 엉성해 보였을 것이기 때문이다.

마찬가지로 미국 작곡가 얼 브라운이 1961년 작품 〈이용 가능한 형식 1 Available Forms I〉을 작곡하는 데 필요했던 것, 즉 표기법, 악기, 조절한 서구식 조율법 등은 19세기 작곡가 베토벤도 이용이 가능했다. 하지만 당시 작곡가는 누구도 얼 브라운의 방식(전통적 기보법에서 벗어나 그래픽 기보법을 사용하고, 지휘자가 개별 연주자에게 무얼 연주할지 즉흥적으로 지시하는 것은 물론 연주자를 그때그때 마음대로 넣었다 빼는 방식)으로 작곡하지 않았다. 이 같은 유연성 때문에 〈이용 가능한 형식 1〉은 같은 방식으로 연주한 적이 없다. 반면 19세기의 서구 감성에서 음악은 조심스레 만들고 조율해 언제 들어도 같은 소리로 들리도록 연주했다. 그 시대 작곡가도 〈이용 가능한 형식 1〉 같은 작품을 쓸 수 있었겠지만 이는 당시 문화 규범에 맞지 않았다. 다시 말해 〈이용 가능한 형식 1〉 같은 작품은 창작자 입장에서든 청중 입장에서든 생각할 수 없는 작품이었다.

시대 상황에 따라 각 지역에서 나올 수 있는 작품에는 한계가 있다. 창의적인 작품은 영원히 기억에 남으려 애쓰지만 기본적으로 그 환경의 영향을 크게 받는다.

베토벤이 대중과 타협하다

1826년 3월 루트비히 판 베토벤은 자신이 가장 최근에 작곡한 현악 4중주곡을 초연 중인 도시 빈의 자기 집 건너편 술집에 앉아 있었다. 그는 완전히 귀가 먹어 연주를 들을 수 없었으나 현악 4중주곡의 마지막 악장에 청중이 어떤 반응을 보일지 신경 쓰여 연주회장 현장에 있지 않으려 했다. 베토벤은 그 마지막 악장에 '대푸가Grosse Fuge'라는 제목을 붙였다. 연주 시간이 17분인 그 4악장은 다른 많은 현악 4중주곡의 전 악장 길이와 맞먹었다. 그 긴 단일 악장 안에 빠른 오프닝과 우아하고 느린 부분, 댄스곡 같은 간주곡, 빠르고 활기찬 엔딩이 다 들어 있었다. 〈대푸가〉는 그 안에 미니 4악장이 다 들어 있는 현악 4중주곡이나 다름없었다. 그뿐 아니라 마지막 부분에는 당시 누구도 들어본 적 없는 복잡한 사운드와 리듬이 담겨 있었다. 가뜩이나 긴 4중주곡 끝에 그처럼 부담스런 마지막 부분을 넣은 베토벤은 자신이 사람들에게 너무 많은 것을 요구하고 있음을 잘 알고 있었다.

베토벤은 창작과 관련해 흔히 겪는 딜레마에 빠졌다. 어떤 작품을 시연할 때 절대 놓쳐서는 안 되는 아이디어 같은 건 없다. 창작은 본질적으로 사회적 행위이자 대중이라는 실험실에서 행해지는 실험이다. 새로운 작품은 문화적 맥락 속에서 평가받으며 사람들이 어떤 혁신적인 작품을 받아들이느냐 마느냐는 그 이전에 어떤 작품이 나왔는지 또 그 작품이 그것들과 얼마나 가깝거나 먼지에 달려 있다. 우리는 끊임없이 어떤 작품이 사회 기준을 철저히 준수하고 있는지 아니면 사회 기준과 거리가 먼지 판단하려 한다. 그러니까 익숙한 것과 새로운 것 사이에서 적절한 지점을 찾는 것이다.

큰 모험이 따르는 마지막 악장을 쓰면서 베토벤은 새로운 것에 모든 것을 건 상태였다. 그는 술집에 앉아 친구인 제2바이올리니스트 홀츠가 청중의 판결문을 갖고 오길 기다리고 있었다. 마침내 도착한 홀츠는 흥

분된 어조로 현악 4중주곡이 성공적이라는 말을 전했다. 청중이 중간 악장을 다시 들려달라고 요청했다는 말도 했다. 그 말에 고무된 베토벤은 새로운 현악 4중주곡의 4악장인 〈대푸가〉는 어떤지 물었다. 불행히도 홀츠는 앙코르 요청이 없었다고 말했다. 크게 낙담한 베토벤은 청중이 다 '소와 나귀'뿐이라며 〈대푸가〉야말로 다시 연주할 가치가 있는 유일한 악장이라고 했다.[11]

베토벤의 실험은 사회 기준에서 너무 멀리 나간 셈이었다. 그 초연 자리에 있던 한 평론가는 마지막 악장은 "중국인만큼이나 이해할 수 없는" 악장이라고 썼다.[12] 베토벤의 가장 열렬한 숭배자들조차 그 작품은 이해 불가라고 느꼈다. 베토벤의 악보 출판업자는 마지막 악장을 둘러싼 소란 때문에 작품 전체의 호평까지 빛을 잃지 않을까 걱정했다. 그래서 그 출판업자는 홀츠에게 베토벤을 잘 설득해 〈대푸가〉 악장을 빼고 새로운 4악장을 쓰게 해달라고 했다. 홀츠는 이런 글을 남겼다.

> 나는 베토벤에게 새로운 푸가는 독창성 면에서 평범한 수준을 뛰어넘을 뿐 아니라 최근에 나온 현악 4중주곡보다 낫다며 독립적인 작품으로 발간하는 게 좋겠다고 말했고 (…) 출판업자가 새로운 4악장에 추가 사례비를 지불할 것이라는 말을 전했다. 그런 내 제안에 베토벤은 생각해보겠다고 했다.

베토벤은 연주자나 청중의 능력에 별로 관심을 보이지 않는 걸로 유명했는데, 이번에는 평소의 그답지 않게 순순히 출판업자의 말에 따랐다.[13] 실망스런 결과 앞에서 일반 대중과 적절히 타협한 셈이다. 그는 자신의 작업실로 돌아와 보다 서정적이고 부드러우며 달콤한 4악장을 〈대푸가〉의 3분의 2 길이로 새로 작곡했다. 그 악장을 작곡한 동기는 알려지지 않았다. 어쨌든 이 일은 창작열과 그것을 받아들일 사회 구성원 간에 이뤄진 타협의 대표적인 예다.

변화의 흐름 앞에 머뭇거린 대가

익숙한 것에 걸맞은 작품을 만들지 아니면 새로운 지평을 열 작품을 만들지를 놓고 겪는 딜레마는 수없이 되풀이된다. 적절한 지점을 찾는 과정에서 창작자는 익숙한 것 쪽으로 기우는 경우가 많다. 사회 구성원이 이미 알고 좋아하는 것을 택하는 게 아무래도 더 안전해 보이기 때문이다. 새로운 것 쪽으로 나아가는 데는 위험이 따르며 사람들이 당신을 내버려둔 채 그냥 가버릴 수도 있다.

스마트폰 블랙베리를 생각해보자. 2003년 기술기업 림RIM은 최초의 블랙베리를 선보였다. 이 스마트폰의 주요 혁신은 완전한 쿼티QWERTY 키보드로 이로써 전화 통화는 물론 이메일을 주고받는 것도 가능했다. 블랙베리가 커다란 성공을 거두면서 2007년 림의 주가는 8배나 뛰었고, 이 회사는 첨단 기술 분야를 선도하는 기업 중 하나가 되었다.

그해에 애플이 처음 아이폰을 선보였다. 블랙베리의 시장 점유율과 주가는 한동안 계속 오르면서 최고치를 기록했으나 대중의 관심은 터치스크린 전화기 쪽으로 옮겨 가기 시작했다. 그럼에도 불구하고 블랙베리는 아이폰이 일시적 유행이길 바라며 계속 같은 디자인을 고수했다.

몇 년 지나지 않아 이 회사의 시장 점유율은 75%나 떨어졌고 최고 138달러까지 올라갔던 주가는 6달러 30센트로 폭락했다.

블랙베리가 저지른 실수는 무엇일까? 그들은 전화기가 무서운 속도로 멀티미디어 기기로 진화하고 있다는 걸 과소평가한 채 너무 오래 정답에만 매달렸다. 블랙베리는 키보드로 인해 화면 크기가 제약을 받았고 그 탓에 영화를 보고 각종 앱을 즐기는 즐거움에 한계가 따랐다. 2007년까지만 해도 통하던 것이 몇 년 만에 더 이상 통하지 않게 된 것이다. 이런저런 조치가 다 먹히지 않으면서 결국 림은 주저앉았다.

이스트먼 코닥 역시 비슷한 전철을 밟았다. 조지 이스트먼은 1885년 최초로 신축성 있는 롤필름을 발명했다. 1970년대 중반 이스트먼 코닥은 미국에서 전체 필름 매출의 무려 90%, 카메라 매출의 85%를 차지했다. 미국인이 찍는 사진 10장 중 9장은 코닥 필름으로 찍은 것이었다. 그러나 자사의 아날로그 필름 매출이 잠식당할 것을 우려한 이스트먼 코닥은 디지털 기술 발전 앞에서 지나치게 머뭇거렸다. 자체적으로 디지털카메라 제품을 내놓긴 했지만 새로운 디지털 기술이 얼마나 빨리 아날로그 기술을 대체할지 전혀 예측하지 못했다. 사진 업계 창시자나 다름없는 이스트먼 코닥은 결국 2012년 파산 신청을 했다.

대담한 혁신으로 업계를 선도한 기업이 급변하는 시대 상황에 적응하지 못해 뒤처지는 일은 아주 흔하다. 2000년만 해도 수백만 명의 미국인이 집에서 영화를 보고 싶을 경우 동네 '블록버스터' 매장을 찾았다. 한 컴퓨터 프로그래머가 설립한 이 비디오 대여 체인점은 업계 최초로 비디오 대여 추세 모니터링 소프트웨어를 사용해 가장 인기 있는 비디오의 재고를 늘 충분히 유지했다. 블록버스터는 한창때 전 세계적으로 체인점 수가 1만 1,000개를 넘었다. 그러나 블록버스터는 각 가정에서 비디오를 직접 스트리밍하게 해주는 광대역 통신망 출현에 발 빠르게 대처하지 못했다. 결국 2014년 미국의 마지막 블록버스터 매장이 문을 닫았다. 그렇게 소매점에서 영화를 대여해주는 일은 과거의 유물로 남았다. 블랙베리, 코닥과 마찬가지로 블록버스터는 너무 오래 정답에만 매달려 있었다.

실패한 기업에 근무했던 사람들은 흔히 이런 말을 한다. 기업이 비약적인 발전을 꾀하려면 남보다 빨리 성공하는 것으로는 충분치 않으며, 사람들의 상상력을 지속적으로 사로잡을 수 있어야 한다! 전등은 가스등을, 자동차는 마차를, 유성 영화는 무성 영화를, 트랜지스터는 진공관을, 데스크톱 컴퓨터는 대형 컴퓨터를 대체했다. 그렇다고 급격한 변화를 추구하는 게 열쇠라는 말은 아니다. 다음 예에서 보듯 그런 전략은 지나치게 점진적으로 움직이는 것만큼이나 실패로 끝나는 경우가 많다.

불확실성 앞에 무릎을 꿇은 혁신들

1865년부터 2차 세계 대전이 발발할 때까지 세계 공통어를 만들기 위한 시도는 수백 차례나 있었다. 배우기 쉽고 자연어의 어려움도 모두 해결해줄 '완벽한' 언어를 만들자는 게 목표였다. 엘리너 루스벨트를 비롯한 많은 고위 인사가 세계 공통어가 세계 평화를 촉진할 것이라는 믿음으로 그 노력을 지지했다. 그 결과 아울리, 에스피도, 에스페리도, 유로팔, 유로페오, 지오글롯, 글로바코, 글로사, 홈 이디오모, 이도, 일로, 인터링구아, 이스피란투, 라티노 시네 플렉시오네, 문데린그바, 몬드린그보, 몬드린구, 노비알, 오시덴탈, 페르페크트스프라셰, 심플로, 울라, 유니버살그롯, 보라푸크 같은 다양한 이름의 언어가 등장했다.[14] 거의 다 유럽 언어에 뿌리를 둔 이들 언어는 비슷한 방법으로 만들어졌고 철자와 문장 구성이 보다 논리적이며 불규칙 어미가 없었다.

하지만 에스페란토어Esperanto 창시자 루드비크 라자루스 자멘호프만큼 국제 공통어의 이상에 바짝 다가간 이는 없었다. 에스페란토어에는 각 글자에 1가지 음만 있다. 또한 모든 동사는 똑같은 형태로 활용하며 어휘 수는 예측 가능한 의미가 있는 접두사와 접미사를 붙이는 방식으로 늘어난다. 예를 들어 접미사 'eg'는 더 크거나 강하다는 의미다. 이를테면 'vento'는 바람, 'ventego'는 강풍이고 'domo'는 집, 'domego'는 대저택이다.[15]

처음에 에스페란토어는 자멘호프와 그의 미래 아내 둘만 쓰던 언어였다. 서로 에스페란토어로 연애편지를 썼던 것이다. 그러다 자멘호프가 에스페란토어를 소개하는 논문을 발표한 뒤 많은 추종자가 생기기 시작했다. 에스페란토어 국제회의도 열렸다. 1908년에는 네덜란드와 프로이센의 작은 영토인 중립 모레스네Neutral Moresnet가 처음 자유 에스페란토 국가 아미케조Amikejo('우정의 장소'라는 뜻)로 개명하면서 에스페란토어 확산 운동에 불을 댕겼다. 에스페란토어 확산 운동은 2차 세계대전 이후 가속도가 붙어 50만 명이 에스페란토어를 공식 세계 공통어로 채택해달라고 UN에 청원했다. 1948년 에스페란토어 지지자들은 "에스페란토어는 모든 폭풍우에도 꿋꿋이 살아남았고 세월의 시험도 잘 견뎌냈으며 (…) 이제 살아 있는 사람들의 살아 있는 언어가 되어 (…) 훨씬 더 큰 규모로 쓰일 준비를 갖췄다"[16]라고 선언했다.

이 선언이 나온 때가 에스페란토어 전성기였다. 새로운 언어를 향한 열망은 점차 식어갔고 어떤 나라도 에스페란토어를 모국어나 제2외국어로 택하지 않았다. 현재 어린 시절부터 에스페란토어를 모국어처럼 배우는 사람은 1,000여 명에 지나지 않는다. 전 세계가 서로 연결된 오늘날 세계 공통어를 쓰면 세상이 더 풍요로워지겠지만 사람들에게 낯선 언어를 새로 배우라고 하는 건 너무 큰 요구였다. 분명한 장점에도 불구하고 세계 공통어는 너무 급격한 변화인 탓에 부담스러웠던 것이다.

다른 많은 조치도 급격하게 시도했다가 도중에 실패로 끝났다. 달력 제도를 생각해보자. 1582년 그레고리 교황이 그레고리력을 도입한 이래 많은 사람이 날짜와 계절을 헤아리는 더 좋은 방법을 채택하려 로비를 벌여오고 있다. 어쨌든 각 달의 길이가 같아 매년 재사용이 가능한 달력이 있으면 더 좋지 않겠는가. 1923년 그레고리력을 폐기하자는 목소리가 커지자 국제 연맹은 전 세계적인 새로운 달력 공모를 후원했다. 최종 선정작은 모세 코츠워스가 디자인한 영구적인 13개월짜리 달력이었다. 코츠워스의 달력은 모든 달이 28일이고 새로운 해는 늘 일요일에 시작된다. 태양을 기려 'Sol'이라 이름 붙인 13번째 달은 6월과 7월 사이에 들어간다. 이스트먼 코닥의 설립자 조지 이스트먼은 코츠워스 달력의 열렬한 지지자로 60년 넘게 이 달력을 자사의 공식 시간표로 삼았다. 하지만 미국은 자국 독립 기념일인 7월 4일이 'Sol 17일'에 해당한다는 데 불만을 품고 국제 연맹의 계획에 반기를 들었다. 결국 여러 해에 걸친 로비에도 불구하고 코츠워스 달력을 국제 표준으로 삼자는 제안은 1937년 폐기됐다.

그로부터 몇십 년 후 엘리자베스 아켈리스가 영원히 변치 않는 12개월짜리 세계력을 제안했다. 365일을 7로 나누면 52주 364일로 365일에서 하루가 모자라는데, 그 하루를 1년의 마지막에 두고 특별한 요일이 없는 '세계의 날'로 정하면 매년 1월 1일은 변함없이 일요일에 시작된다. 이때 종교 단체들이 마지막 하루 때문에 일주일마다 돌아오는 예배 주기가 어그러진다며 반발하고 나섰다. 결국 국제연합은 세계력을 비준하지 못했다.

이후에도 각종 제안이 계속 이어졌다. 공상 과학 소설가 아이작 아시모프는 세계 계절 달력을 제안했다. 그 달력은 달을 다 없애고 1년을 사계절로 나눈 뒤 다시 한 계절을 13주씩으로 나누었다. 세계력과 마찬가지로 1년의 마지막 날은 추가적인 날로 두었다. 아이브 브롬버그의 대칭 454 달력은 28일 또는 35일로 이뤄진 달이 있었고, 5년 내지 6년마다 12월에 윤년이 아닌 윤주를 추가했다.

이들 새로운 달력은 그 나름대로 추종자가 있었으나 세계 공통어와 마찬가지로 결국 다 채택되지 않았다. 극복해야 할 문제가 너무 많은 탓이었다. 모든 것이 네트워크화한 오늘날 단계적인 변화는 불가능하다. 사실상 모든 소프트웨어를 동시에 업그레이드해야 한다. 새로운 달력을 채택할 경우 역사적인 기념일도 재계산해야 하고 사람들은 과거와 미래를 위해 두 가지 달력 체계를 다 배워야 한다. 한마디로 그레고리력이 안고 있는 문제보다 그걸 다른 달력으로 바꾸었을 때의 불편이 훨씬 더 크다. 이런 이유로 우리는 수영복 모델이나 상체를 드러낸 소방관이 등장하는 르네상스 시대 교황이 만든 달력을 여전히 쓰고 있다.

급격한 변화는 해당 분야에 혁신을 일으키지만 지도에 나오지 않는 바다를 항해하는 것은 위험천만한 일이다. 가령 세계가 기후 변화의 위험과 화석 연료 고갈에 직면하면서 자동차 업계는 재래식 엔진을 더 효율적으로 만드느냐(점진적 해결) 아니면 전기 엔진이나 수소 엔진 같은 다른 기술로 대체하느냐(급격한 해결)를 놓고 머리를 싸매고 있다. 전기 자동차의 한 가지 단점은 충전하는 데 시간이 걸린다는 점이다. 현재 전기 자동차 충전 시간은 주유소에서 기름을 가득 넣는 시간보다 수십 배 더 길다.

이 문제를 해결하기 위해 베터 플레이스 사가 배터리 교체라는 새로운 해결책을 들고 나왔다. 배터리 충전소에 차를 몰고 가면 몇 분 만에 다 쓴 배터리를 새것으로 교체해주는 시스템이다. 이 회사는 이상적인 시험장으로 이스라엘을 선택했다. 나라 규모도 작고 환경 문제에 국민의 관심도가 높기 때문이었다. 이스라엘 정부의 후원 아래 베터 플레이스는 이스라엘 전역에 1,800개의 충전소를 세우고 영업을 시작했다. 전기 자동차로 전환하는 데 필요한 최소한의 여건은 마련한 셈이었다.

그런데 불행하게도 일반 대중의 타성을 깨는 건 힘든 일이었다. 대규모 홍보에도 불구하고 자동차 구매자는 아직 전기 자동차를 살 단계에 이르지 않았던 것이다. 베터 플레이스는 충전소 운영에 필요한 만큼의 전기 자동차 매출을 이끌어내지 못했고, 결국 위풍당당하게 등장한 지 6년 만에 파산 신청을 했다.

우리는 예측 가능한 일과 깜짝 놀랄 일 사이에서 끝없이 줄다리기를 하며 살아간다. 이미 잘되고 있는 것에 집착하면 환영받지 못하고 편안한 것을 버리고 너무 멀리 가면 추종자를 찾지 못한다. 우리는 익숙한 것과 새로운 것 사이의 이상적인 절충점이라는 달성하기 힘든 목표를 향해 나아가야 한다. 그동안 수많은 아이디어가 역사의 쓰레기통으로 들어갔는데, 이는 표적이 멀어 화살이 미치지 못하거나 아니면 훌쩍 넘어갔기 때문이다. 마이크로소프트가 윈도우 8로 업데이트했을 때 너무 멀리 나갔다는 비난을 받았고 반응이 나빠 개발자들이 해고되었다. 반면 애플의 업데이트는 너무 안전 위주라는 비난을 받았다. 조이스 캐롤 오츠의 말처럼 창의성은 늘 실험이다.

문화적 취향은 끊임없이 변하지만 항상 꾸준한 걸음으로 전진하는 것은 아니다. 가끔은 기어가고 가끔은 뛰어간다. 나아가는 방향도 언제나 예측 가능한 것이 아니다. 에스페란토어 세계화가 이루지 못한 소망으로 남아 있고 블록버스터 대여점이 기억에서 사라진 것도 그 때문이다. 어떤 시도가 성공적인 터치다운으로 이어질지는 확실치 않다.

보편적 기준에 창의성을 가둘 수 없다

문화적 맥락 속에서 뜻하지 않은 변화가 발생해도 시간과 장소보다 우선하는 보편적인 아름다움이라는 게 존재할 수 있을까? 우리의 창의적인 선택에 영향을 미치는 변치 않는 인간 본성의 특징 같은 게 있을까? 인간을 창의적인 선택으로 안내하는 북극성 같은 것 때문에 우리는 그런 보편적 아름다움을 끝없이 추구해왔다.

보편적 아름다움으로 자주 인용하는 것 중 하나가 시각적 대칭이다. 서로 다른 시기에 서로 다른 곳에서 만든 페르시안 카펫의 기하학적 문양과 스페인 알함브라 궁전의 천장 무늬를 생각해보라.

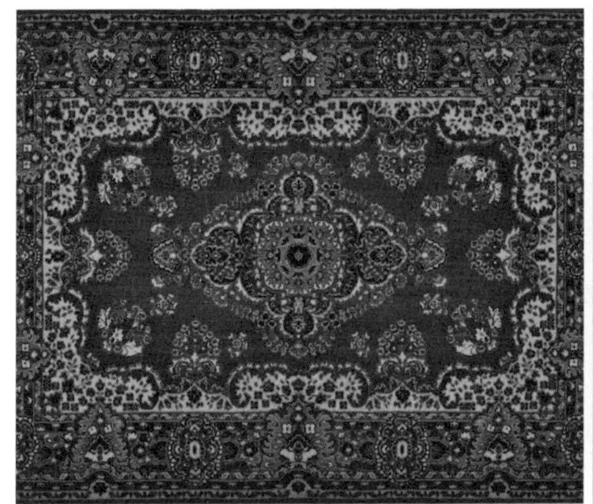

페르시안 카펫(왼쪽), 알함브라 궁전 천장 무늬(오른쪽)

그러나 아름다움과 대칭 간의 관계가 절대적인 것은 아니다. 18세기 유럽에서 유행한 로코코 미술은 대칭성이 거의 없고 선불교 정원도 대칭성이 없는 것으로 유명하다.

우리는 보편적 아름다움의 예를 다른 데서 찾아야 한다. 1973년 심리학자 게르다 스메츠는 뇌파 전위 기록 실험EEG을 했다. 두피에 전기 자극을 주고 서로 다른 패턴에 노출될 때 나타나는 뇌의 움직임을 기록한 것이다. 그녀는 뇌가 약 20% 수준의 복잡성을 보이는 패턴에 가장 큰 반응을 보인다는 사실을 알아냈다.

신생아는 그 어떤 패턴보다 약 20%의 복잡성을 보이는 패턴을 더 오래 쳐다본다. 사회 생물학자 에드워드 O. 윌슨은 인류의 예술에 보편적 아름다움을 부여하는 것이 이러한 생물학적 현상 때문인지도 모른다며 이렇게 말했다.

프랑수아 부셰, 〈비너스의 탄생과 승리〉(1740)

선불교 정원

위에서 두 번째 줄 패턴은 약 20%의 복잡성을 보인다(1973년 스메츠 실험).

> 우연의 일치인지 모르겠지만(내 생각에는 그렇지 않긴 해도) 프리즈Frieze(그리거나 조각한 건물 윗부분의 띠 모양 장식.-옮긴이), 그릴 모양 장식, 콜로폰Colophon(판권 기록 부분.-옮긴이), 어표Logograph(한 단어나 구를 상징하는 고대의 문자 기호.-옮긴이), 깃발 디자인 같은 여러 미술 작품에서 비슷한 정도의 복잡성 패턴을 볼 수 있는데 (…) 같은 수준의 복잡성은 원시·현대 미술과 디자인에 매력을 더해주는 특징이다.

과연 윌슨의 말은 맞는 걸까? 자극이 미학의 출발점일 수도 있으나 그게 전부는 아니다. 우리는 늘 서로를 놀라게 하거나 서로에게 영감을 주는 사회에 살고 있다. 일단 20% 복잡성에 너무 익숙해지면 인간은 다른 새로운 것을 찾아 나선다.

칸딘스키, 〈구성 7〉(1913, 왼쪽), 말레비치, 〈흰색 위의 흰색〉(1918, 오른쪽)

러시아 화가 바실리 칸딘스키와 그의 동료 화가 카지미르 말레비치가 몇 년 사이에 그린 추상화 두 점을 예로 들어보자.

무질서한 색의 충돌이 특징인 칸딘스키의 〈구성 7Composition VII〉이 상당한 복잡성을 보여준다면 기이할 정도로 차분한 말레비치의 〈흰색 위의 흰색White on White〉은 눈 덮인 풍경 같은 시각적 한결같음을 보여준다. 동일한 생물학적 제약(같은 시기, 같은 문화적 맥락 속에서 활동했다는) 조건에도 불구하고 이처럼 칸딘스키와 말레비치는 전혀 다른 미술작품을 만들어 냈다.

이렇듯 시각 미술이 꼭 어떤 '처방'을 따라야 하는 것은 아니다. 실제로 게르다 스메츠는 실험을 마무리한 뒤 실험 참가자들에게 어떤 이미지에 더 끌리는지 물었는데 일치하는 답이 나오지 않았다.[17] 뇌가 20% 복잡성 패턴에 더 큰 반응을 보인 건 사실이지만 좋아하는 패턴이 워낙 다양해 실험 참가자의 미적 선호도는 예측할 수 없었다. 시각적 아름다움을 판단할 때 변치 않는 생물학적 원칙 같은 것은 없다.

실제로 인간이 살아가는 환경에 따라 사물을 보는 법이 달라질 수도 있다. 뮐러 라이어 착시Müller-Lyer Illusion(아래 그림 참조) 현상을 보면 두 직선 길이가 똑같음에도 불구하고 a를 b보다 더 짧게 인식한다. 여러 해 동안 과학자들은 이것을 시각 인식의 보편적 특징으로 추정했다.

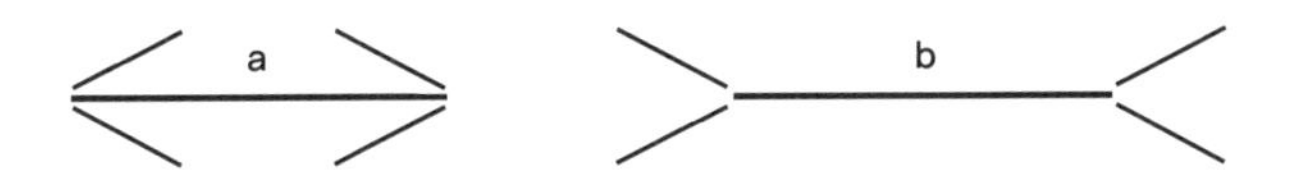

그런데 여러 문화를 비교해본 결과 놀라운 사실이 밝혀졌다. 착시 현상은 문화권에 따라 달랐고 특히 서구인이 가장 큰 차이를 보였다.[18] 과학자들이 위의 두 직선이 서로 다른 집단에게 어떻게 달라 보이는지 조사하자 서구인의 시각적 왜곡 현상, 즉 착시 현상이 가장 심했다. 아프리카의 줄루족Zulu, 팡족Fang, 이조족Ijaw의 착시 현상은 중간 정도였다. 아프리카 칼라하리 사막의 산족San 수렵인은 착시 현상을 일으키지 않고 직선의 길이가 똑같다는 걸 정확히 알아봤다.[19] 칼라하리 사막의 수렵인과 서구 국가에서 자란 사람은 사물을 보는 법이 전혀 달랐다. 우리가 사실이라고 믿는 것은 경험에 따라 달라지며 시각도 예외가 아니다.[20]

음악은 어떨까? 흔히 세계 공통어라고 하는 음악은 일관성 있는 규범을 따르는 것처럼 보인다. 그렇지만 전 세계 토착 음악을 놓고 설문 조사한 결과에 따르면 음악의 종류와 그 감상법은 서구인의 관행을 훨씬 뛰어넘을 만큼 다양하다. 서구의 부모는 아기를 재울 때 달래듯 부드러운 소리로 자장가를 불러주다 점점 소리를 낮춰 속삭이듯 한다. 반면 아카 피그미족Aka Pygmies은 아기의 목을 가볍게 쓰다듬으며 보다 큰 소리로 자장가를 불러준다.

서구 고전 음악은 음정에 맞춰 연주하는 것을 아름답게 여기지만 자바섬의 전통음악은 음정을 맞추지 않는 걸 매력적이라고 본다. 일부 토착 문화 음악은 모든 사람이 각자 다른 속도로 연주한다. 몽고인의 스로트 싱잉Throat Singing(목구멍 창법. -옮긴이)에는 아예 식별 가능한 멜로디 자체가 없다. 손바닥으로 바닷물을 두드려 리듬을 타는 바누아투 제도의 물 드러머처럼 특이한 악기로 연주하는 음악도 있다. 서구는 주로 2·3·4비트의 리듬 사이클을 쓰며 불가리아는 7·11·13·15비트, 인도는 100비트 이상의 리듬 사이클을 쓴다. 또 서구식 조율은 옥타브가 일정한 간격의 12개 음으로 나뉘고 인도의 전통 음악은 옥타브가 간격이 일정치 않은 22개 음으로 나뉜다.[21] 서구인에게 음높이는 '높고 낮은 것'이지만 세르비아의 로마인에게는 '크고 작은 것', 오바야 멘자족Obaya-Menza에게는 '아버지와 아들' 그리고 짐바브웨의 쇼나족Shona에게는 '악어와 악어를 쫓는 사람'이다.[22]

이 같은 차이에도 불구하고 음악에는 무언가 사람들을 끌어당기는 게 있지 않을까? 음이 결합하는 방식과 관련해 사람들이 생물학적으로 선호하는 게 있지 않을까? 과학자들은 인간이 태어날 때부터 화음이 잘 맞는 음악을 더 좋아한다는 전제 아래 유아를 상대로 실험을 진행했다. 생후 4~6개월 된 아기는 자기 생각을 타인에게 말하지 못하므로 행동에서 실마리를 찾아야 한다.

연구팀은 어떤 방의 양쪽에 확성기를 설치하고 한 스피커로 모차르트의 미뉴에트를 내보냈다. 그런 다음 스피커를 끄고 다른 스피커로 그 미뉴에트의 변형 버전을 내보냈다. 모차르트의 오리지널 미뉴에트를 삐걱대는 불협화음 퍼레이드로 변형한 것이다. 방에는 한 아기가 엄마의 무릎 위에 앉아 있었고 연구팀은 그 아기가 얼마나 오래 각각의 음악을 듣다가 다른 데로 관심을 돌리는지 관찰했다. 그 결과는 어땠까? 아기는 불협화음으로 변한 버전보다 오리지널 모차르트 버전에 더 오래 관심을 기울였다. 이는 사람이 선천적으로 화음이 잘 맞는 음악을 좋아한다는 걸 보여주는 흥미로운 증거 같았다.[23]

그때 음악 인지 전문가들이 이 결론에 의문을 제기했다. 가령 불가리아 민요 같은 토착 음악은 여기저기에 불협화음이 넘쳐난다. 서구의 주류 문화에서도 기분 좋게 여겨지는 음이 세월에 따라 바뀌어왔다. 화음이 잘 맞고 간단한 모차르트의 미뉴에트도 중세 시대 수도승이 들었다면 경악했을지도 모른다.

인지 과학자 샌드라 트레헙과 주디 플랜틴가는 영아들을 상대로 그 흥미로운 실험을 다시 해보았다. 놀랍게도 아기들은 어떤 음악이든 먼저 들은 음악에 더 오래 귀를 기울였다. 예를 들어 불협화음 버전을 먼저 들려줄 경우 아기는 화음이 잘 맞는 버전보다 불협화음 버전에 더 오래 귀를 기울였다. 이들은 사람이 날 때부터 화음이 잘 맞는 음을 더 좋아하는 건 아니라는 결론을 내렸다.[24] 시각적 아름다움과 마찬가지로 우리가 감상하는 음 역시 날 때부터 선호도가 정해지는 것은 아니라는 얘기다.

과학자들은 늘 인류를 하나로 연결해주는 보편적인 것을 찾아내려 애써왔다. 우리는 지금 생물학적 성향을 논하고 있지만 수백만 년에 걸친 휘기, 쪼개기, 섞기로 인류가 선호하는 것은 아주 다양해졌다. 인간은 생물학적 진화의 산물일 뿐 아니라 문화적 진화의 산물이기도 하다.[25] 보편적 아름다움이란 개념은 매력적이긴 하나 그것이 시간과 장소를 넘나드는 인간의 다양한 창의력을 붙잡아둘 수는 없다. 아름다움은 유전학적으로 미리 정해진 것이 아니라서 창의성을 발휘해 탐구할 경우 그 영역을 미학적으로 얼마든지 확장해갈 수 있다. 우리가 간혹 과거의 위대한 예술작품에서 별다른 매력을 느끼지 못하거나 이전 세대가 받아들이지 못했을 대상에서 아름다움을 찾아내는 건 그 때문이다. 미학적으로 인간을 다른 동물 종과 구분하는 것은 특정 대상을 향한 애착보다 종잡기 어려울 만큼 다채로운 창의력 그 자체다.

언젠가 셰익스피어도 역사 속으로 사라질 것이다

17세기 극작가 벤 존슨은 동시대 사람 셰익스피어를 가리켜 "한 시대가 아닌 모든 시대를 대표할 만한 인물"이라고 했다. 그의 말에 이의를 제기하긴 힘들다. 셰익스피어의 인기는 예전보다 지금이 더 높으니 말이다. 2016년 영국 로열 셰익스피어 극단은 무려 196개국에서 〈햄릿〉 공연 기록을 세우며 월드 투어를 마쳤다. 셰익스피어의 희곡은 지속적인 리바이벌과 재해석 대상이다. 세계 곳곳의 교육받은 많은 성인이 그의 희곡에 나오는 유명한 구절을 인용한다. 셰익스피어는 인류가 자랑스레 후손에게 물려줄 수 있는 일종의 유산인 셈이다.

여기서 잠깐, 만일 500년 후 우리가 신경 이식 장치에 전원을 연결해 다른 누군가의 감정에 직접 접근하는 것이 가능해진다면 어찌될까? 뇌와 뇌를 연결하는 깊이 있는 경험으로 엄청나게 큰 즐거움을 누리는 것이 가능해져 무대 위의 3시간짜리 연극을 보는 것이 역사적 관심사가 될지도 모른다. 셰익스피어 희곡의 등장인물 간에 벌어지는 갈등이 너무 고리타분해 보여 우리가 유전 공학이나 복제, 영원한 젊음, 인공 지능 등의 플롯을 원한다면 어떨까? 정보를 과다 제공해 인류가 더 이상 한두 세대 또는 1~2년 이상 뒤돌아볼 수 없으면 어떨까?

셰익스피어의 희곡 광고 전단이 사라지는 미래를 상상하기 어렵지만 그것은 지칠 줄 모르는 우리의 상상력 덕에 지불해야 할 대가인지도 모른다. 시대가 요구하는 것은 바뀌고 사회는 계속 발전해간다. 우리는 쥐고 있던 것을 내려놓고 새로운 것을 받아들일 여지를 만든다. 문화가 신성시하는 창작품마저 스포트라이트 밖으로 밀려난다. 아리스토텔레스는 중세 유럽에서 가장 위대하고 박식한 작가였다. 우리는 지금도 그를 존경하지만 그것은 살아 있는 목소리보다 상징적 존재로서의 존경이다. 창의력을 발휘한 산물에 관한 한 '불멸'에는 대개 유통기한이 있다.

아마 셰익스피어는 완전히 잊히지 않을 것이다. 설사 그의 희곡이 전문가의 전유물로 남을지라도 셰익스피어는 그 문화 DNA 속에 계속 살아남을 가능성이 크다. 불멸 측면에서 그 정도면 족할 수도 있다. 새로운 것에 목말라 하는 인간의 속성을 감안하면 어떤 창작품이 5~6세기 동안 살아남는 것은 그 자체로 이미 엄청난 것을 이룬 셈이다. 우리는 현대에 창의적인 삶으로 조상들을 영광스럽게 만들고 있다. 설사 그 삶이 서서히 과거를 지우는 일이라 해도 말이다.

셰익스피어는 자기 시대의 가장 위대한 극작가가 되고 싶었는지도 모르지만 모든 시대의 마지막 극작가가 되고 싶지는 않았을 것이다. 그의 목소리는 지금도 그에게 영감을 받은 사람들 사이에서 들려온다. 극작가 셰익스피어는 "모든 남자와 여자는 (배우이며) (…) 나가고 또 들어올 것이다"라고 썼지만 언젠가 그 역시 역사의 무대 뒤로 물러날지 모른다. 비영구성과 진부화는 끊임없이 변화하는 문화 속에서 살아가는 우리가 지불해야 할 대가다.

• • •

우리는 주변 세상에 너무 익숙해져 그 세상에 있는 창의성의 토대를 못 보는 경우가 많다. 건물, 약, 자동차, 통신망, 의자, 칼, 도시, 가전제품, 트럭, 안경, 냉장고 등 세상의 모든 것은 인간이 활용 가능한 것을 흡수해 가공한 뒤 뭔가 새로운 걸 만들어낸 결과물이다. 우리는 수십억 조상의 상속자로서 매 순간 그들이 물려준 인지 소프트웨어를 활용한다. 지구상의 그 어떤 종도 상상 속 영토를 탐구하는 데 인간처럼 많은 노력을 쏟지 않는다. 그 어떤 종도 그토록 필사적으로 환상을 현실로 바꾸지 않는다.

그럼에도 불구하고 우리는 늘 기대만큼 창의적이지 않다. 우리의 잠재력을 보다 더 철저히 발휘하려면 어떻게 해야 할까? 이제 이 문제로 눈길을 돌려보자.

2부

상상을 현실로 만드는 뇌

7장

스트라디바리우스는 완벽한 악기인가

영화 〈레고 무비〉를 보고 있노라면 관객은 건축뿐 아니라 사람, 하늘, 구름, 바다 심지어 바람 등 모든 것이 색색의 레고 블록으로 이뤄진 세상에 빠져든다. 주인공 레고 인형 에밋은 신비하고 강력한 물질인 크래글로 세상을 얼리려 하는 사악한 로드 비즈니스에 맞서 싸운다. 로드 비즈니스를 막는 방법은 단 하나, 크래글을 무력화하는 전설적 블록인 '저항의 조각'을 찾는 것이다. 에밋이 세상의 종말이 다가오고 있다며 동료 레고 인형을 설득하는 가운데 레고 세상 전역에서 동료들은 〈모든 게 놀랍다〉란 찬가를 부른다.

그러다가 갑자기 영화는 실사 촬영으로 바뀌고 레고 우주가 실은 핀이라는 어린 소년의 상상 속에 존재한다는 게 밝혀진다. 현실 속에서 로드 비즈니스는 '위층 남자'로 알려진 핀의 아버지다. 그는 집 지하실에

레고 블록으로 고층 빌딩과 대로, 고가철도 등이 들어찬 정교한 도시를 건설했다. 아들이 간섭하는 것에 화가 난 핀의 아버지는 강력 접착제 크레이지 글루로 모든 레고 블록을 영구적으로 붙일 계획을 세운다. 알고 보니 저항의 조각은 크레이지 글루의 뚜껑이다. 그리고 핀의 아버지의 레고 도시는 수많은 시간 동안 노력한 끝에 만든 것이다. 그것은 아름답고 완벽하지만 관객은 거의 본능적으로 레고 도시의 발전을 멈추려는 계획보다 그 도시를 계속 건설하고 재건하려는 핀을 지지한다.

인간의 뇌는 쉼 없이 움직이고 우리는 단순히 결함을 개선하는 데 그치지 않고 완전해 보이는 것까지도 바꾸려 한다. 가령 인간은 좋은 것뿐 아니라 나쁜 것까지 쪼개려 한다. 창조하는 사람은 과거를 숭배하기도 하고 경멸하기도 하지만 공통적으로 조각을 붙이려 하지는 않는다. 소설가 윌리엄 서머싯 몸의 말마따나 "전통은 안내인이지 간수가 아니다." 과거는 숭배할 수도 있으나 손도 대지 못할 것은 아니다. 창의성은 갑자기 하늘에서 뚝 떨어지는 게 아니며 원재료 창고를 제공해주는 문화의 도움을 받는다. 주방장이 새로운 요리를 준비하면서 가장 좋은 재료를 사오듯 우리도 뭔가 새로운 걸 만들 때 대체로 물려받은 것 가운데 가장 좋은 것을 찾는다.

1941년 나치는 폴란드 유대인을 도로호비츠의 게토로 강제 이주시켰다. 이곳은 유대인을 강제수용소로 보내 처형하기 전의 마지막 종착지였다. 그 유대인들 중에는 브루노 슐츠라는 뛰어난 작가도 있었다. 그의 팬이던 나치 장교가 그를 잠시 강제 이주 대상에서 제외했으나 그는 다른 나치 장교의 총에 맞아 거리에서 목숨을 잃었다. 슐츠의 작품은 별로 남아 있지 않으며 책으로 출간한 그의 작품 중 단편소설 모음집으로《악

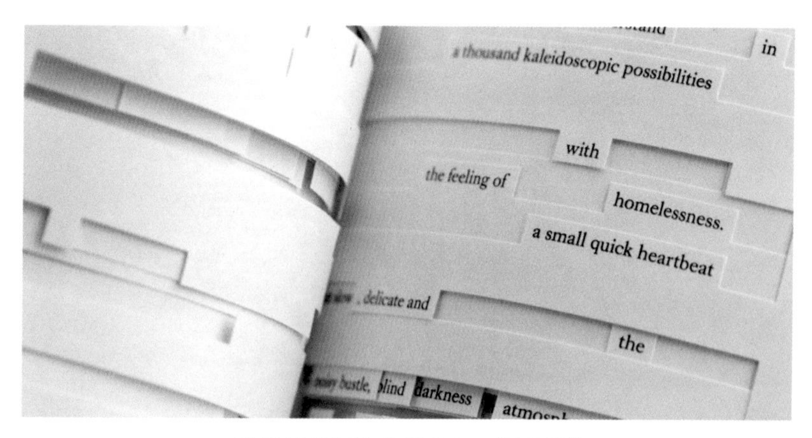

조너선 사프란 포어, 《트리 오브 코즈》의 한 부분

어들의 거리The Street of Crocodiles》가 있다.

몇 년 사이 그 책은 점점 유명해졌고 두 세대 정도 지난 뒤에는 미국 작가 조너선 사프란 포어가 그 책에 경의를 표했다. 그런데 포어는 그 책을 그대로 보존하거나 본뜨지 않고 '따내기' 기법으로 슐츠의 글 여기저기를 잘라내 마치 산문 조각품 같은 작품을 만들어냈다. 핀과 마찬가지로 포어는 자신이 좋아하지 않는 뭔가가 아니라 좋아하는 무언가를 쪼갠 것이다. 그는 슐츠의 작품을 리메이크해 새로운 것을 만들어냄으로써 경의를 표했다.

세대를 이어 우리는 역사의 벽돌을 재조립한다. 프랑스 화가 에두아르 마네는 좋은 것을 쪼개 1863년 작품 〈풀밭 위의 점심 식사〉를 그렸다. 이것은 라이몬디의 15세기 판화 〈파리스의 심판〉을 토대로 만든 작품이다. 마네는 아래쪽 우측에 있는 신화 속 세 인물을 파리의 한 공원에서 느긋이 앉아 쉬고 있는 부르주아 출신의 두 신사와 한 매춘부로 바꾸었다.

라이몬디, 〈파리스의 심판〉(1515~1516)

마네, 〈풀밭 위의 점심 식사〉(1863)

피카소, 〈풀밭 위의 점심 식사〉(1960)

피카소, 〈아비뇽의 처녀들〉(왼쪽), 콜스콧, 〈앨라배마의 여인들〉(1985, 오른쪽)

후에 피카소는 마네의 이 작품을 쪼개 자신의 버전으로 다시 그렸는데 제목은 그대로 〈풀밭 위의 점심 식사〉로 했다.

더 훗날 미국 화가 로버트 콜스콧은 피카소의 대표작 〈아비뇽의 처녀들〉을 쪼개 자신의 작품 〈앨라배마의 여인들〉로 다시 그렸다.

가끔 인간 사회는 각종 관습을 있는 그대로 고착화하려 한다. 19세기 프랑스 미술원은 시각 미술의 표준을 세웠다. 대중의 취향을 고려해 구입하기에 적절한 미술작품 판단 기준을 정한 것이다. 초기에 프랑스 미술원은 고전주의 화가부터 낭만주의 운동을 이끈 화가에 이르기까지 서로 상반된 스타일의 위대한 화가를 수용할 정도로 포용력이 있었다. 그러나 〈레고 무비〉 속 '위층 남자'와 마찬가지로 프랑스 미술원은 점차 모든 것을 고착화하려 했다.

프랑스 미술원이 2년마다 개최하는 전시회는 최신 작품을 소개하는 전국 최대 규모였다. 프랑스 미술계에서 두각을 나타내고 싶은 사람이면 누구나 이 전시회에 작품을 내놓으려 했다. 이 전시회는 항상 작품을 엄정하게 선정했으나 1863년에는 심사 위원들의 작품 취향이 극도로 편협해져 잘 알려진 화가의 작품을 비롯해 수천 점을 선정에서 제외했다. 이때 마네의 〈풀밭 위의 점심 식사〉도 노골적인 성적 표현과 일반적이지 않은 화풍 때문에 심사 위원들의 반감을 사 탈락했다.

작품 선정에서 탈락했을 때 예전에는 화가가 그걸 자신의 운명으로 받아들이는 것 외에 달리 할 수 있는 게 없었다. 하지만 이번에는 많은 화가가 미술원의 기준에 반기를 들었다. 탈락한 그림이 너무 많아 분노한 화가들이 들고 일어난 것이다. 그들의 항의가 거세지자 나폴레옹 3세가 탈락한 작품들을 보기 위해 직접 전시장을 찾았다. 그는 주 전시장 근처에 탈락 작품 전시회를 따로 열어 사람들이 스스로 판단하게 하라고 명령했다.

그때 400명이 넘는 화가가 전시회 참여 의사를 밝혔다. 미술원은 탈락 작품 전시회에 별다른 신경을 쓰지 않았다. 캔버스를 뒤죽박죽 정렬해 눈에 잘 들어오지도 않았고 작품 카탈로그조차 만들지 않았다. 주 전시회장과 비교하면 그 분위기는 벼룩시장이나 다름없었다. 그럼에도 불구하고 탈락 작품 전시회는 서양 미술 역사상 하나의 전환점이 됐다.

우선 작품 소재가 신화나 역사 중심에서 보다 현대적인 소재로 바뀌었다. 또 공들여 그리던 화법이 보다 실험적인 화법으로 바뀌었다.[1] 수천 명의 관람객이 비좁은 화랑 안으로 들어갔고 그들은 미술원 측에서 절대 내걸지 않으려 한 작품들을 보고 눈이 휘둥그레졌다. 전통을 뒤흔들어 섞으려는 욕구가 그 욕구를 찍어 누르려는 노력을 꺾어버린 것이다.

인간의 뇌는 끊임없이 자기 앞에 있는 조각을 리모델링하려 하며 이

욕구는 예술과 과학 발전에 일조한다. 예를 들어 20세기 초 지질학자들은 대륙은 절대 움직인 적이 없다고 믿었다. 그들의 관점에서 지구 지도는 역사상 그 어느 때의 모습과도 다르지 않았다. 당연히 지구의 안정성에도 의문의 여지가 없었다.[2] 당시 이용 가능한 자료의 한계를 감안하면 이는 현지 관찰에 근거한 확고부동한 주장이었다.

그런데 1911년 독일 지구 물리학자 알프레트 베게너는 대서양 양쪽에서 똑같은 동물과 식물을 발견한 일을 기록한 논문을 보았다. 그 무렵 과학자들은 이 현상을 설명하기 위해 지금은 가라앉았지만 한때 대서양 양안을 이어주던 다리 같은 땅이 있었다고 가정했다. 베게너는 아프리카와 남아메리카 대륙의 해안선이 그림 조각 맞추기처럼 꼭 들어맞는다는 사실에 주목했다. 뜻밖에도 그는 남아프리카와 브라질의 암석층이 일맥상통한다는 사실까지 알게 되었다. 그는 일곱 대륙을 끼워 맞춰 하나의 거대한 대륙으로 만든 뒤 그 대륙에 '판게아Pangaea'란 이름을 붙였다. 그는 수억 년 전 이 거대한 대륙이 여러 조각으로 갈라졌고 그 땅덩어리가 점차 서로 멀어졌다는 가정을 세웠다. 이러한 상상 속 쉬기로 베게너는 다른 사람들이 생각하지 못한 방식으로 지구 역사를 '볼' 수 있었다. 대륙 이동설을 생각해낸 것이다.

1912년 베게너의 이 가설은 한 논문에 실렸고 3년 후에는 그의 저서 《대륙과 해양의 기원》이 출판됐다. 다윈이 종들이 진화한다고 가정했듯 베게너는 지구가 세월과 함께 변화한다고 주장했다. 베게너의 이론은 단단히 묶여 있던 대륙을 풀어주어 수련 잎처럼 흘러가게 했다. 그는 자신의 대륙 모델이 그 시대를 지배하던 지혜와 상충한다는 사실에 개의치 않았다. 베게너는 자신의 장인에게 이런 글을 썼다.

"우리는 왜 낡은 관점을 배 밖으로 던져버리는 일을 망설이는 걸까요? (…) 저는 낡은 사고가 앞으로 몇십 년 더 지속될 거라고 생각지 않습니다."

불행히도 베게너의 낙관적인 예상은 빗나갔다. 그의 연구 결과는 경멸과 무시를 당했고 동료들은 그의 가설이 이단적이고 터무니없다고 여겼다. 고생물학자 헤르만 폰 예링은 베게너의 가설이 "비누 거품처럼 곧 사라질 것"이라고 했다. 지질학자 막스 젬퍼는 대륙 이동설은 증거 자체가 부적절한 방법으로 수집한 것이라서 완전히 실패라고 했다. 심지어 젬퍼는 베게너에게 더 이상 지질학 분야에 몸담지 말고 다른 분야를 찾아보는 게 더 낫겠다는 말까지 했다.

베게너는 몇 가지 벅찬 난제에 직면했다. 먼저 지구 과학자는 대부분 이론이 아닌 현장 중심 연구자였다.[3] 그들에게 가장 중요한 것은 측정 가능하고 손안에 쥘 수 있는 확실한 자료였다. 베게너에게는 그런 물적 증거가 부족했다. 그는 대륙들이 한때 하나로 합쳐져 있었다는 정황 증거밖에 댈 수 없었다. 시계를 거꾸로 돌려 몇억 년 전으로 돌아가기 전에는 직접적인 증거를 제시할 길이 없었다. 더구나 지구의 판들이 어떻게 움직였는지도 추측만 할 수 있을 뿐이었다. 대체 어떤 지질학적 힘이 지각 변동을 일으켰단 말인가? 동료 지질학자들이 보기에 베게너는 말의 뒤가 아닌 앞에 수레를 갖다 붙이는 식으로 불쑥 한 이론을 내놓고 불충분한 사실로 그걸 입증하려 애쓰는 듯했다. 그들의 관점에서 베게너의 가설은 그야말로 지나친 상상력의 결과였다.

동시대인을 설득하기 위해 베게너는 여러 차례 위험한 북방 탐험 길에 올라 대륙의 움직임을 측정하려 했다. 하지만 그는 마지막 탐험에서 돌아오지 못했다. 기지로 돌아오는 길에 살을 에는 추위 속에서 길을 잃어 1930년 11월 심장마비로 세상을 떠난 것이다. 너무 외진 곳에서 세상을 떠나 그의 시신을 회수하는 데만 여러 달이 걸렸다.[4]

그로부터 몇 년도 채 지나지 않아 새로운 측정 장비가 등장해 대양 아래쪽 지표면, 자기장, 연대 측정법 등과 관련된 자료가 대거 쏟아져 나왔다. 지질학자들은 폐기한 베게너의 이론을 재고하지 않을 수 없었다. 약간의 망설임 끝에 지질학자 찰스 롱웰이 이런 글을 썼다.

"그의 가설은 지질학 분야에 강렬하고 근본적인 영향을 주었다. 베게너는 모든 지질학자에게 존경과 호의적인 관심을 받아 마땅하다. 특히 그의 가설을 뒷받침하는 놀라운 주장이 계속 나오고 있는 상황에서 지구 역사와 관련된 근원적 문제를 해결해줄 열쇠일지도 모를 개념을 계속 거부하는 것은 실로 무모한 일이다."[5]

몇십 년 후 처음에 베게너의 이론을 비웃었던 지질학자 존 투조 윌슨이 마음을 바꿨다. 그의 말을 들어보자.

"그의 비전은 우리의 제한적인 관찰로는 누구도 볼 수 없던 것이며 (…) 지구는 가만히 있는 조각상 같은 존재가 아니라 살아 움직이는 존재로 (…) 그의 이론은 우리 시대의 위대한 과학 혁명이다."[6]

일찍이 그의 가설을 비웃던 지질학자 그룹은 대륙 이동설을 수용했다. 이미 굳어진 현상에 이의를 제기한, 즉 거대한 대륙을 쪼갠 베게너의 충고가 인정을 받은 것이다.

창의적인 사람들은 종종 자신이 속한 문화의 전통을 쪼갠다. 1950년대 화가 필립 거스턴은 뉴욕 추상표현주의 학파의 젊은 스타로 구름 같은 '색채의 장Fields of Color'을 만들어냈다.

필립 거스턴, 〈B.W.T.〉(1950, 왼쪽), 〈페인팅〉(1954, 오른쪽)

거스턴은 1960년대 초 몇 차례 중요한 회고전을 연 뒤 뉴욕시 미술계를 떠나 뉴욕 우드스톡에 있는 한 외딴 집으로 이사했다. 그리고 1970년 그의 가장 최근 작품을 소개하는 전시회가 뉴욕시 말보로 갤러리에서 열렸다. 사라졌다 돌아온 그의 전시회는 팬들을 놀라게 했다. 거스턴이 추상 미술과 반대 개념인 구상 미술로 방향을 틀었기 때문이다. 여전히 그의 트레이드마크인 붉은색·분홍색·회색·검은색은 그림에 나왔으나 이제는 백인 비밀단체 쿠 클럭스 클랜KKK의 회원, 담배, 신발 등을 기이하면서도 기형적 이미지로 그렸다.

이들 작품 평가 중 십중팔구는 부정적이었다. 미술 평론가 힐튼 크레이머는 《뉴욕타임스》 비평란에서 작품이 "어설프다"며 거스턴이 "위대하고 크고 사랑스런 바보"같이 행동하고 있다고 꼬집었다. 주간지 《타임》의 평론가 로버트 휴즈 역시 거스턴의 작품을 신랄히 비판했다. 휴즈는 거스턴의 KKK 모티프를 두고 이렇게 썼다.

필립 거스턴, 〈차 타고 돌아다니기〉(1969년, 왼쪽), 〈평지〉(1970년, 오른쪽)

"거스턴의 그림은 모두 그 그림이 비난하고자 하는 편협성과 편견만큼이나 단세포적이다."

여론이 온통 부정적으로 흐르자 말보로 갤러리는 거스턴과의 전시회 계약을 갱신하지 않았다. 거스턴은 자신의 '좋은 것'을 쪼개는 바람에 열렬한 팬 상당수에게 실망을 안겨주었다. 그렇지만 그는 자신의 결정을 고수했고 1980년 세상을 떠날 때까지 구상주의 작품을 그렸다.

힐튼 크레이머는 자신의 의견을 바꾸지 않았으나 다른 사람들은 그렇지 않았다. 1981년 로버트 휴즈는 거스턴을 다음과 같이 재평가했다.

> 거스턴이 1960년대 말부터 그리기 시작해 1970년 처음 선보인 작품은 그의 기존 작품과 많이 달라 낯설게 느껴지고 터무니없는 변화처럼 보였는데 (…) 당시 누군가가 거스턴의 구상 미술 작품이 10년 후 미국 미술에 광범위한 영향을 미칠 거라고 예측했더라도 아마

아무도 그 말을 믿지 않았을 것이다.

한데 실제로 그렇게 되었다. 지난 10년 동안 미국에서는 고의로 어설프게 그리는 구상 미술 화법이 큰 인기를 끌었다. 이 화법에서는 정중함과 정확성은 무시하고 표현주의에 바탕을 둔 교묘한 무례함을 한껏 부각한다. 분명한 사실은 거스턴이 이 화법의 대부라는 점이다. 그런 이유에서 그의 동시대인보다 35세 이하 젊은 화가들이 그의 작품에 더 큰 관심을 보인다.[7]

1960년대 말 비틀스는 팝 음악계에서 필립 거스턴보다 더 높은 수준의 전문적 식견을 쌓았고 엄청난 명성도 손에 넣었다. 그러나 연이어 히트곡을 내는 상황에서도 이 밴드는 계속 실험을 했다. 그들의 창의적인 노력은 1968년 출시한 일명 '화이트 앨범White Album'에서 최고조에 달했다. 이 앨범은 비틀스가 인도의 한 아시람Ashram('피난처'라는 의미로 수행자들의 공동체를 뜻함. - 옮긴이)에 머물던 시기이자 존 레논이 전위 예술가 오노 요코와 사랑에 빠져 있던 시기에 탄생했다. 이 앨범의 마지막 트랙에 수록한 노래 〈레볼루션 9Revolution 9〉은 반복적인 루프의 콜라주로 거꾸로 회전한 고전 음악의 일부분, 아랍 음악의 클립 그리고 "조프, 빨간 불을 켜"라는 프로듀서 조지 마틴의 말 등이 들어 있다.

혁명이라는 뜻의 제목은 어디서 온 것일까? 레논은 음향 기사가 이런 말을 했다고 적고 있다.

"이건 EMI 테스트 9번입니다."

그 뒤 '넘버 9'이란 말이 계속 되풀이해서 나왔다. 나중에 레논은 《롤링 스톤》과의 인터뷰에서 "9는 내 생일이자 행운의 수예요"라고 말했다. 화이트 앨범에서 가장 긴 곡인 〈레볼루션 9〉은 사람들에게 비틀스는 1950년대 팝 음악 전통을 무너뜨렸고 또 자신들의 전통까지 무너뜨린 밴드라는 메시지를 주었다. 한 음악 평론가는 이렇게 말했다.

"'더 비틀스The Beatles'라는 공식 이름을 붙인 앨범에서 8분 동안 비틀스는 없었다."[8]

창조적 파괴는 예술뿐 아니라 과학 분야에서도 일어난다. 유명한 사회 생물학자 에드워드 O. 윌슨은 자연의 한 퍼즐, 즉 이타심 연구에 수십 년을 쏟았다. 동물의 궁극적 목표가 자신의 유전자를 다음 세대에게 넘겨주는 것이라면 어째서 다른 동물을 위해 자기 목숨을 잃을지도 모를 일을 하는 걸까? 다윈의 답은 혈연 선택이었다. 동물이 자신의 친족을 보호하고자 이타적인 행동도 한다는 얘기다. 윌슨을 필두로 많은 사회 생물학자가 공통적인 유전자 수가 많을수록 혈연 선택 가능성도 커진다는 견해를 지지했다.

그러나 윌슨은 흩어진 조각을 접착제로 이어 붙일 준비를 하지 않았다. 오히려 50년 넘게 혈연 선택을 지지하던 그는 막판에 자신의 입장을 뒤집었다. 그는 기존의 혈연 선택 이론에 반하는 새로운 증거가 있다고 주장하기 시작했다. 가까운 친족으로 이뤄진 일부 곤충 군락은 이타적인 행동을 하지 않는 반면 다양한 유전자로 구성된 다른 곤충 군락은 훨씬 더 이타적인 행동을 한다는 것이었다. 결국 윌슨은 새로운 이론을 내놓았다. 생존을 위해 팀워크가 필요한 상황에서 유전적으로 협력을 선호하는 성향이 강해진다! 이와 달리 팀워크가 필요 없는 상황에서는 다른 친족을 희생해서라도 자신을 위해 행동하려 한다.[9]

윌슨이 논문을 발표하자 격렬한 반응이 쏟아져 나왔다. 많은 생물학자가 윌슨이 길을 잃고 갈팡질팡한다며 그의 논문은 출간되면 안 된다고 주장했다. 〈에드워드 윌슨의 몰락〉이라는 서평에서 윌슨의 유명한 동료 중 하나였던 리처드 도킨스는 다음과 같이 신랄하게 비판했다.

"한 엄마가 퍼레이드를 벌이는 군대에 불빛을 비추며 자랑스레 외치던 옛 만화 〈펀치Punch〉가 생각난다. '저기 내 아들이 있어요. 보조를 맞춰 걷는 군인은 재뿐이에요.' 지금 보조를 맞춰 걷고 있는 사회생물학자는 윌슨뿐인가?"

윌슨은 자신이 동료 학자들과 보조를 맞추지 않는 것에 개의치 않았다. 사람들은 퓰리처상을 두 번이나 수상하고 그토록 존경받는 인물이 자기 분야에서의 입지를 무너뜨릴지도 모를 일을 하는 것에 놀라워했다. 하지만 실용적 혁신가 윌슨은 과학적 사실에 근거해 과감히 관점을 바꾸는 걸 두려워하지 않았다. 설사 그로 인해 자신의 모든 걸 잃는다고 해도 말이다.

• • •

인류는 늘 '좋은 것'을 파괴함으로써 스스로 거듭난다. 다이얼식 전화기는 버튼식 전화기로 바뀌었고 벽돌처럼 생긴 셀폰은 플립폰으로 변신했다가 다시 스마트폰으로 바뀌었다. TV는 더 커지면서도 얇아졌고 무선 TV와 구부러진 TV, 3D TV도 생겨났다. 각종 혁신이 문화의 혈류 속으로 들어오고 있음에도 불구하고 새로운 것을 향한 우리의 갈증은 채워지지 않고 있다.

무언가를 완벽하게 창조해 이후 사람들이 더 이상 손댈 여지가 없는 경우도 있을까? 스트라디바리우스 바이올린이 그런 창조의 대표적인 사

'레이디 블런트' 스트라디바리우스(1721)

례가 아닐까 싶다. 바이올린 제작자의 최종 목표는 연주자가 연주하기 편하면서도 콘서트 홀 뒤쪽까지 잘 들릴 정도로 풍부하고 아름다운 음을 내는 바이올린을 제작하는 것이다. 이탈리아의 바이올린 제작자 안토니오 스트라디바리의 손에서 바이올린은 비율과 나무 재질은 물론 광택 면에서도 최고 수준에 도달했다. 300년 이상 흐른 지금도 그의 악기는 여전히 음악가들이 가장 탐내는 악기다. 스트라디바리우스 바이올린은 경매에서 무려 1,500만 달러 이상을 호가한다. 악기 중 최정상에 있는 스트라디바리우스를 손봐 더 좋게 만들려는 사람은 없을 듯했다.

그러나 끊임없이 혁신을 추구하는 인간의 뇌는 뭔가가 충분히 좋다고 해서 그대로 내버려두는 것을 용납하지 않는다. 오늘날 바이올린 제작자들은 음향 시설과 인체공학, 합성 물질 등을 연구해 좀 더 가볍고 큰 소리를 내며 다루기 쉽고 내구성도 강한 바이올린 제작법을 모색하고 있다. 루이스 레기아와 스티브 클라크가 탄소 섬유 복합재로 만든 바이올린을 보라. 이것은 무게가 가벼울 뿐 아니라 습도 변화에도 영향을 받

레기아와 클라크의 탄소 섬유 바이올린

지 않는다. 나무로 만든 바이올린은 습도 변화로 금이 가기도 하는데 말이다.

2012년 국제 바이올린 경연 대회 기간 중 바이올린 제작자들은 바이올리니스트에게 오래된 바이올린과 최신 바이올린을 직접 연주해보고 비교해달라고 부탁했다. 이때 바이올리니스트에게 고글을 쓰게 해 자신이 어떤 바이올린을 연주하는지 알 수 없게 하고 향수를 뿌려 오래된 바이올린 특유의 냄새를 맡지 못하게 했다.

테스트에 참여한 바이올리니스트 가운데 3분의 1만 오래된 바이올린이 더 좋다고 평가했다. 스트라디바리우스도 두 대 있었는데 오히려 좋다는 평가를 덜 받았다. 이 테스트 결과로 스트라디바리우스가 절대적인 기준이며 그걸 능가할 바이올린은 없을 거라는 굳건했던 믿음에 금이 간 것이다.

물론 천하의 명기 스트라디바리우스를 누구나 원하는 '궁극의 대상'

자리에서 끌어내리는 건 쉬운 일이 아니다. 그래도 꾸준한 발전 덕에 오늘날의 바이올린은 유명한 예전 바이올린에 비해 성능이 더 뛰어나고 내구성도 좋으며 가격이 싸다. 어떤 바이올리니스트가 합성 물질로 만든 바이올린으로 무대에 올라 베토벤 바이올린 협주곡을 연주하는 걸 들어보면 스트라디바리우스 같이 '완벽한' 뭔가를 무너뜨리는 게 그저 무모한 일로만 보이지는 않을 것이다.

• • •

매일 똑같은 나날을 보내고 싶어 하는 사람은 없다. 설령 가장 행복한 날일지라도 그것이 오래 지속되면 신선한 충격은 사라진다. 앞서 말한 반복 억제 현상으로 행복에 무뎌지는 탓이다. 그래서 우리는 이미 잘 돌아가고 있는 것도 계속해서 바꾼다. 그런 욕구가 없으면 제 아무리 멋진 경험도 일상에 묻혀 무미건조해질 수 있다.

우리는 과거의 거인 때문에 위협받기 쉽지만 그 거인은 현재의 도약판이기도 하다. 뇌는 불완전한 것은 물론 사랑받는 것도 리모델링한다. 핀이 아버지의 작품을 무력화하듯 우리도 가장 최신의 것을 작업장 테이블 위에 올려놓을 필요가 있다.

8장

47가지 결말을 가진 소설

1921년 미 하원 조세 무역 위원회는 흑인만 다니던 앨라배마주 터스키기 대학교에서 온 과학자 조지 워싱턴 카버를 따뜻하게 맞았다. 그는 인종 차별이 심해 흑인은 아무도 공직에 오르지 못한 나라 미국 수도의 의회 건물 안에 자리를 잡고 앉았다.

당시 여러 세대에 걸친 목화 경작으로 토양 소모 문제가 발생하자 그 해결책을 찾던 카버는 땅콩과 그 사촌 작물인 감자가 이상적인 회전 작물이라는 것을 알아냈다. 동시에 카버는 남부 농부들이 판로가 없어 땅콩을 재배하지 않으리라는 사실도 알았다.

조세 무역 위원회에 출석한 그날, 카버는 땅콩이 경제적 측면에서 재배할 만한 작물임을 널리 알려야 했다. 그에게 주어진 시간은 10분이었다. 카버는 채소 농사를 망쳤을 때는 땅의 영양소를 고려해 감자와 땅콩을 적절한 비율로 재배하는 것이 가장 이상적이라고 말했다. 그런데 그가 입을 열자마자 존 Q. 틸먼 의원이 말을 끊고 질문을 했다.

"그래서 수박을 함께 재배하고 싶다는 겁니까?"

카버는 인종 차별적 발언(미국에서 노예 해방 직후 흑인들이 주로 수박을 재배했던 것에 빗댄 비하의 의미다. – 옮긴이)에 당황하지 않고 증언을 이어갔다. 그는 땅콩 아이스크림, 땅콩 염료, 땅콩 비둘기 모이, 땅콩 캔디바 등 자신이 발명한 여러 가지 땅콩 제품을 설명했다. 자신에게 주어진 10분을 다 쓴 카버가 이만 마치겠다고 하자 위원회 위원장이 계속하라고 했다. 10분을 더 써도 시간이 충분치 않자 위원장이 말했다.

"계속하세요, 형제여. 시간은 무제한입니다."

카버는 땅콩 우유와 함께 과일 맛이 나는 땅콩 펀치 제조도 얘기했는데 그것이 왜 금주법에 위배되지 않는지 설명했다. 그는 땅콩 가루, 땅콩 잉크, 땅콩 소스, 땅콩 치즈, 땅콩 크림, 땅콩 커피 등도 얘기했다. 모두 합해 100가지가 넘는 땅콩 활용법을 내놓은 것이다. 그는 땅콩 활용법의 절반밖에 얘기하지 못했다며 47분에 걸친 증언을 마쳤다. 위원장은 시간을 내줘서 고맙다고 한 뒤 이렇게 말했다.

"이 문제를 이토록 자세히 다뤄준 것에 경의를 표합니다."[1]

다양한 땅콩 활용법을 고안해 의회 증언을 성공리에 마친 카버는 남부지역 농부의 영웅으로 떠올랐다. 많은 옵션을 만드는 것은 창의적인 과정의 초석이다. 피카소는 들라크루아의 〈알제의 여인들Women of Algiers〉을 15점 그렸고, 마네의 〈풀밭 위의 점심 식사〉를 27점, 벨라스케스의 〈시녀들〉을 58점이나 그렸다.

디에고 벨라스케스, 〈시녀들〉(1656)

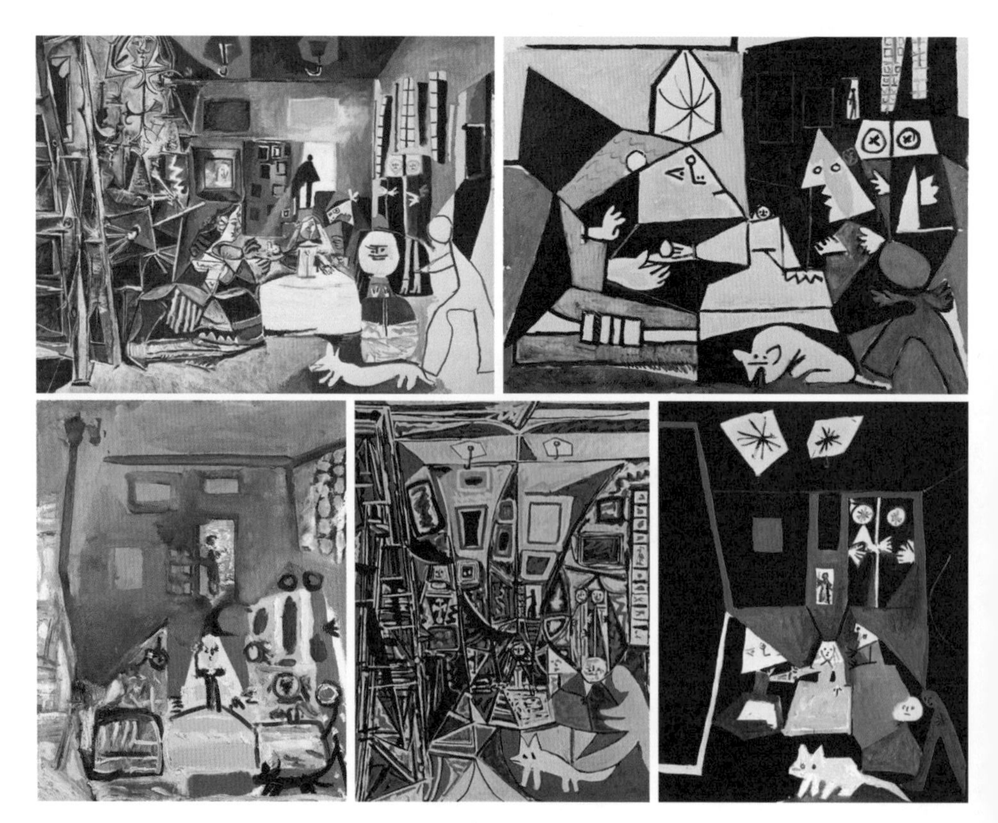

피카소가 그린 〈시녀들〉(1957)의 변형 58점 중 5점

마찬가지로 베토벤은 한 스위스 민요로 6개의 변주곡을, 영국 국가 〈신이여 여왕을 지켜주소서God Save the Queen〉로 7개의 변주곡을, 모차르트의 한 주제로 12개의 변주곡을 작곡했다. 1819년 오스트리아 작곡가이자 출판업자인 안톤 디아벨리는 왈츠 주제 하나를 동료 작곡가들에게 보내 한데 모아 책으로 출간하려 하니 각기 변주곡을 하나씩 작곡해달라고 부탁했다. 이때 곡 하나만 쓰는 것으로 만족하지 못한 베토벤은 33개의 변주곡을 작곡했고 그 풍부한 옵션 덕에 다른 작곡가들의 작품은 빛을 잃을 정도였다.

좀비는 설령 공포 영화에서 튀어나오더라도 인간처럼 많은 옵션을 만들 수 없다. 그들의 뇌는 사전에 프로그래밍한 명령대로만 움직이기 때문이다. 이와 비슷한 현상은 포크를 이용해 음식을 입에 넣거나 다리를 움직여 걷거나 자동차를 운전할 때도 나타난다. 즉 일상적이고 귀찮은 일은 모두 특정 신경 경로가 처리하는 까닭에 행동이 단순하다.

다행히 우리는 복잡한 신경망의 영향으로 끊임없이 습관을 뛰어넘는다. 많은 옵션을 만들 때 뇌는 가장 저항이 적은 편한 길을 놔두고 폭넓은 신경망에 다가간다. 다시 말해 뇌는 정해진 알고리즘대로 움직이는 게 아니라 계속 '만일 ~라면 어떨까?'라는 상상을 하면서 그동안 비축한 경험을 휘고 쪼개고 섞는다.

카버와 피카소, 베토벤은 다양한 옵션을 만드는 과정을 세상에 모두 공개했다. 가끔 그런 옵션은 사람들이 모르는 상태에서 만들어진다. 어니스트 헤밍웨이의 소설《무기여 잘 있거라》를 생각해보자. 그 소설은 작중 화자가 사랑한 캐더린이 출산하다 아들이 죽고 그녀도 세상을 떠나는 것으로 끝난다. 이처럼 헤밍웨이는 소설을 비극적으로 마무리했으나 실은 무려 47가지의 서로 다른 결말을 담은 초안을 썼었다. 첫 번째 초안은 이것이다.

"모든 이야기는 이걸로 끝이다. 캐더린은 죽었고 당신도 죽을 것이고 나도 죽을 것이다. 내가 장담할 수 있는 것은 그게 전부다."

다른 초안에서는 아기가 죽지 않고 무사히 태어난다.

> 아이를 얘기해야겠다. 그 애는 사실 이 이야기에 포함하기가 좀 그렇다. 그 아이의 얘기를 하려면 완전히 새로운 이야기를 해야 하는데, 이전 사람이 떠난 상황에서 새로운 이야기를 시작한다는 건 공정치 않다. 하지만 그런 게 어디 한두 번 있는 일인가. 죽음 외에는 끝이 없으며 탄생만이 새로운 시작이다.

또 다른 버전은 캐더린이 세상을 떠난 그다음 날의 이야기를 하고 있다.

> 잠에서 완전히 깨자 육체적으로 텅 빈 느낌이 들었다. 날이 훤한데도 침대 옆 스탠드에 아직 불이 켜져 있는 게 보였고 나는 어젯밤 멈춰선 그 순간으로 되돌아가 있었다. 이 이야기는 이걸로 끝이다.

독자에게 마지막 교훈 같은 것을 남긴 초안도 있다.

> 살아가면서 당신은 몇 가지 사실을 배우는데 그중 하나가 세상은 모든 사람을 망가뜨리지만 이후 많은 사람이 망가진 곳에서 강해진

다는 점이다. 망가지지 않은 사람은 죽는다. 아무리 선한 사람, 온화한 사람, 용감한 사람일지라도 마찬가지다. 당신이 그런 사람이 아니어도 당신 역시 죽는다. 그렇지만 특별히 서둘 필요는 없다.[2]

결국 헤밍웨이는 최종 버전을 썼다. 책으로 출간한 《무기여 잘 있거라》의 마지막 부분에서 캐더린과 아기는 사망한다. 화자는 간호사를 내보내고 병실 문을 닫은 채 죽은 아내와 단둘이 시간을 보낸다.

사람들을 다 내보내고 문을 닫고 불을 꺼도 소용이 없었다. 마치 조각상에게 작별을 고하는 기분이었다. 잠시 후 나는 문을 열고 나가 병원을 떠났고 빗속에서 호텔로 되돌아갔다.

《무기여 잘 있거라》의 마지막 부분을 읽으면서 작가가 그 부분을 위해 많은 옵션을 만들었을 거라고 생각하는 사람은 별로 없을 것이다.

• • •

연어가 각 계절에 낳는 수천 개의 알 가운데 많은 것이 부화하기도 전에 죽고 또 많은 것이 어려서 죽는다. 얼마 되지 않는 알만 살아남아 온전히 연어의 꼴을 갖춘다. 우리 뇌도 많은 옵션을 낳는데 그중 상당수는 부화해 의식이 되지 못한다. 많은 옵션 중 일부만 부화해 의식이 되고 더 많은 옵션은 그냥 스러진다.

라이트 형제가 바람 속에서 비행기를 최적 상태로 조종하기 위해 어떻게 했는지 생각해보자. 그들은 모양도 다르고 굽은 정도도 다른 날개를 38개나 만들었다. 6년간의 연구 끝에 디젤 엔진을 발명한 미국 엔지니어 찰스 케터링은 이렇게 말했다.

"엔진이 우리가 원하는 것과 똑같다는 사실이 밝혀질 때까지 시도하고 또 시도했다."[3]

청바지 제조업체 리바이스의 유레카 혁신 연구소에서는 의상 디자이너들이 다음 해 제품을 제작하는 과정에서 수천 가지 염료와 데님 패턴을 시험 사용해본다. 모든 디자이너의 실험 장면은 카메라로 촬영했다가 그중 선정한 패턴을 제작한다.[4]

자동차 제조업체 아우디가 디자이너 막스 쿨리치에게 개인용 이동장치를 디자인해달라고 요청했을 때 그는 많은 디자인 초안을 만들었다. 어떤 초안에서는 운전자가 앉게 했고 또 어떤 초안에서는 서게 했다. 일부 초안에는 바퀴가 하나였으며 다른 초안에는 바퀴가 두 개 혹은 세 개였다. 그는 뒤에 아기 캐리어가 딸린 버전도 디자인했다. 어떤 초안에서 운전자는 핸들 없이 두 바퀴 위에서 운전했다. 그는 운전자의 몸 각도, 바

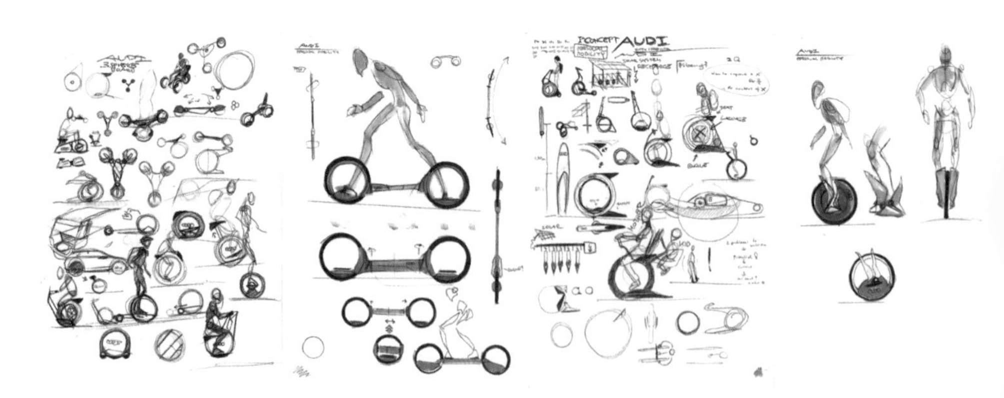

막스 쿨리치의 개인용 이동장치 디자인 초안

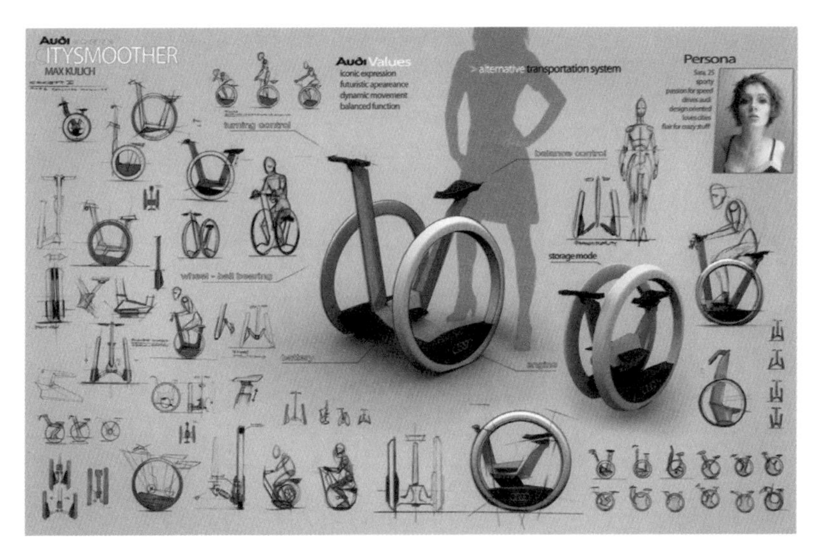

막스 쿨리치가 디자인한 시티스무더

퀴 크기, 핸들 모양 등으로 여러 가지 실험을 했다. 아우디의 트렁크 안에 스페어타이어와 함께 넣는 접이식 모델도 생각했다.

마침내 그가 아우디에 제시한 디자인 중 하나가 의자가 있는 접이식 모델 시티스무더다.

이처럼 디자인, 출판, 영화 등의 편집실에서는 풍부한 상상력의 결과물이 나오며 건축 분야에서도 건물을 설계할 때 수많은 초안을 만든다. 아키텍처 연구소Architectural Research Office는 뉴욕 플리 시어터Flea Theater를 디자인하면서 서로 다른 건축 정면 디자인 초안을 무려 70가지나 만들었다(188~189쪽).

물론 그 70가지 디자인 중 결국 단 하나의 디자인만 살아남았다.

많은 옵션을 만드는 것은 화학자에게도 매우 중요하다. 제약회사 입

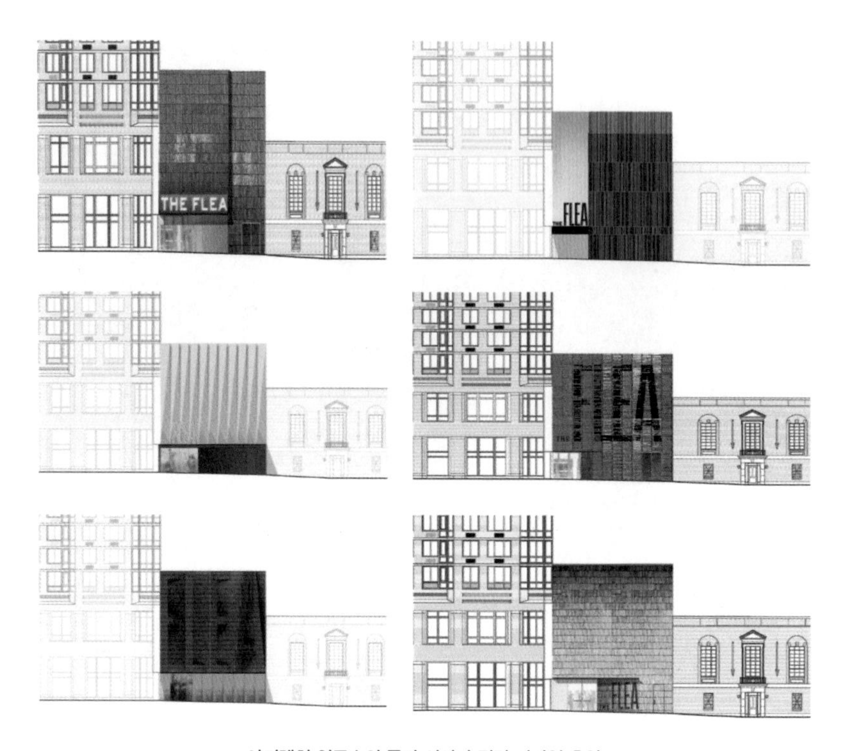

아키텍처 연구소의 플리 시어터 정면 디자인 초안

장에서 신약 개발은 아주 힘든 일이다. 약은 질병은 물리치되 환자는 잘 보호해야 하기 때문이다. 전통적인 방법에서는 어떤 화학 물질을 찾아내 그걸 합성한다. 부지런한 화학자는 1년에 50~100가지의 새로운 화학 물질을 합성하지만 가끔은 그것이 너무 늦게 이뤄진다.

이상적인 화합물을 찾아내려면 보통 1만 번 정도 합성 테스트를 해야 한다. 그렇게 최적의 약 분자를 찾아내는 데 몇 년이라는 시간과 막대한 돈을 투입한다. 신약 개발 기간을 최대한 앞당기기 위해 유기 화학자들은 많은 옵션을 만드는 새로운 방법을 고안했다. 현재 화학자는 한 번에 한

70가지 디자인 중 살아남은 단 하나의 디자인

가지 화합물만 테스트하는 게 아니라 동시다발적으로 테스트한다. 예를 들면 한 접시 안에서 10가지 알코올에 10가지 산을 서로 다른 방식으로 섞어 100가지 이상의 극소 반응을 테스트한다.[5] 10여 개 접시를 나란히 놓고 테스트하기도 한다. 이처럼 자동화한 대량의 고속 검사 방식은 과거 10년간 신약 개발 분야에 일대 혁신을 일으켰다.

어떤 제품이 시장에서 대히트해도 창의적인 사람들은 계속 아이디어를 짜낸다. 미국 발명가 토머스 에디슨은 1878년 1월 축음기를 선보였다. 대중은 그 진기한 물건을 좋아했으나 고장도 잘 나고 작동 방법도 어려웠다. 대중의 관심이 멀어지는 걸 막기 위해 에디슨은 장차 사용 가능한 축음기의 용도를 정리해 리스트를 만들었다.

1. 편지 쓰기와 속기사 없이 모든 종류의 받아쓰기.
2. 맹인에게 이야기를 들려주는 축음기 책 역할.
3. 웅변술 가르치기.
4. 음악 복제.
5. 가정사 기록: 가족의 얘기와 회상, 죽어가는 사람의 유언을 당사자의 음성으로 기록.
6. 뮤직 박스와 장난감.
7. 집에 가거나 식사해야 할 시간을 분명한 말로 알려주는 시계.
8. 발음 방법을 정확히 복제해 언어 보존.
9. 교육적인 목적: 교사의 설명을 잘 저장해 언제든 필요할 때 학생이 그 설명 참고. 철자를 비롯한 학습을 위해 축음기로 기억력 높이기.
10. 금방 사라질 순간적인 대화만 하는 게 아니라 전화기와 연결해 영구적으로 보존할 소중한 기록을 주고받는 보조 장치로 활용.[6]

아이디어가 끝까지 생존하려면 많은 옵션이 필요하다는 것을 알고 있던 에디슨은 이렇게 말했다.

"모든 가능성이 다 사라져버린 것 같을 때 이걸 잊지 마라. 절대로 가능성이 다 사라진 게 아니다."

끊임없이 생명의 가지를 뻗어가는 자연도 수많은 옵션에 막대하게 투자한다. 왜 그럴까? 한 가지 해결책에 과잉 투자하는 것은 멸종으로 가는 가장 확실한 길이기 때문이다. 인류도 정신적으로 다양한 것을 추구하는 힘을 발휘한다. 어떤 문제가 닥쳤을 때 인간은 단순히 한 가지 답이 아니라 다양한 답을 내놓는다. 기업과 정부 역시 많은 옵션을 만든다. 어떤 문제가 생겼을 경우 폭넓은 대안에 투자해야 해결 가능성이 더 높으니 이는 당연하다.

18세기 영국에서 한 함대가 길을 잃고 좌초해 2,000여 명이 목숨을 잃는 사고가 발생했다. 그것은 서툰 항해술이 빚어낸 일련의 비극적인 해양 사고 가운데 가장 최근에 일어난 것이었다. 문제는 선원들이 정확한 경도, 즉 지구 동서축상의 정확한 위치를 몰랐다는 데 있었다.[7] 경도를 정확히 알려면 배의 속도를 알아야 하고 그러자면 정확한 시간 측정이 필수였다. 한데 항해 중에는 배가 요동치는 탓에 시계추가 달린 그 시절 시계로는 정확한 시간 측정이 불가능했다. 선원들은 배 밖으로 나뭇조각을 던진 뒤 배가 그 나뭇조각으로부터 얼마나 빨리 멀어지는지 측정했다. 측정 방식이 이렇듯 어설프다 보니 길을 잘못 들어 헤매다가 큰 재난으로 이어지는 경우가 많았다.

사고로 계속 배를 잃자 영국 의회는 일반인을 상대로 아이디어를 공모해 창의적인 해결책을 찾기로 했다. 누구든 정확한 경도 측정 방법을 알아내는 사람에게 상금 2만 파운드(오늘날의 100만 달러에 해당)를 주겠다고 발표한 것이다. 과학 전문 작가 데이바 소벨은 이렇게 썼다.

"거금을 내건 아이디어 공모로 경도 심사국은 세계 최초의 공식 연구개발 기구로 부상했다."[8]

처음에 이 아이디어 공모는 별다른 전망이 없어 보였다. 경도 심사국은 음파 측정기, 고온계, 달 측정기, 태양 측정기 등 제법 그럴싸한 이름을 붙인 장치의 제안서들을 심사했다. 하지만 모두 그다지 실용성이 없었다. 현상금을 내건 지 15년이 지날 때까지도 경도 심사국은 자금을 지원해볼 만한 제안을 단 한 건도 찾지 못했다. 그 기간 중에 모임을 소집할 일도 전혀 없었고 늘 채택 기각 편지만 보냈다.

그래도 경도 심사국은 계속해서 제안서를 받았다. 현상금을 내건 지 20년도 더 지난 어느 날 요크셔주의 한 작은 마을 출신으로 시계 제조를 독학한 존 해리슨이 항해에 적합한 시계 디자인을 제출했다. 언뜻 외딴 마을 출신의 이 기능공이 내놓은 아이디어가 채택될 가능성은 희박해 보였으나 해리슨은 그야말로 철저한 장인이었다. 경도 심사국은 디자인과 원재료를 개선한 그의 H-1 시계를 공해상에서 직접 테스트해보기로 결정했다. 그 결과는 최종적으로 채택할 만큼 완전하지 않았지만 희망적이었고 해리슨은 연구에 필요한 종잣돈을 지원받았다.

아이디어 공모전은 수십 년간 계속 이어졌고 마침내 해리슨은 커다란 돌파구를 마련했다. 자신의 모든 디자인에 한 가지 치명적인 결함이 있음을 깨달은 것이다. 그가 디자인한 시계의 사이즈는 요동치는 배 안에서 쓰기에 너무 취약했다. 그는 바다에서 쓸 시계를 디자인하려면 시계추를 완전히 없애는 방법밖에 없다는 결론을 내렸다.

1761년 해리슨은 경도 심사국에 자신의 H-4 시워치Sea Watch를 제출했다. 이것은 직경이 15cm도 되지 않는 세계 최초의 포켓 시계였다. H-4 시워치로 선장들은 정확한 시간을 알아냈고 드디어 바다 탐험의 황금기로 향하는 문이 활짝 열렸다.[9]

백미러로 뒤를 보면 진보는 종종 발견과 발전의 직선 도로처럼 보인다. 그건 착각이다. 역사의 모든 순간은 이리저리 뻗어 나간 좁은 흙길과 다름없으며 그 길이 합쳐져 다시 몇 개에 불과한 포장도로가 된다. 1714년 한 시골 마을 출신의 시계 제조공이 항해 분야에서 가장 풀기 힘든 문제를 해결하리라고는 누구도 예상하지 못했다. 영국 의회가 알았던 것은 자신들이 넓은 그물을 던졌다는 것뿐이었다. 창의적인 해결책이 필요했을 때 그들이 내놓은 답은 많은 옵션을 만드는 것이었다.

경도 심사국 경진 대회의 영향으로 뒤이어 X 프라이즈X Prize 같은 경진 대회가 등장했다. 2004년 설립한 X 프라이즈에서 처음 내건 목표는 재사용 가능한 준 궤도 우주선을 만드는 일이었다. 승무원을 태우고 2주 내에 두 차례 60마일(약 96km) 높이를 비행한 최초의 팀에게 1,000만 달러를 주기로 한 것이다. 이 대회에는 전 세계에서 로켓 꼬리와 비행기 날개 등을 갖춘 26대의 우주선이 참여했다(194쪽).

인류는 그물을 넓게 펼쳐 개인 우주여행의 꿈을 실현하는 데 한 발 더 다가갔다. 현재 이 같은 크라우드소싱 전략은 갈수록 인기를 끌고 있다. 넷플릭스는 맞춤형 영화 추천 알고리즘을 개선하는 과정에서 그 일을 자사 내부 인력이 추진하기보다 100만 달러 상금을 걸고 전 세계적인 아이디어 경진 대회를 여는 게 더 효율적임을 깨달았다. 넷플릭스는 샘플 데이터 세트를 발표했고 최고 목표 수준을 10% 이상 개선하는 데 두었다. 이때 수만 개 팀이 참여했는데 대개는 목표 미달이었으나 두 팀이 넷플릭스가 정한 기준을 넘어섰다. 이처럼 넷플릭스는 적은 투자로 수천 가지 해결책을 이끌어내 문제를 해결했다.

혁신을 하다 보면 간혹 막다른 길에 맞닥뜨리게 마련인데 그 막다른 길은 비용 부담이 크다. 태양 전지판 제조업체 솔린드라도 그런 사례 중

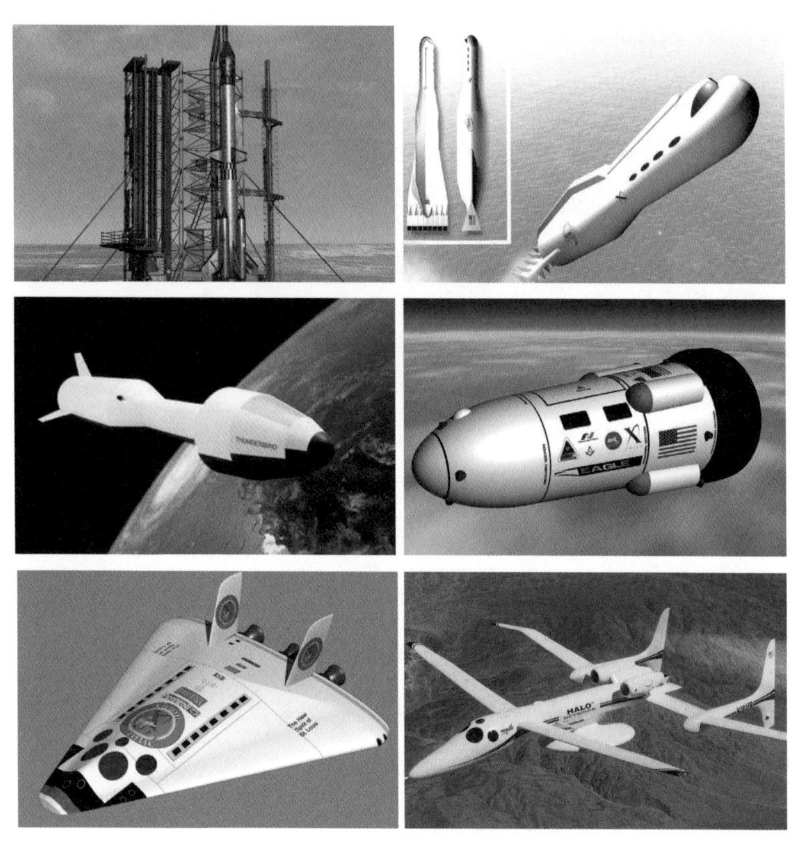

X 프라이즈에 참가했지만 탈락한 우주선들 중 일부

X프라이즈에서 우승한 스페이스십 원을 우주비행에 적합한 고도까지 옮기는 모선인 화이트 나이트

하나다. 이 회사는 2011년 파산하는 바람에 연방 보조금 5억 3,600만 달러를 날렸고 실직자도 1,000명 이상 생겨났다. 사기 혐의로 FBI가 회사 본사를 급습하는 일까지 벌어졌다. 오바마 행정부가 혁신 기업이자 일자리 창출 기업이라며 지원을 아끼지 않은 회사라 솔린드라 파산은 오바마 행정부의 주요 실책 중 하나로 기록됐다. 반反오바마 행정부 진영의 관점에서 이는 정부의 무능과 세금 낭비의 대표적인 사례였다.

개별 사건 측면에서도 솔린드라의 실패는 오바마 행정부를 당혹스럽게 만들었다. 물론 정부의 책임을 묻는 것도 중요하지만 이 일을 실패로 규정하고 공격만 하는 것은 비생산적이며 역효과만 낳는다. 왜 그럴까? 안전하고 좋은 일에만 투자하는 정부는 혁신할 수 없기 때문이다.

여기서 미국 에너지부의 전반적인 실적을 살펴보자. 당시 340억 달러의 종잣돈 대출금 가운데 연체율은 3% 미만이었다. 또 의회는 본래 예측 가능한 손실을 만회하고자 따로 기금을 확보하는 까닭에 재생 에너지 프로그램은 사실상 이익을 냈다. 여기에다 정부의 지원은 민간 투자를 촉진하는 효과도 있어 태양열 기술의 단가를 크게 떨어뜨리는 역할도 했다.

현실을 보자면 솔린드라는 여러 가지 창의적인 개념을 창안했다. 우리가 익히 아는 평평한 태양 전지판과 달리 솔린드라의 전지판은 원통형으로 전지판의 일부가 늘 태양을 향한다. 이 전지판은 바람에도 강해 바람이 많이 부는 지역까지 새로운 시장에 포함했다. 솔린드라가 실패한 것은 아이디어 빈곤 때문이 아니었다. 다만 태양 전지판 가격이 예상보다 빨리 떨어졌고 솔린드라가 그에 맞춰 제조 가격을 떨어뜨리지 못했을 뿐이다. 실제로 시장의 힘은 예측하기가 굉장히 어렵다.

실패는 견디기 힘든 일이지만 혁신을 위한 투자에서 우승마에게만 베팅하는 건 불가능하다. 솔린드라 실패 이후 에너지부 장관 어니스트 모니즈는 미국 공영 라디오 방송NPR과의 인터뷰에서 이렇게 말했다.

"우리는 위험한 길을 피하지 않도록 조심해야 합니다. 그렇지 않으면 시장 발전을 기대할 수 없기 때문입니다."[10]

거의 자동화한 행동에 의존하면 실수할 확률이 낮다. 포크를 이용해 음식을 먹는 행동처럼 그 결과가 빤한 상황에서 우리의 신경망은 불필요한 옵션을 제거한다. 정확하게 타이핑하기, 넘어지지 않고 달리기, 음계대로 바이올린 연주하기 등이 그 좋은 예다. 그렇지만 옵션을 많이 만들려면 실수를 그와 다른 마음 자세로 대해야 한다. 즉 실수를 피하지 않고 받아들여야 한다. 자동화한 행동에서는 실수가 실패지만 창조적인 사고에서 실수는 꼭 필요한 일이다.[11]

현재 지구에는 1조 이상의 종이 살고 있으나 자연에서의 성공을 한 가지 원칙으로 요약하면 '자연은 많은 옵션을 만들어낸다'는 것이다. 자연은 새로운 생태계에서 어떤 옵션이 통할지 미리 알지 못하며 많은 돌연변이로 무엇이 가장 적절한지 직접 테스트한다. 지금 존재하는 종은 그 테스트를 거친 전체 종의 1%도 채 되지 않는다.

어떤 사람은 2100년이면 현재 살아 있는 동물과 식물 가운데 약 50%가 사라질 것이라고 예측한다. 실제로 도도새, 플레시오사우루스, 매머드 등 많은 생명체가 그렇게 사라졌다.

이런 일은 예술, 과학, 기업 세계에서도 일어난다. 아이디어는 대부분 당시의 사회적 환경 안에서 제자리를 찾기가 쉽지 않다. 성공하는 유일한 전략은 다양한 옵션을 만드는 일이다. 사실 부지런한 사람은 계속해서 옵션과 대안을 만드는 데 전력투구한다. 그들은 창의적인 소프트웨어를 열심히 적용하면서 끊임없이 자기 자신에게 '다른 방법은 없을까?'라고 질문을 던진다.

9장

때로는 익숙하게 때로는 낯설게

매년 꿀벌은 두 무리로 나뉘어 일한다. 절반은 현재 위치에 그대로 머물고 절반은 새로운 집을 건설할 꽃이 많은 들판을 찾는다. 이는 현재 머무는 곳의 먹거리가 고갈되기 전에 일부 꿀벌이 멀리 나가 가장 풍요로운 들판을 찾는 것으로 전형적인 이용과 탐구의 절충 시스템이다. 이때 가장 풍요로운 들판이 어디에 있는지 모르기 때문에 꿀벌은 일종의 정찰대를 내보낸다. 이들 정찰대는 사방으로 흩어져 서로 다른 거리로 날아간다.

인간 역시 많은 옵션을 만들어 현재 기준에서 먼 곳까지 나아가는 능력을 갖추고 있다. 예를 들어 알베르트 아인슈타인은 뛰어난 상상력으로 멀리까지 나아가 우주와 시간 관련 지식을 바꿔놓았다. 그는 보다 실용적인 문제에도 관심이 많아 냉장고와 자이로컴퍼스Gyrocompass(수직·수

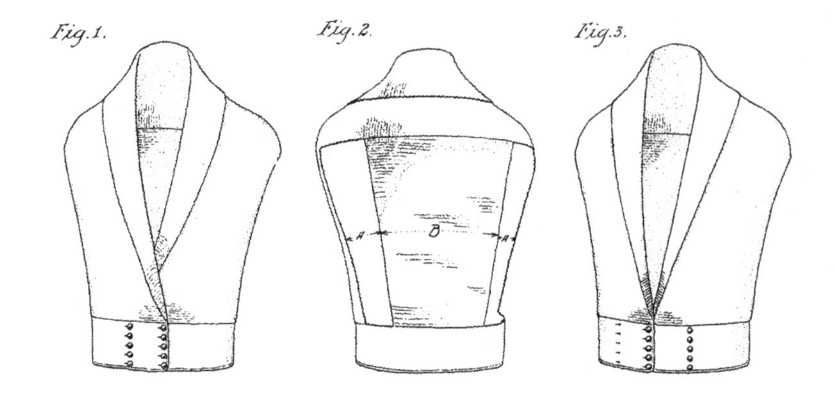

알베르트 아인슈타인이 고안한 블라우스

평으로 자유롭게 지북指北을 탐지해 방향을 가르쳐주는 나침반. – 옮긴이), 마이크, 비행기 부품, 방수 옷, 새로운 종류의 카메라 등 여러 새로운 물건도 디자인했다. 인간이 빛의 속도에 가까워질 경우 어떤 일이 일어날지 탐구한 아이슈타인은 블라우스 특허를 내기도 했다.

토머스 에디슨의 창의력도 꿀벌처럼 먼 곳까지 날아갔다. 그의 초창기 특허품 중에는 그레이엄 벨의 전화기를 업그레이드한 것 등 이전 작품을 손본 평범한 것이 많았다. 물론 개중에는 혁신적인 축음기 같은 디자인도 있었다. 또한 그는 라이트 형제의 첫 비행이 있기 30년 전 스케치북에 비행기 엔진과 관련된 아이디어를 끄적거렸다. 벌집에서 멀리 날아갔지만 제대로 만드는 데 실패한 제품 중에는 수중 전보 장치도 있었다.

에디슨은 실용적이고 상식적인 접근 방식을 취한 것으로 유명하지만 회고록 집필을 의뢰받았을 때 그는 미래 소설(미 출간)을 썼다. 그는 인류

윌리엄 윈저와 케이트 미들턴의 결혼식

가 진화해 바다 밑에서 살아가는 유토피아 세상을 상상했다. 그 세상에서 인류는 진주 자개로 둘러싼 건물 안에 살면서 태양 엔진으로 태양 에너지를 이용하고 복사열로 수중 사진을 찍으며 물에 젖지 않는 국제적인 합성 종이 돈을 쓴다.[1] 약간의 수정부터 혁신과 비약적인 상상에 이르기까지 에디슨은 평생을 꿀벌처럼 멀리까지 날아다녔다.

먼 곳까지 나아가는 것은 디자인 분야의 특징이기도 하다. 디자인 하우스 알렉산더 맥퀸의 패션 디자이너 사라 버튼은 영국 왕세손비 케이트 미들턴이 입은 웨딩드레스를 디자인했다. 물론 그녀는 왕실 결혼식에 쓰일 것 같지 않은 웨딩드레스도 디자인하고 있다.

1930년대 초 미국 산업 디자이너 노먼 벨 게디스는 멋진 칵테일 셰이

사라 버튼이 디자인한 웨딩드레스

노먼 벨 게디스의 미래형 버스(왼쪽 위), 벽이 없는 집(오른쪽 위),
에어리얼 레스토랑(왼쪽 아래), 로더블 에어플레인(오른쪽 아래)

커와 촛대, 금속으로 만든 최초의 음료수 자판기, 자동 가격 측정기가 달린 최초의 주유기, 아무런 장식도 장치도 없는 가볍고 단순한 요리용 버너[2] 등 다양한 상업용 제품을 만들었다. 그는 거기서 멈추지 않았고 꼬리지느러미 안에 연료 탱크를 장착한 미래형 자동차와 버스, 로더블 에어플레인Roadable Airplane이라 불리는 하늘을 나는 자동차 같은 아이디어도 냈다. 파격적인 프로젝트로 고객이 지상 위 높은 곳에 앉아 식사하는 에어리얼 레스토랑도 있었는데, 높이가 20층이 넘는 이곳은 회전 장치를 이용해 빙글빙글 돌았다.[3] 그는 벽을 차고 문처럼 천장에 올려 보이지 않게 하는 집도 디자인했다.

벨 게디스는 산업 디자이너로 일하는 내내 때론 보다 가깝게 때론 보다 멀리 나아가 다양한 아이디어를 냈다. 일렉트로룩스의 진공청소기, IBM의 전기 타자기, 에머슨의 패트리어트 라디오는 상업적 성공을 거둔 그의 대표작이다. 그의 상상력은 시장 상황 안에 국한되지 않았다. 1952년 발표한 논문 〈1963년의 오늘〉에서 벨 게디스는 가상으로 홀든 가족이 미래 세계에서 살아가는 모습을 그렸는데 거기에서는 하늘을 나는 자동차, 1회용 옷, 3차원 TV, 태양 에너지 등이 흔했다.[4] 이런 융통성 있는 사고로 그는 익숙한 것과 새로운 것 사이에서 적절한 절충점 내지 타협점을 찾아냈다.

레오나르도 다빈치도 가까운 곳부터 먼 곳까지 두루 정찰하는 일의 대가였다. 뛰어난 엔지니어인 그는 현실 세계 문제를 많이 해결했는데 그중 일부는 곧바로 도움을 주었고 일부는 당시로서는 공상 과학 소설 같은 것이었다. 예를 들어 밀라노 시내 수로의 잠금장치가 작동시키기 어렵고 범람에도 취약하다는 것을 안 그는 연구 끝에 참신한 해결책을 생각해냈다. 물이 수직 낙하하도록 만든 수문 디자인을 수평으로 열리고 물이 덜 새는 양문형(경첩으로 여닫히는) 디자인으로 바꾼 것이다.[5] 이는 약간의 변화로 계속해서 커다란 효과를 보게 만든 사례로 이 디자인은 지금도 사용하고 있다.

여기서 더 나아간 다빈치는 하늘을 나는 꿈에 도전했다. 그는 다양한 아이디어를 노트에 기록했고 수천 쪽에 달하는 그 노트는 각종 스케치와 기호, 그림으로 가득 차 있다. 그중에는 낙하산 디자인도 있는데 물론 다빈치는 낙하산을 최초로 스케치한 인물이 아닐 수도 있다(실제로 무명의

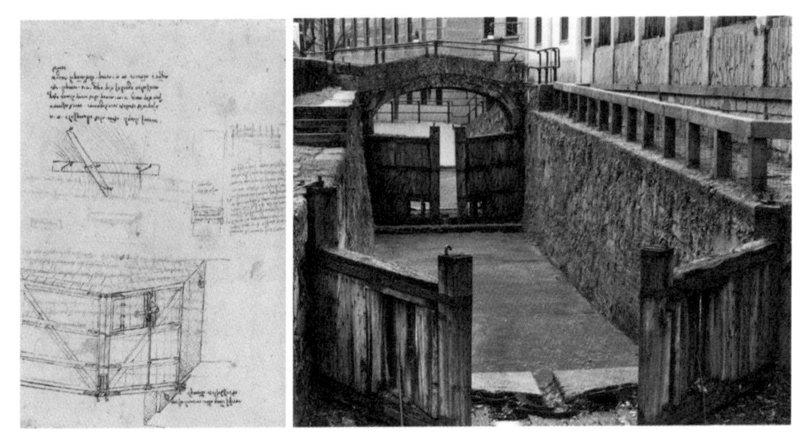

다빈치의 수문 잠금장치 스케치(왼쪽), 그 디자인대로 만든 밀라노의 한 수문 잠금장치(오른쪽)

한 이탈리아 엔지니어가 좀 더 일찍 낙하산 제작을 시도한 바 있다).[6] 그렇지만 제대로 기능하는 낙하산 모델을 처음 발명한 인물은 다빈치다. 그는 공중에서 뛰어내린 사람의 낙하를 저지하는 데 필요한 낙하산 크기를 꼼꼼히 계산해 세세하게 디자인했고 설명도 붙였다.

> 만일 틈새를 모두 틀어막은 리넨으로 만든 텐트가 있다면, 그 텐트의 직경이 약 7m이고 깊이가 약 3.6m에 이른다면, 그는 어떤 높이에서 뛰어내려도 다치지 않고 무사히 땅에 닿을 것이다.

그로부터 몇 세기가 지난 18세기에 열기구가 등장하면서 하늘을 날고자 하는 인간의 꿈은 드디어 이뤄졌고, 낙하산도 프랑스인 루이 세바스티앙 레노르망이 '재발명'했다. 그리고 다빈치가 낙하산을 스케치한 지 500년이 지난 2006년 마침내 그의 디자인을 실전 테스트했다. 영국

다빈치의 낙하산 스케치 상세도(왼쪽), 500년 후 아드리안 니콜라스의 낙하(오른쪽)

출신 스카이다이버 아드리안 니콜라스가 15세기 때 밀라노에서 구할 수 있었을 법한 캔버스 천과 나무 같은 재료로 다빈치의 스케치와 똑같은 낙하산을 만든 것이다. 그 낙하산은 무게가 거의 90kg에 달했으나 니콜라스는 열기구를 타고 약 305m 상공으로 올라가 낙하산을 메고 뛰어내렸다. 그 낙하산은 제대로 작동했다. 후에 니콜라스는 르네상스 시대 낙하산을 메고 낙하하는 게 현대적인 낙하산을 메고 낙하하는 것보다 더 부드러웠다고 말했다.[7] 다빈치는 자신의 벌집에서 아주 멀리까지 나아갔다. 그리고 그의 발명품은 무려 500년 후 멀리 떨어진 미래의 들판 위로 가볍게 내려앉았다.

꿀벌 정찰대는 간혹 벌들이 절대로 가지 않는 먼 들판까지 정찰을 나간다. 그와 유사하게 많은 비현실적인 아이디어가 햇빛도 못 보고 사라진다. 도로 위에서도 달릴 수 있는 벨 게디스의 로더블 에어플레인이나 벽을 움직이는 집은 미래 지향적인 아이디어로 현실화하지 않았다. 마찬가지로 다빈치의 노트에는 아무도 관심을 두지 않은 아이디어가 잔뜩 들어 있다. 결코 지어진 적 없는 '이상적인 도시'도 그중 하나다. 그래도 무언가 획기적인 아이디어에 추종자들이 생길 경우 우리는 자리에서 일어나 그것에 주목한다.

베토벤의 작품 〈대푸가〉의 운명을 상기해보자. 그 곡을 작곡할 때 베토벤은 벌집에서 멀리까지 나아갔지만 너무 멀리 갔다는 것이 밝혀지자 다시 벌집 가까이로 돌아와 마지막 악장을 덜 야심 찬 악장으로 대체했다. 그렇지만 베토벤은 삶이 다하는 순간까지도 사람들에게 거부당한 〈대푸가〉를 자신의 훌륭한 작품 중 하나라고 주장했다.

너무 멀리까지 나아간 그 작품은 작곡가의 명성에도 불구하고 여러 세대 동안 무시당했다. 베토벤 사후 100년이 지난 뒤에도 평론가들은 여전히 〈대푸가〉를 "음침하고 상스럽고 중요하지 않고 부자연스럽고 사치스럽고 이지적이고 모호하고 연주가 불가능하고 어리석고 광적이고 비논리적이고 형체가 없고 무의미한" 작품으로 보았다. 그렇지만 베토벤은 결국 불명예를 씻었다. 그의 다른 음악을 향한 평가가 높아지면서 무시당하던 〈대푸가〉까지 평가가 달라진 것이다. 뒤늦게 평론가들은 피카소가 〈아비뇽의 처녀들〉로 위험한 일대 도약을 했듯 베토벤도 한 세기 전에 그렇게 도약했음을 깨달았다.

베토벤 시대 청중에게 커다란 충격으로 받아들여진 혁신은 주류가 되기 시작했다. 현재 〈대푸가〉는 베토벤의 뛰어난 걸작 중 하나로 인정받고 있다. 아무리 봐도 사람들이 좋아할 것 같지 않던 작품이 그가 죽고 나서 오랜 시간이 지나자 사랑받게 된 셈이다.

유용한 것을 창조하는 일에는 언제나 세상 사람들이 무엇을 필요로

하는지, 그 일을 어떻게 받아들일지 알 수 없다는 문제가 따른다. 이전의 것에서 조금만 손보려 하는 사람은 획기적인 돌파구를 찾기 힘들다. 또한 시간 여행을 하듯 지나치게 앞서가거나, 머물다 못해 퇴보하는 사람은 꿈을 이룰 가능성이 낮다. 결국 가장 좋은 것은 다양한 아이디어를 내 정해진 곳에만 머물지 않고 때론 익숙하게, 때론 적당히 낯설게 하는 전략이다.

10장

안개 속으로 한 걸음 더

19세기 말 뉴욕과 시카고 같은 도시는 옆으로 계속 확대되었고 위로도 더 올라갔다. 도시 전역에서 고층 건물을 짓기 시작한 것이다. 그와 함께 이동을 위해 승강기가 등장했는데 초기 모델은 증기나 유압으로 작동해 느리고 안전을 담보하기 어려웠으며 가격이 비싼 데다 유지하기가 힘들었다. 그러던 중 전기가 보급되면서 미국 발명가 프랭크 J. 스프래그가 돌파구를 찾았다. 물론 전기 승강기를 처음 만든 건 그가 아니었고 이미 10년 전에 한 독일 기업이 원시적인 형태의 승강기를 선보인 적이 있었다. 스프래그는 그 초기 아이디어를 받아들여 상업적으로 이용 가능하게 만들겠다는 결심을 했다. 몇 년도 채 지나지 않아 스프래그와 그의 동료는 대도시 고층 빌딩에서 승객을 오르내리게 해줄 전기 승강기 제작 관련 특허를 냈다.

그러나 당시 승강기 공사 시장은 뚫고 들어가기가 아주 힘든 분야였다. 유압식 승강기 제작업체인 오티스 엘리베이터가 모든 공사 현장에서 실질적인 독점권을 행사하고 있었기 때문이다. 스프래그는 자신의 전기 승강기가 유압식 승강기보다 더 성능이 뛰어나다고 광고했으나 건설업자들은 입증되지 않은 기술을 채택하려 하지 않았다. 스프래그는 오티스 엘리베이터에 도전하려면 자신이 위험을 상당 부분 떠안아야 한다는 걸 깨달았다.

전기 승강기를 설치할 건물을 찾아 나선 그는 뉴욕에 건설할 예정인 14층짜리 우편 전신 빌딩 건설을 맡은 건설업체 중 자신과 손잡고 일할 의향이 있는 사람을 물색했다. 그는 승강기 여섯 대 설치 계약을 놓고 그들과 협상했다. 계약 조건은 건설업자에게 유리했고 스프래거는 계약금을 한 푼도 받지 못했다. 심지어 계약을 최종 확정하는 단계에서 불리한 조건까지 받아들였다. 자신이 설치한 승강기가 약속한 만큼 기능을 발휘하지 못하면 무료로 유압식 승강기로 교체해주겠다는 조건이었다.

스프래그는 밤낮 없이 부품을 설계하고 제조하고 테스트하는 한편 필요한 비용을 대기 위해 동분서주했다. 어렵사리 투자자를 확보했으나 금융 공황이 발생하면서 투자 약속은 취소되었다. 스프래그는 자기 돈을 회사에 긴급 투입해 가까스로 파산을 막았다.

마침내 첫 번째 승강기 설치를 끝냈을 때 스프래그는 회사 직원들을 데려가 첫 운전을 시도했다. 승객이 지하실에서 탑승하자 문이 닫히고 지시대로 승강기는 위로 올라갔다. 1층, 2층, 3층을 지나 드디어 꼭대기 층까지 거의 올라갔을 때 스프래그는 무언가 잘못됐다는 걸 깨달았다. 승강기 속도가 줄지 않았던 것이다. 승강기는 꼭대기 층을 지나 계속 올라갔다. 미래 승강기의 선구자가 되려는 문턱에서 스프래그와 그의 직원들은 곧 지붕을 뚫고 하늘로 솟아오를 판이었다.

• • •

뇌는 안전한 것을 놀라운 것으로, 익숙한 것을 알 수 없는 것으로 대체할 때 창의성이 극대화된다. 하지만 그러한 정신적 도약에는 '그만큼 더 위험해진다'는 대가가 따른다. 아무도 가보지 않은 길을 갈 때는 그 결과를 확신할 수 없다.

스프래그가 모든 것을 걸고 위험을 감수한 건 승강기 사업이 처음이 아니었다. 그보다 몇 년 전 그는 버지니아주 리치몬드시의 한 언덕 아래서 전기 전차 시운전을 앞두고 절망을 맛보았다. 최초의 전차는 철로에서 전력을 끌어오느라 객실에 커다란 전기 모터를 장착했고 그 때문에 승객은 비좁은 객실 안에서 찜통 여행을 해야 했다. 스프래그는 모터를 열차 바닥으로 옮겨 객실을 비우고 철로 위쪽에 늘어뜨린 전깃줄로 전력을 공급하는 아이디어를 냈다.

스프래그의 초기 결과는 성공도 실패도 아니었다. 시운전 때 한 모터에서 불꽃이 일어났고 투자자들은 놀라 펄쩍 뛰었다. 다친 사람은 아무도 없었지만 겁을 먹은 일부 투자자는 투자 계획을 철회했다. 흥정할 기회라 여긴 일부 사업가는 그에게 90일간 20km에 걸쳐 철로를 깔고 전차 40대를 제작하라는 조건을 내걸었다. 더구나 시스템이 제대로 작동할 때만 돈을 지불한다는 조건이었다.

스프래그는 자신이 너무 무리하고 있다는 걸 알고 있었다. 훗날 그는 그 시절을 이렇게 회상했다.

"나는 전 세계 거의 모든 차에 쓸 수 있을 만큼 많은 모터를 만들겠다고 했다.[1] 그런데 우리가 가진 거라곤 기계 설계도와 조악한 실험 장치뿐이었고 101가지에 이르는 필수 부품의 세부 사항은 아무것도 결정된 게 없는 상태였다."

그 프로젝트는 시작부터 험난했다. 한창 철로를 놓고 있을 때 스프래그는 장티푸스에 걸렸다. 질병에서 회복한 뒤 현장에 가보니 철로를 잘못 설치해 연결 부분이 느슨했고 급경사 구간은 사고 위험도 있었다. 엎친 데 덮친 격으로 언덕들이 예상보다 더 가팔라 전차가 제 기능을 발휘하게 하는 일도 난제 중의 난제였다. 자신의 전차가 그 가파른 언덕을 제대로 오를 수 있을지 확신이 서지 않은 그는 사람들의 관심을 끌지 않도록 밤에 몰래 시운전을 해보았다. 궤도차는 칙칙 소리를 내며 여러 언덕을 잘 올라갔으나 최정상에 이르러 그만 모터가 타버리고 말았다. 스프래그는 아무 일 없다는 듯 가만히 있다가 몇몇 구경꾼이 돌아간 뒤 수리를 시작했다.

시계는 계속해서 째깍거렸고 그 흐름과 함께 돈이 말라갔다. 애초에 정한 마감 시한도 지나 스프래그는 재협상을 해야 했다. 투자자들은 그에게 계속 불리한 조건을 내걸었으나 그는 그걸 받아들이는 것 외에 달리 방법이 없었다. 받아들이거나 아니면 회사 문을 닫거나 둘 중 하나였다. 스프래그는 자금 담당자에게 이렇게 말했다.

"가능한 한 줄일 수 있는 인력은 다 줄이고요. (···) 돈을 절약할 수 있는 데까지 최대한 절약하고, 당장 지불해야 하는 경우가 아니면 최대한 지불을 늦추세요."

그는 필요한 경우가 아니면 어떤 돈도 절대 지불하지 말라고 몇 번이나 강조했다.

스프래그의 전차는 마지막 마감 시한에 맞춰 칙칙 소리를 내며 움직였고 그는 절망스러울 만큼 힘든 상황에서 가까스로 성공을 거두었다. 그렇게 불확실한 것에 뛰어든 그는 최초의 전차 시스템을 만들어 새로운 사업을 일으켰다.

그의 회사는 매주 4만 명의 승객을 실어 날랐고 그는 자신의 혁신에 지속성이 있다는 것을 입증했다. 스프래그의 전차 디자인 중 모터를 열차 바닥에 장착하고 전선을 머리 위에서 끌어오는 것처럼 중요한 아이디어는 오늘날에도 그대로 쓰이고 있다.

스프래그의 전기 승강기 이야기로 돌아가 보자. 시운전 중이던 우편전신 빌딩의 고속 승강기는 곧 하늘을 뚫고 날아오를 판이었다. 나중에 그는 당시 너무 두려워 식은땀이 났다고 말했다.

"그때 분당 약 120m 속도로 머리 위 도르래 쪽으로 날아올라 (…) 케이블이 끊기면서 14층 높이에서 그대로 떨어지는 장면이 떠올랐다. 사람들과 금속이 뒤얽힌 사고 현장을 검시관이 조사하는 모습도 말이다."

다행히 스프래그의 직원 중 1명이 승강기에 타지 않고 밑에 남아 있었다. 승강기가 통제 불능 상태로 올라가는 것을 본 그는 곧바로 마스터 스위치를 꺼 승강기를 멈춰 세웠다. 스프래그는 승강기에 아무도 오르지 못하게 한 뒤 혼자 자동 안전장치를 설치했다.

그런 공포를 경험하고도 그는 굴하지 않고 일을 밀어붙였다. 동시에 재정적 압박은 더 심해졌고 많은 부품을 조달하느라 예상 수입보다 더 많은 돈을 빌려야 했다. 마침내 그는 결승점을 통과했다. 그의 승강기 시스템이 사전에 광고한 내용 그대로 작동했던 것이다. 그 직후 스프래그는 한 금융업자에게 편지를 썼다.

“정말 열심히 일했고 믿음도 굳건했습니다. 그래도 그동안 힘든 일이 참 많았지요. 기술 측면에서는 성공했고 만약 좀 더 오래 버틸 수 있으면 모든 면에서 성공할 것 같습니다.”

창의력과 큰 위기에 강한 스프래그는 결국 전기 승강기 제작에 성공했고 오늘날 우리가 이용하는 승강기는 거의 다 그의 디자인에서 비롯된 것이다.

실패를 두려워하지 마라

창의적인 결과물은 대개 많은 시도가 실패한 끝에 나온다. 인류 역사에 등장한 아이디어는 대부분 실패를 용인하는 환경에 그 뿌리를 두고 있다.

토머스 에디슨이 직면한 도전을 생각해보자. 백열등을 발명하던 초기에 그가 직면한 문제 중 하나는 필라멘트 부분이었다. 필라멘트가 너무 빨리 탔고 또 밝기도 고르지 않았다. 1879년의 어느 날 에디슨은 순수 탄소에 안료를 칠하고 꼬아서 가는 실처럼 만든 뒤 그걸 구부려 말굽 모양으로 만들었다. 그러자 일정한 밝기로 꾸준히 빛을 냈다. 그런 노력에도 불구하고 그 필라멘트로는 상업적 가치가 있는 전구 제작이 어려웠다.

에디슨은 대안을 찾아 나섰고 ‘자연의 창고’를 샅샅이 뒤지기 시작했다. 그는 다양한 식물과 펄프, 셀룰로스, 가루 반죽, 박엽지 등으로 실험을 했다.[2] 그 과정에서 필라멘트를 석유에 담그기도 하고 탄화수소 가스로 탄화 처리하기도 했다. 결국 그는 필라멘트에 가장 적합한 소재로 일본 대나무를 선택했다. 나중에 에디슨은 다음과 같이 말했다.

"조금의 과장도 없이 전구를 만들려고 무려 3,000가지 정도의 이론을 만들었다. 하나하나가 나름대로 다 괜찮았고 가장 이상적인 이론처럼 보였다. 그런데 실험 결과 단 2가지만 진짜였다."

최초로 전구 아이디어를 낸 사람은 에디슨이 아니라 그보다 79년 앞선 험프리 데이비였다. 그렇지만 사상 처음 대량 생산이 가능한 전구를 개발한 사람은 끊임없이 옵션을 만들고 실패를 두려워하지 않은 에디슨이었다. 그는 이렇게 말했다.

"우리의 최대 약점은 포기하는 것이고 성공에 이르는 가장 확실한 길은 한 번 더 시도하는 것이다."[3]

몇 세대 후 미국 물리학자이자 발명가인 윌리엄 쇼클리는 조그만 반도체로 전기 신호를 증폭하는 이론을 개발했다. 한데 그의 계산에 뭔가 문제가 있었고 거의 1년간 어떤 실험을 해도 그 이론과 맞아떨어지지 않았다. 그의 팀은 실험에 실험을 거듭했으나 아무 성과도 거두지 못했다. 그들은 여기저기 막다른 길로 막혀 있는 미로 안에서 고군분투했다. 절망스런 시간이었지만 그들은 포기하지 않았고 마침내 쇼클리가 기대한 효과를 실현할 방법을 찾아냈다. 미로의 막다른 길 반대편에 있는 현대적인 트랜지스터 세계로 빠져나온 것이다. 훗날 쇼클리는 실패를 거듭한 그 시기를 가리켜 길을 찾고자 실수를 연발한 자연스런 과정이었다고 했다.

먼지 봉투 없는 진공청소기를 처음 만든 제임스 다이슨 역시 계속해서 실패를 거듭하는 과정을 거쳤다. 그는 15년간 무려 5,127개 시제품을 만든 끝에 시장에 출시할 모델을 확정 지었다. 실패를 찬양하는 그는 그 때의 과정을 다음과 같이 설명했다.

> 발명가가 어떤 아이디어를 포기할 기회는 셀 수 없이 많다. 내가 15번째 시제품을 만들었을 때 셋째 아이가 태어났다. 2,627번째에 이르러 내 아내와 나는 그야말로 남아 있는 동전을 세어야 했다. 3,727번째에 이르러서는 아내가 돈을 벌기 위해 미술 레슨을 시작했다. 모든 순간이 다 힘들었지만 실패할 때마다 나는 문제 해결에 더 다가갔다.[4]

대중의 외면이 주는 메시지

아폴로 13호가 산소 공급이 점점 줄어드는 상태로 우주 공간을 날아갈 때, NASA의 관제 센터 총책임자 진 크란츠는 엔지니어들에게 "실패는 옵션이 아닙니다"라고 선언했다. 그 구조 작전은 성공했으나 해피엔딩으로 끝났다고 해서 그들이 커다란 위험에 처했었다는 사실에 눈감아서는 안 된다. 실패는 늘 하나의 옵션이다. 아무리 위대한 아이디어도 꼭 성공한다는 보장은 없다.

시스티나 성당의 천장 프레스코화를 그리고 나서 20년 후 미켈란젤로는 그 성당 제단 위 벽에 〈최후의 심판〉 프레스코화를 그려달라는 의뢰를 받았다. 그때 그는 교회의 전통을 무시한 채 그림에 성서적 우화와 그리스 신화를 뒤섞었다. 기독교의 지옥 묘사에 뱃사공 카론Charon(그리스 신화에 나오는 저승의 신.-옮긴이)이 죽은 자들을 배에 태워 하데스강을 건너는 장면과 미노스Minos(그리스 신화에 나오는 사후 명부의 심판자.-옮긴이) 왕이 죽은 자들을 심판하는 장면을 넣은 것이다. 또한 그는 기독교 전통에서 한참 벗어나 여러 인물의 성기를 그대로 노출했다.

이 거대한 프레스코화는 즉각 커다란 논란을 불러일으켰다. 그림 공개 직후 만토바의 한 특사는 추기경에게 보내는 서신에서 이렇게 썼다.

> 추기경님이 상상하실 수 있는 한 가장 아름다운 작품이지만 비난하는 사람도 적지 않습니다. 존경하는 테아티니 수도 참사회 분들이 처음 언급한 것처럼 그렇게 성스러운 장소에 '음부를 다 드러낸' 나체화라니, 이건 옳지 않습니다.[5]

바티칸궁의 한 보좌관은 교황 바오로 3세에게 이런 글을 보냈다.

"교황님의 성당이 아니라 술집에나 어울리는 작품입니다."[6]

추기경들은 회반죽을 칠해야 한다며 로비까지 했다. 교황은 미켈란젤로 편이었으나 이후 열린 트리엔트 종교 회의는 이 작품의 부적절한 전시를 금지했다. 미켈란젤로가 세상을 떠난 뒤 이 프레스코화에 나오는 인물의 성기는 천 조각이나 무화과 나뭇잎으로 덧칠했고 이후에도 몇 세기 동안 더 많은 무화과 나뭇잎을 추가했다.

20세기 말 〈최후의 심판〉 복원 작업을 진행하면서 일부 무화과 나뭇잎을 제거했다. 성기가 드러나자 죽은 자들 가운데 한 남자는 여자로 밝혀졌다. 복원 작업에 참여한 사람들은 미켈란젤로의 이 프레스코화가 성기를 가린 나뭇잎 때문에 손상되기도 했지만 그림이 살아남는 데 도움도 준 듯해 원래의 나뭇잎을 그대로 두기로 결론지었다. 어쨌든 교회 관계자들이 미켈란젤로의 작품을 놓고 밀고 당기기를 하는 바람에 몇 세대 동안 이 성당을 찾은 사람들은 〈최후의 심판〉을 벌거벗은 상태 그대로 본 적이 없다.

헝가리 작곡가 죄르지 리게티도 미켈란젤로와 비슷한 문제에 직면했다. 1962년 네덜란드 중부 도시 힐베르쉼 당국은 도시 설립 400주년을 맞아 그에게 새로운 작품을 의뢰했다. 리게티는 관습에 얽매이지 않는 독특한 아이디어를 내 100대의 메트로놈을 위한 곡을 썼다. 서로 다른 속도로 세팅해 동일한 횟수로 감은 각 메트로놈은 함께 소리를 내기 시작해 가장 빠른 것부터 느린 것 순으로 하나하나 멈추게 되어 있었다.

곡을 초연하던 날 공무원과 관계자가 400주년 축하 연주회를 듣기 위해 한데 모였다. 음악 연주가 시작되자 약속한 순간 턱시도를 걸친 리게티와 조수 10명이 무대 위에 나타났다. 작곡자의 신호에 따라 조수들은 메트로놈을 가동했고 각자 스스로 풀리도록 내버려둔 채 무대를 떠났다. 나중에 리게티는 연주가 끝난 뒤 벌어진 일을 들려주었다.

"마지막 메트로놈 소리가 끝나자 무거운 침묵이 흘렀다. 이어 여기저기서 항의조의 위협적인 외침이 터져 나왔다."

그 주에 리게티는 연주회 녹화 방송을 보기 위해 친구와 함께 자리에 앉아 있었다.

"TV 앞에 앉아 방영 예정이던 녹화 방송이 나오길 기다렸다. 한데 기대와 달리 미식축구 경기가 나왔다. 힐베르쉼 의회의 긴급 요청에 따라 방송이 금지된 것이다."[8]

미켈란젤로의 프레스코화와 마찬가지로 리게티의 작품도 살아남았고 이후 몇 년 만에 전설적인 곡으로 부상했다.

하지만 모든 작품이 살아남아 인정을 받는 것은 아니다. 1981년 맨해튼의 한 연방 사무실 건물에 설치할 미술품을 의뢰받았을 때 리처드 세라는 널리 인정받는 화가였다. 그는 길이 36m, 높이 3.6m의 굽은 강철 조각인 〈기울어진 호Tilted Arc〉를 제작했다. 광장 앞쪽으로 다니는 사람들

잠깐 존재했다 사라진 리처드 세라의 〈기울어진 호〉(1981)

의 통행을 저지할 목적으로 만든 작품이었다. 그런데 많은 주민이 광장을 빙 돌아서 다니고 싶어 하지 않았다. 그들은 '녹이 슨 금속 장벽'에 반대해 시위를 벌였고 약 200명이 공청회에 나가 증언을 했다. 동료 화가들은 세라의 입장을 옹호했으나 반대자들은 이 작품이 "위협적이고 쥐덫 같다"고 했다. 결국 세라가 법정까지 직접 나갔으나 증언이 끝난 뒤 배심원단은 4대1로 조각품 철거를 결정했다. 일상을 깨뜨리려 한 리처드 세라의 의도는 때와 장소 측면에서 광장을 가로질러 출퇴근해야 하는 바쁜 뉴요커들에게 맞지 않았다. 인부들은 〈기울어진 호〉를 조각조각 잘라 처리했고 그 작품은 그렇게 사라져버렸다.

인류 문화 곳곳에는 대중에게 거부당해 망각 속으로 사라진 아이디어가 흩어져 있다. 지칠 줄 모르는 발명가 토머스 에디슨은 근면한 미국인이 얼마든지 더 값싼 피아노를 만들 수 있을 텐데 왜 굳이 값비싼 스타인웨이 피아노를 쓰는지 의아해했다. 그는 모든 중산층 가정에 음악을 보급하고 싶은 욕심에 저렴한 콘크리트로 만든 피아노를 디자인했다. 실제로 1930년대에 라우터 피아노가 그런 피아노를 몇 대 제작하기도 했다. 유감스럽게도 그 피아노는 음질이 떨어졌고 무게가 1톤 가까이 나갔다. 자기 집 거실을 콘크리트 악기로 장식하고 싶어 하는 사람은 아무도 없었다.

아이디어 수용은 통제가 불가능한 일이다. 창안자의 관점에서 아무리 위대한 아이디어도 역풍을 맞을 수 있다. 1958년 포드자동차는 실험적인 자동차 코드명 E-car를 개발했다. 이는 경쟁사 올즈모빌과 뷰익에 대항하기 위한 모델로 여기에는 미래 지향적인 기능이 많았다. 안전벨트는 기본이고 연료 고갈과 엔진 과열을 방지하기 위한 경고등, 기어 변속에 필요한 혁신적 푸시 버튼형 변속 장치도 장착했다. 포드자동차는 투자자들에게 이 모델의 성공은 보장되어 있다고 장담했다. 그렇지만 비밀리에 개발하느라 시장성 테스트도 거치지 못한 이 포드 에드셀 모델은 출시하자마자 자동차 역사상 가장 큰 실패작 중 하나가 되었다. 이 차의 스타일링 특히 '변기처럼 생긴 그릴'은 많은 사람의 조롱거리였다. 이 모델로 인해 포드사는 단 3년 만에 3억 5,000만 달러(현재 가치로 29억 달러)의 손실을 본 것으로 추정된다.

몇십 년 후 경쟁사 펩시에 시장 점유율을 뺏기고 있던 코카콜라는 주력 음료를 새로 만들었다. 1983년 '최고가 더 좋아졌다'는 슬로건 아래 뉴코크New Coke를 출시한 것이다. 불행히도 대중은 뉴코크를 받아들이지 않았고 역풍은 아주 거셌다. 회사로 항의 전화가 빗발치는 것은 물론 수신자를 '얼간이 왕 코카콜라'라고 적은 편지도 왔다. 시애틀에 사는 한 남자는 집단 소송까지 냈다. 심지어 쿠바의 독재자 피델 카스트로까지 불만을 쏟아냈다. 뼈아픈 77일간의 고행 끝에 오리지널 코카콜라는 코크 클래식Coke Classic이란 이름으로 돌아왔고 뉴코크는 에드셀 모델이나 콘크리트 피아노의 전철을 밟았다.

모든 아이디어가 안전하게 착륙하는 건 아니다. 미켈란젤로와 리게티, 세라, 에디슨, 포드, 코카콜라는 무언가 새로운 것을 시도할 때 성공이 보장되지 않는다는 사실을 깨달았다. 그러나 그들은 절대 위험한 도박을 피하지 않았고 많은 성공도 누렸다.

오래된 문제에 도전하다

1665년 죽음을 앞둔 프랑스 수학자 피에르 페르마는 책의 여백에 수학의 정리 하나를 제시하고 그 증명을 쓸 공간이 없다고 적었다. 그렇게 그는 자세한 설명을 하지 않고 세상을 떠났다. 여러 세대에 걸쳐 많은 수학자가 머리를 싸매고 그 증명을 찾으려 애썼으나 번번이 실패했다. 또 수많은 과학자가 그 정리를 증명하는 데 평생을 보내고도 결국 증명하지 못한 채 사망했다. 누구도 애초에 페르마가 옳은 것인지 아니면 증명이 가능하기나 한 것인지조차 확신하지 못했다.

프랑스 수학자 앤드루 와일스는 10살 때 공립 도서관에서 무심코 책 하나를 뽑아 들었다가 '페르마의 마지막 정리'를 알게 되었다.

"아주 간단해 보였다. 그런데 그 모든 위대한 수학자가 아직 풀지 못했다니! 10살에 불과한 나도 알 것 같은 문제인데. 그 순간 나는 내가 평생 그 문제에서 헤어나지 못하리라는 걸 알았다."[9]

페르마의 마지막 정리를 증명하는 건 굉장히 힘겹고 지난한 작업이었다. 성장한 이후 와일스는 7년간 아무도 모르게 그 문제에 매달렸다. 워낙 성공하리라는 확신이 없었기에 여자 친구에게도 자신이 그 문제를 풀려고 애쓰는 중이라는 말을 하지 않았고 결혼한 후에야 털어놓았다.

문제와 씨름하며 와일스는 그 나름대로의 독특한 방식으로 여러 수학 기법을 섞어 썼다. 페르마도 생각하지 못했을 다양한 방법을 창의적으로 활용한 것이다. 마침내 1993년 6월 와일스는 영국 케임브리지 대학교에서 마지막 강의 시간까지 기다렸다가 자신이 페르마의 마지막 정리를 풀었다고 발표했다. 청중은 충격에 빠졌고 몇 시간도 지나지 않아 전 세계 언론은 그 소식을 대서특필했다. 300년 이상 끌어온 수학적 미스터리를 풀어낸 역사적인 일이었다.[10]

동료 수학자들은 그의 증명이 책으로 출간되길 기다렸고 그사이 와일스라는 이름은 전 세계 매스컴에 널리 알려졌다. 인류의 고난도 지적 문제 중 하나를 풀고자 힘든 세월을 보낸 그가 이제야 전 세계 유명 인사 대열에 오른 것이다.

하지만 와일스는 한 가지 실수를 했다. 그의 증명을 검토한 수학자들은 논리상의 허점을 찾아냈고 세상을 깜짝 놀라게 한 발표 이후 반 년 만에 그의 증명은 무효 처리되었다. 그해 9월 그의 아내는 생일 선물로 받고 싶은 단 하나는 제대로 된 증명이라고 말했다. 그녀의 생일은 왔다가 지나갔고 또 계절이 무심히 흘러갔다. 와일스는 증명의 허점을 메우기 위해 모든 걸 시도해봤으나 소용이 없었다.

그러던 중 1994년 4월 3일 와일스의 라이벌 수학자가 그에게 이메일을 보냈는데 거기에 페르마의 마지막 정리에 반하는 큰 숫자를 발견했다고 쓰여 있었다. 평소에 페르마의 정리 자체가 잘못된 것은 아닌가 하는 두려움을 느끼던 와일스에게 이를 확인해주는 메일이 온 것이다. 사실 고난도 문제를 푸는 데 자신의 삶을 몽땅 바치는 것은 굉장히 위험한 일이다. 더구나 그 문제가 애초에 해결 불가능한 것이었다면 대체 어찌해야 하는가. 진실이 아닌 무언가를 위해 삶의 모든 것을 걸어온 셈이 아닌가.

알고 보니 4월 3일 와일스 앞으로 온 이메일은 원래 4월 1일에 보낸 것이었다. 한마디로 만우절 농담이었다. 그의 희망은 되살아났고 다시 페르마의 정리에 매달린 와일스는 그해 말 마침내 증명을 해냈다.

"이루 말할 수 없이 아름다웠다. 아주 명쾌하고 우아했다. 어떻게 이런 답을 놓쳤는지 이해가 가지 않았고 믿어지지도 않아 20분 가까이 가만히 쳐다보기만 했다. 낮에 일을 하다가도 계속 내 책상이 있는 곳으로 돌아가 그 답이 그대로 있는지 확인했다. 답은 그대로 있었다."

1년 늦긴 했으나 와일스는 아내의 생일 선물로 제대로 된 증명을 건네주었다. 일생을 건 와일스의 도박은 그렇게 보상을 받았다. 거듭된 실패에도 굴하지 않은 끝에 마침내 결승선을 통과한 것이다.

장담하건대 이런 종류의 노력과 시도는 동물의 왕국에서는 절대 일어날 수 없는 일이다. 상어와 왜가리와 아르마딜로는 그토록 오랜 세월 동안 그렇게 위험한 일에 자신을 바치지 않는다. 와일스가 보여준 진취적인 행동은 인간에게만 나타난다. 이는 수십 년간 만족감을 유예할 수 있어야 가능한 일로 상상 속의 추상적 보상이 그 추진력이다.

창의적인 사고방식 연습하기

창의성이라는 소프트웨어는 인간의 하드 드라이브에 아예 설치되어 있어 언제든 주변 세상을 휘고 쪼개고 섞게 해준다. 또한 우리의 뇌는 늘 새로운 가능성을 뽑아내며 대개는 제대로 실현하지 못하지만 일부는 실현한다. 동물의 왕국 안에서 그러한 활력과 고집으로 세계를 재편하는 일에 자신의 모든 것을 거는 동물은 인간 외엔 없다.

그러나 단순히 창의성 소프트웨어를 돌리는 것만으로는 충분치 않다. 과거를 신성불가침한 것이 아니라 새로운 창조의 토대로 여길 때, 불완전한 것을 혁신하고 사랑받는 것을 변화시키려 할 때 비로소 가장 창의적인 행동이 나온다. 뇌가 새로운 한 가지 아이디어가 아닌 여러 아이디어를 짜낼 때, 그 아이디어가 이미 알려진 것과 수용한 것에서 떨어진 먼 거리까지 뻗어갈 때, 비로소 혁신은 날개를 단다. 위험을 감수하고 실패를 두려워하지 않을 때 상상의 날개는 더 힘을 얻는다.

창의성과 혁신에 도움을 주는 교훈에는 어떤 것이 있을까? 첫 번째 해결책에 올인하지 않는 게 좋은 습관이다. 우리의 뇌는 모든 것이 서로 연결된 거대한 숲과 같다. 그렇지만 효율성을 추구하는 까닭에 가장 안전한 답에 의존하려는 경향이 있다. 즉 예상치 못한 독특한 아이디어를 택하는 경우는 아주 드물다. 레오나르도 다빈치는 어떤 문제가 생겼을 때 가장 먼저 떠오른 해결책은 믿지 않으려 했다. 그것을 거의 습관적으로 튀어나오는 뻔한 해결책이라 보고 뭔가 더 나은 해결책을 찾으려 애쓴 것이다.[11] 그는 항상 저항이 가장 적은 편한 길은 피하려 했고 자신의 풍요로운 신경망 안에 숨은 다른 길을 찾으려 했다.

아인슈타인이나 피카소처럼 위대한 혁신을 이룬 사람들은 '다작'이라는 특징을 보였다. 이는 생산성은 창의적인 사고방식의 핵심이라는 걸 상기시켜준다.[12] 인간의 다른 많은 특성과 마찬가지로 창의성 역시 연습으로 더 강해진다.[13]

창의적인 사고방식을 연습하다 보면 자신이 아끼는 것을 부수는 일이 얼마나 중요한지 깨닫는다. 혁신가는 무언가를 반복하는 일에 많은 시간을 쓰지 않는다. 이것은 수많은 예술가와 발명가의 인생이 이런저런 시기로 나뉘는 이유이기도 하다. 베토벤과 피카소의 경우 나이가 들면서 작품이 계속 달라졌고 실험적인 작품도 많이 나왔다. 에디슨은 발명가의 삶을 축음기와 전구 발명으로 시작해 합성 고무 발명으로 끝냈다. 이들은 자기 것을 모방하지 않는 걸 전략으로 삼았다. 퓰리처상 수상자이자 극작가인 수전 로리 팍스가 1년간 하루에 희곡 1편씩 쓰는 일에 도전하면서 택한 것도 바로 이 전략이었다. 그녀가 1년간 쓴 작품은 현실적인 소작품부터 추상적인 작품, 즉흥극에 이르기까지 끊임없이 이전 작품의 틀을 깨뜨린 것이었다.

창의적인 생각은 대개 무의식적으로 생겨나지만 자신을 독창성과 유연한 사고가 필요한 상황으로 밀어 넣음으로써 그런 생각을 이끌어낼 수도 있다. 예를 들면 이미 만들어진 것을 구입하는 게 아니라 각종 레시피와 홈메이드 축하 카드, 초청장 등 모든 것을 직접 만들어본다. 창의적인 표현을 발산할 기회는 갈수록 늘어나고 있다.

전 세계 여러 도시에서 열리는 메이커 페어Maker Faire는 첨단 기술 애호가, 공예가, 요리 장인, 엔지니어, 예술가 등을 불러 모으고 있다. 삽화, 보석, 공예품, 각종 장치를 제작하는 데 필요한 도구를 공동으로 사용하도록 제공하는 패브랩스FabLabs, 메이커스페이스Makerspaces, 테크샵스TechShops도 급성장 중이다. 웹상에도 창의적인 모임이 많아 데스크톱 컴퓨터에서 예술가들을 만나 그들의 생각을 듣고, 해커들의 기막힌 기술을 마음껏 이용할 수 있다. 일반 대중도 이용 가능한 이런 '풀뿌리' 프로젝트 덕분에 손만 뻗으면 닿는 가까운 곳에 창의력의 대초원이 펼쳐진다.

우리의 뇌는 신축적이다. 뇌는 딱딱한 돌에 새기듯 고정불변을 지향하기보다 끝없이 그 자체의 회로망을 바꾸며 변화를 추구한다. 우리 뇌는 나이가 들어도 계속 새로운 것을 추구하면서 신축성을 유지하며 지속적으로 새로운 길을 만들어 놀라움을 안겨준다. 뇌 속 회로의 끝없는 재창조로 우리 삶은 날로 노련해지는 작품처럼 발전한다. 그러니까 창의력으로 가득한 삶은 뇌의 신축성을 유지해주며 우리는 주변 세상을 리모델링하면서 우리 자신도 리모델링한다.

만약 인간의 창의성을 보다 잘 이해한다면 교실에서 중역 회의실에 이르기까지 모든 것을 개선할 수 있지 않을까?

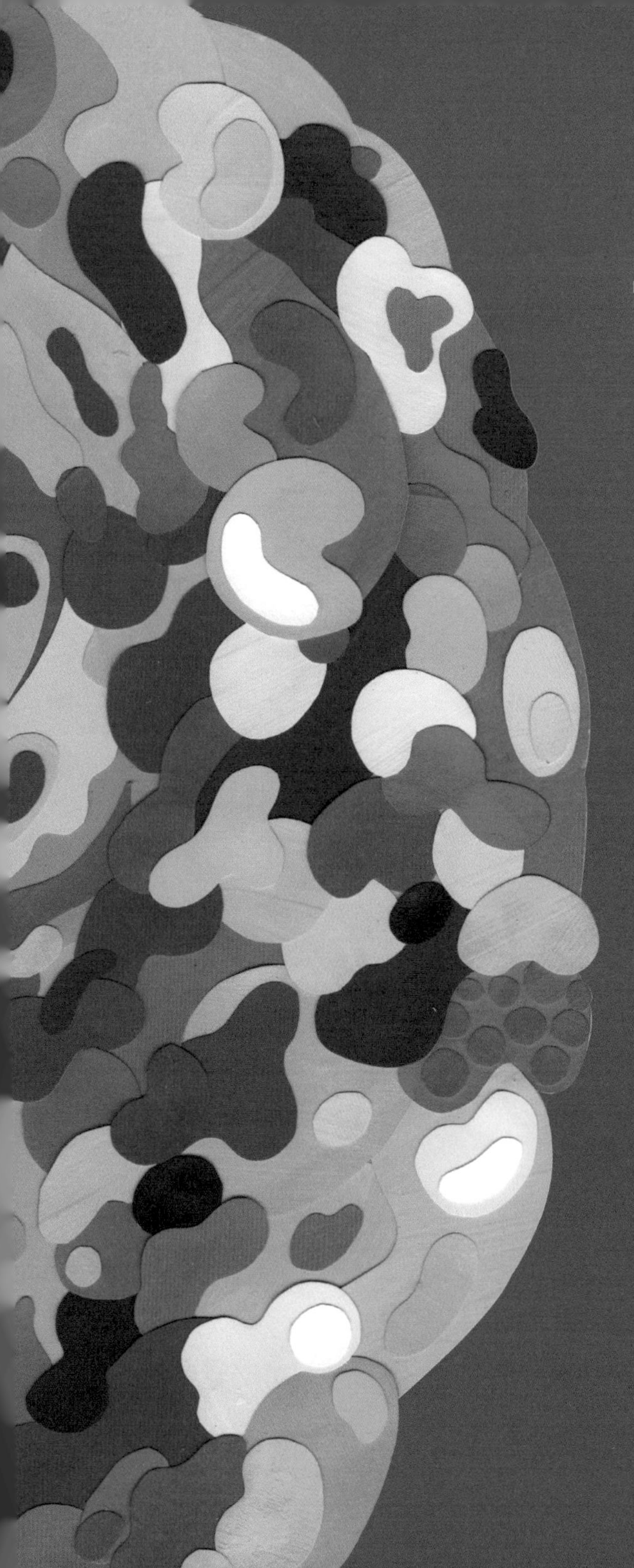

3부

창의성의 탄생

11장

창의적인 기업은 무엇이, 왜 다른가

창의적인 기업의 도전

2009년 캘리포니아주 버뱅크시에서 인부들이 다리 하나를 철거했다. 1959년 도시 계획가 케네스 노우드가 묻어둔 타임캡슐을 회수한 것이다. 그는 미래의 버뱅크 시민은 지하 원자력 발전소에서 만든 전기를 공급받아 플라스틱 아파트에서 살 거라고 예견했다. 시내 주요 도로도 변화하고 노상 주차나 주차장 주차는 자동화한 허브 기반의 주차 방식으로 대체될 것이라고 예측했다. 교통 체증을 줄이기 위해 화물은 한때 우편물 배달에 쓰인 기송관(공기 압력으로 서류 등을 운반하는 장치. –옮긴이)과 유사한 지하 벨트 장치로 배송할 거라고도 했다.[1] 아쉽게도 주관이 뚜렷하고 독창적인 그의 비전과 예견은 하나도 맞지 않았다.

비단 노우드만 신뢰할 수 없는 예견을 한 것은 아니다. 세계 박람회는 혁신적 아이디어를 선보이는 국제 전시회지만 언제나 곧 다가올 혁신을 제대로 예견하지 못했다. 1893년 열린 시카고 세계 박람회는 넓은 축제 마당에 수백만 명의 관객을 끌어들였다. 그들은 풍차, 증기선, 전신, 전기 조명, 전화 같은 최첨단 제품을 보러 온 것이었다. 그런데 대담한 미래 비전을 보여준 그곳에 20년도 채 지나지 않아 인류 사회를 크게 바꿔놓을 자동차와 라디오는 전시되지 않았다.[2] 마찬가지로 컴퓨터 본체가 방 전체를 차지할 정도로 컸던 1964년 뉴욕 세계 박람회에 참여한 모델하우스 건설업체 중 몇십 년 지나지 않아 PC가 현대인의 필수품이 되리라고 예측한 기업은 단 한 곳도 없었다.

백미러로 역사를 돌아보면 기술 분야 도로에 이 같은 이정표가 여기저기 우뚝 서 있는 게 보인다. 그렇지만 미래를 향해 달리는 사람들에게 그 이정표는 안개에 가려 보이지 않는다. 덴마크의 속담처럼 "예측은 어렵다. 특히 미래 예측은 더욱 그렇다." 매 순간 수십억의 두뇌가 세상을 소화해 새로운 버전의 세상을 내놓는다. 우리의 창의성이 연쇄 반응처럼 계속해서 놀라운 일을 만들어내는 까닭에 미래는 예측하기 어려우며 안전한 베팅 같은 것은 존재하지 않는다.

그 결과 많은 뛰어난 아이디어가 사장된다. 예를 들어 자동차 산업 초창기에 애크미, 애덤스 파웰, 에어로카, 알바니, 알코, 아메리칸 나피어, 아메리칸 언더슬렁, 앤더슨, 앤후트, 아슬리, 아르곤, 아틀라스 등 많은 자동차 제조업체가 문을 닫았다. 어쩌다 보니 전부 알파벳 A로 시작하는 기업이다.[3] 비디오 게임 분야는 1983년 게임 산업이 위축되면서 시어스 텔레 게임스 시스템스, 탠디비전, 벡트렉스, 베일리 아스트로케이드 같은 업체가 중도 탈락했다. 2000년 들어 닷컴 버블이 터지자 부닷컴, 프리인터넷닷컴, 가든닷컴, 오픈닷컴, 플루즈닷컴, 펫츠닷컴 같은 기업이 파산해 투자자에게 수억 달러의 손해를 끼쳤다. 생명공학 분야 기업은 실패율이 90%에 이르며 최근 거대 기업 가운데 사토리, 덴드레온, 칼로바이오스, 누오르토 등의 기업이 문을 닫았다.

이런 기업은 대부분 곧 잊히기 때문에 우리는 혁신이라는 이름의 평원 여기저기에 얼마나 많은 시체가 널브러져 있는지 제대로 알지 못한다. 빈에서 활동한 수백 명의 작곡가 중 베토벤은 한 사람뿐이듯 새로 개발한 수많은 자동차 가운데 쉐보레 역시 하나뿐이다.

설령 아이디어가 살아남아도 유통기한이 짧은 경우도 있다. 1901년 라이트 형제 중 동생인 오빌 라이트는 강연 도중 인간이 하늘을 날게 될 전망을 얘기하다가 종이 한 장을 공중에 던졌다. 사람들이 그것을 멍하니 보고 있는 가운데 라이트는 종이가 공중에서 '훈련받지 않은 말'처럼 제멋대로 움직인다며 이렇게 말했다.

"비행이 일상적인 스포츠처럼 되려면 말을 다루는 법을 배우듯 비행하는 법을 배워야 합니다."[4]

당시 글라이더는 기류를 타고 날았으나 조종할 방법이 거의 없었다. 하늘로 떠오른 뒤에는 그저 바람이 부는 대로 움직여야 했다. 이 문제를 해결하기 위해 라이트 형제는 '날개 휘기' 기법을 고안했다. 케이블로 날개 모양을 변형해 비행기를 조종한 것이다. 1903년 하늘로 날아오른 라이트 형제의 비행기 키티 호크는 날개 휘기 기법으로 방향을 틀어가며 인류 최초의 비행에 성공했다.

라이트 형제는 미국과 유럽에서 영웅 대접을 받았으나 역사적 비행의 초석이 되어준 날개 휘기 기법은 곧 무용지물이 되었다. 1868년 영국 과학자 매튜 피어스 와트 볼턴이 에일러론Aileron(비행기 날개의 바깥쪽 끝에 있는 조종용 날개면. - 옮긴이) 개념을 특허 출원했는데, 라이트 형제가 비행에 성공한 직후 프랑스 비행사 로베르 에스노 펠테리가 볼턴의 그 발명품으로 글라이더를 만들었기 때문이다.[5] 10년도 채 지나지 않아 라이트 형제의 날개 휘기 기법은 구식으로 전락했고 (지금도 현대적인 모든 비행기에 쓰이는) 에일러론이 보다 안정적이고 신뢰할 만한 기법으로 자리 잡았다. 라이트 형제의 '멋진' 아이디어는 창안하기가 바쁘게 폐기된 것이다.

혁신을 이끌고자 하는 기업은 다음 세 가지 문제와 맞붙어 싸워야 한다. 미래는 예견하기 어렵고 대부분의 아이디어는 사장되며 위대한 개념조차 오래 살아남지 못할 수 있다! 그렇다면 창의적인 기업은 어떻게 해야 할까?

미래 가능성을 선점하기 위한 기업들의 도전

1940년대 그레이하운드 버스는 버스 여행을 보다 고급스럽게 만들고 싶어 했다. 과연 타이밍이 적절했을까? 대공황의 충격에서 막 벗어난 미국은 1차 세계 대전의 소용돌이에 휘말렸고 그레이하운드 경영진은 사업을 보수적으로 하고 있었다. 그와 함께 다른 한편으로는 번영하는 미래를 향해 앞서가고 싶어 했다.

그들은 다소 비현실적일지라도 미래형 버스를 개발하기 위해 산업 디자이너 레이먼드 로위를 초빙했다. 그는 보다 많은 사람이 자기 자동차

로위의 초기 시니크루저 스케치 중 하나

를 차고에 두고 대신 이용할 신개념의 다용도 승객용 버스 시니크루저의 디자인을 내놓았다. 이 버스는 더 많은 승객을 태우기 위해 유례없이 긴 휠베이스를 갖췄다. 또 버스 사상 처음으로 에어컨과 화장실을 설치했고 색색으로 멋을 낸 시트, 객석 상단 짐칸, 채광창이 달린 상단 앞쪽 좌석, 휴게실도 갖추고 있었다. 사람들은 가족과 함께 이 버스를 타고 실외 풍경과 실내의 안락함을 누리며 멋진 여행을 즐길 수 있을 것이었다.

로위의 디자인은 굉장히 색다르고 초현대적이었다. 1942년 이 디자인을 내놓은 그는 아직 자신의 디자인을 실현해줄 제조기법과 장비가 존재하지 않고 어쩌면 몇 년 후에도 존재하지 않으리라는 것을 알고 있었다.[6] 그렇지만 그는 새로운 길의 기점을 마련하고 싶어 했다.

몇 년간 번영을 누리지 못한 미국에서 로위의 시니크루저 아이디어는 파격적인 것이었다. 사실 그 버스를 디자인 그대로 현실화할 방법은 없었다. 당시의 버스 정류장과 도로 사정에 비춰 이 버스의 휠베이스, 즉 앞바퀴와 뒷바퀴 간의 길이가 너무 길었기 때문이다. 그래도 그레이하

그레이하운드의 시니크루저 변형 버전

운드 경영진은 로위의 디자인에 담긴 가능성에 주목했고 전쟁이 연합군의 승리로 끝나자 곧바로 시제품 제작에 착수했다.

2차 세계 대전 이후 미국은 도로 개선과 주간 고속도로망 확충에 자본을 투자했는데 그 모든 것은 시니크루저가 출현할 수 있는 토대로 작용했다. 1954년 드디어 최초의 시니크루저 모델이 그레이하운드 정류장에 모습을 드러냈다. 그 뒤 이 버스는 가장 인기 있는 여행용 버스로 부상했다.

그레이하운드는 기존의 규범을 뛰어넘는 아이디어로 변화하는 시대에 대비했다. 산업 디자이너 알베르토 알레시의 말처럼 "가능성 영역은 고객이 좋아하며 구입할 제품을 개발하는 영역이고, 불가능성 영역은 사람들이 아직 제대로 이해하거나 받아들일 준비를 하지 못한 새로

도요타, FCV Flus(왼쪽 위), 메르세데스 벤츠, F 015(오른쪽 위),
도요타, i-Car(왼쪽 아래), 푸조, 무비(오른쪽 아래)

운 프로젝트로 대변되는 영역"이다. 창의적인 기업은 가능성의 경계에서 움직이려 한다.

경계를 넘어서는 것은 발전의 일부다. 그레이하운드와 마찬가지로 자동차 제조업체는 올해나 내년 모델 제작에만 머물지 않고 특이한 외양과 기능을 갖춘 콘셉트 카를 디자인하는 등 훨씬 먼 미래까지 나아가려 한다.

그럼 자동차 제조업체는 앞으로 10년 내에 이런 콘셉트 카를 만들 수 있을 거라고 기대하는 걸까? 그럴 수도 있고 아닐 수도 있다. 메르세데스 벤츠의 바이옴 카를 생각해보자(236쪽). 이 회사 엔지니어들은 폐차장의 환경 유해 문제를 해결하기 위해 외양과 느낌, 승차감은 일반 자동차와 똑같지만 모든 것을 자연에서 가져온 생분해성 자동차를 구상했다.

메르세데스 벤츠의 바이옴 카

배출 가스가 전혀 없는 이 자동차의 연료는 탱크에 저장하는 게 아니라 자동차 프레임과 바퀴를 타고 흐른다. 각 부품의 전력 공급은 유기 태양열 선루프로 이뤄지는데 현재 이 자동차는 컴퓨터상으로만 존재한다. 메르세데스 벤츠 내에 이 자동차를 개발할 계획은 존재하지 않는다. 콘셉트 카의 목표는 다음 자동차가 아니라 원대한 가능성에 초점을 둔 아이디어에 있다. 사회가 그쪽으로 가든 가지 않든 먼 지평선 위의 가능성을 살펴보면 다음에 더 나은 모델을 만들 수 있다.

이와 비슷한 일이 미래 패션을 선도하는 창작 의상 발표회 오트쿠튀르에서도 일어난다.

지금은 물론 앞으로도 이렇게 전위적인 의상을 입을 사람은 아무도 없을 것이다. 그렇지만 벌집에서 멀리까지 날아가는 행동은 가능성을 보는 눈을 업그레이드해준다. 미국 화가 필립 거스턴은 이런 말을 했다.

"인간의 의식은 움직이지만 그건 도약이 아니라 1인치 점프한 것뿐이

오트쿠튀르에 참가한 피에르 가르뎅(첫 번째), 안티 아스플룬드(두 번째),
빅터 앤 롤프(세 번째, 네 번째)

다. 아주 미약한 그 1인치 점프가 모든 것이다. 당신이 그 정도라도 움직이고 있는지 알려면 밖으로 나갔다가 다시 돌아와야 한다."

상업적 성공이라는 꿀이 어디에 있는지 미리 알 수 없어 창의적인 기업은 자주 벌집에서 서로 다른 거리로 나가본다. 미국의 주택 소유자들은 로우스Lowe's를 변기 시트에서 뒤뜰 발전기에 이르는 모든 가정용품을 판매하는 대형 소매점으로 알고 있다. 그러나 이 회사는 보다 미래 지향적인 활동도 하고 있다. 가령 로우스는 공상 과학 작가로 팀을 구성해 미래의 가정 생활을 예상하려 애쓴다. 고객이 매장에서 페인트와 직물 견본을 사들고 집에 갈 필요 없이 가상 현실에서 직접 자기 집을 개조해보는 가상 현실 앱 홀로룸은 그 팀이 만든 것이다. 이 앱을 이용해 고객은 로우스의 각종 제품을 실제 크기 그대로 3차원에서 테스트해볼 수 있다. 매장 직원들은 이 홀로룸을 '결혼 수호자Marriage Saver'라고 부른다.[7]

차세대 데이터 센터를 만드느라 분주한 마이크로소프트는 언제나 중

로우스의 혁신 연구소에서 시연 중인 홀로룸

대한 한 가지 문제, 즉 거대한 컴퓨터 회로에 열이 많이 나는 문제로 골머리를 앓아왔다. 그래서 마이크로소프트는 컴퓨터 서버를 방수 처리한 잠수 탱크에 넣어 바다 깊숙한 곳에 저장하는 실험을 하고 있다. 메인보드와 물이 잘 어울리는 조합이 아니라는 점을 감안하면 바닷물로 장비를 냉각하는 것은 일반적인 관행과 거리가 멀다. 환경에 미치는 영향을 포함해 아직 해결하지 못한 문제가 많지만 만일 이 방법이 효과를 발휘하면 미래에는 잠수 서버가 대세가 될지도 모른다. 현재 최초의 잠수 서버 시제품은 따개비가 잔뜩 붙은 채 해안에 안전하게 설치돼 있다.[8]

비슷한 맥락에서 아기용품 전문점 피셔 프라이스는 자사의 요람과 유모차, 장난감을 끊임없이 업그레이드하면서 기술 발전이 차세대 육아에 어떤 영향을 미칠지 활발히 연구 중이다. 이 회사의 차세대 육아용 제품군 중에는 건강 모니터를 내장하고 아이의 키 성장을 추적하는 홀로그램 투사 장치도 있으며, 요람 앞의 창을 철자 연습용 디지털 칠판으로 쓸 수 있는 요람도 있다. 피셔 프라이스 측은 이렇게 말한다.

"우리가 연구 중인 일부 트렌드는 현실화할 것이고 일부는 그렇지 못할 것이다. 아무튼 무한한 가능성이 있는 아이들을 관찰하며 많은 영감을 받는 우리는 아이들의 발전과 관련해 모든 가능성을 꼼꼼히 살펴보고 있다."

가능성의 경계를 측정하는 것은 쉬운 일이 아닐지도 모른다. 1950년대 말에 나온 필코 사의 프리딕타 TV를 생각해보자. 이 TV는 다른 TV와 달리 비교적 평평한 스크린에 회전이 가능하다는 특징이 있었다. 당시 프리딕타의 광고는 이랬다.

"식사할 때는 주방으로 돌리고 (…) 나중에는 거실로 돌리십시오."[9]

그런데 소비자들은 이 TV를 선뜻 구입하지 않고 망설였다. 프리딕타는 과감하게 미래를 향해 고개를 돌렸으나 산업 디자이너 알베르토 알레시가 말한 불가능성의 영역 내에 머물렀다. TV 애호가들은 후에 이 TV를 'TV계의 에드셀'이라 불렀다. 필코는 결국 출시 2년 만에 프리딕타 부서를 폐지했다.

이와 유사하게 디자이너 필립 스탁과 알베르토 알레시의 회사는 날렵하고 윤기가 흐르는 핫 베르타 찻주전자 개발에 5년을 투자했는데 이것은 손잡이 부분이 곧 주둥이이기도 한 형태였다(240쪽). 한마디로 그 주전자는 실패작이었다. 손잡이가 주둥이이기도 한 독특한 디자인 탓에 너무

필코 사의 프리딕타 TV

핫 베르타 주전자

뜨거워 다루기가 힘들었기 때문이다. 알레시는 이렇게 말했다.

"그 주전자는 아름다운 실수였고 (…) 나는 실수를 좋아한다. 실수하는 순간이야말로 번쩍이는 불빛처럼 성공과 실패의 경계를 비춰주는 유일한 순간이다."[10]

그는 실수는 회사가 새로운 프로젝트를 개발하는 데 도움을 주는 소중한 경험이라고 말했다.

어떤 옵션이 성공할지 예측하는 것은 어려우므로 기업에는 반드시 다양한 아이디어가 있어야 한다. 우리 두 저자 중 한 명인 데이비드는 제자인 스콧 노비치와 함께 착용 가능한 감각장치 VEST(범용 초감각 변환기)를 개발했다. 이것은 소리를 상체에 전해지는 진동 패턴으로 변환해 청각 장애인도 들을 수 있게 해주는 장치다. 인간의 뇌는 신경 가소성 덕분에 피부에 느껴지는 패턴을 소리로 해석하는 법을 배운다. VEST의 용도는 그걸로 끝이 아니다. 조종사에게 비행기 관련 데이터, 우주 비행사에게 국제 우주 정거장 관련 데이터, 팔다리가 절단된 사람에게 의족과 의수 관련 데이터, 사람들에게 눈에 보이지 않는 건강(혈압과 장내미생물의 건강 등) 관련 데이터를 제공하는 데 쓸 수도 있다. 인터넷에 직접 연결해 사용자에게 실시간으로 트위터 정보 혹은 주식 정보를 제공하는 것도 가능하다. 먼 거리에서 로봇을 조작하는 데 쓰거나 달에서 쓰일지도 모른다. 또한 VEST는 적외선, 자외선 같은 새로운 데이터 스트림도 공급할 수 있다. 이들 중 어떤 것이 시장에서 경쟁력이 있을까? 그건 아무도 모른다. 이 회사는 늘 폭넓은 옵션을 마련하느라 바쁘다.

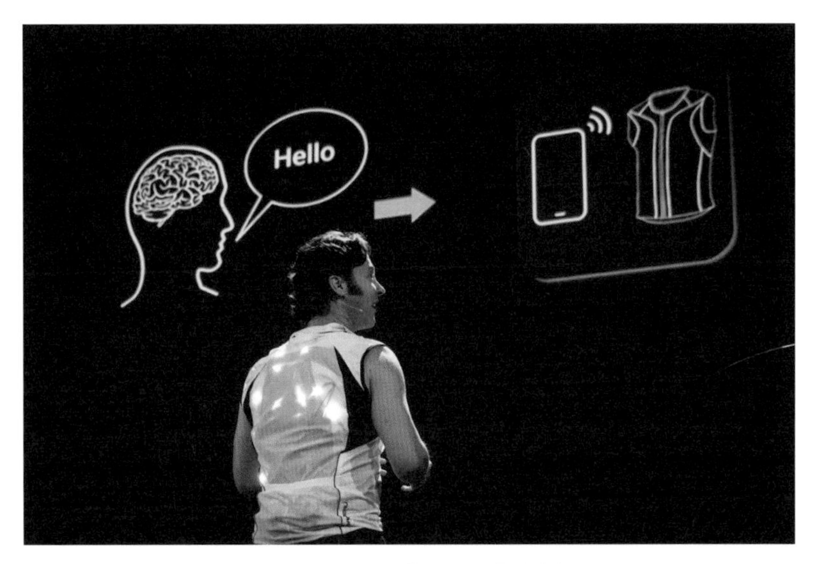

VEST가 소리를 진동으로 변환하는 과정을 시연하는 모습

무엇보다 씨앗을 널리 뿌리는 게 중요하다. 어쭙잖은 아이디어와 사소한 투자일지라도 결실을 맺을지 어찌 알겠는가. 1960년대 이미 복사기 시장을 석권한 제록스는 또 다른 틈새 시장을 엿보고 있었다. 컴퓨터 프린터 수요가 점차 늘어나고 있었기 때문이다. 그들은 그 시장에 뛰어들면 전자 빔이 발생하는 음극선관이나 빠른 속도로 회전하는 드럼 같은 기존 기술을 활용할 수 있으리라고 봤다. 그 방면으로 연구를 진행하는 과정에서 제록스 로체스터 본사에 근무하던 광학 전문가 개리 스타크웨더는 레이저라는 기발한 대안을 생각해냈다.

경영진 관점에서는 레이저 아이디어가 통하지 않을 거라고 여길 만한 이유가 많았다. 레이저는 값이 비싼 데다 다루기도 힘들고 너무 강력했다. 스타크웨더의 동료들은 레이저 광선을 쓰면 이미지가 타고 초기 인쇄물에 '유령' 이미지가 생길 거라며 우려했다. 분명 레이저 광선과 인쇄는 별로 관계가 없는 듯 보였다.

이 같은 우려에도 불구하고 팰로 앨토의 제록스 혁신 센터는 스타크웨더의 아이디어를 살려보기로 결정하고 그에게 작은 연구팀을 꾸리게 했다. 훗날 스타크웨더는 이렇게 회상했다.

"한 팀에는 50명 또 한 팀에는 20명이 있었는데 우리 팀에는 단 2명뿐이었다."[11]

그의 경쟁 팀은 이미 입증된 기술로 연구 중이라 그는 자신이 모든 면에서 너무 불리하다고 생각했다. 그는 실제와 똑같이 작동하는 실용 모델에 근접하던 중이었는데 그것은 회사 내 다른 프린터 팀들도 마찬가지였다.

마침내 경쟁 팀들 간의 마지막 사내 결전이 벌어졌다. 각 프린터 모델은 성공적으로 여섯 장의 인쇄물을 출력했다. 한 장은 글씨 인쇄 또 한 장은 격자선 인쇄 그리고 나머지는 그림 인쇄였다. 바로 그때 스타크웨더 모델의 장점이 확실히 드러났다.

"여섯 장을 출력한 뒤 내가 이겼다는 걸 알았다. 내가 인쇄하지 못할 것은 없었다."

마지막 결전이 벌어지고 몇 주 지나지 않아 다른 프린터 부서는 모두 문을 닫았다. 벌집에서 멀리 날아간 스타크웨더는 승리했고 이후 레이저프린터는 제록스의 커다란 히트 제품 중 하나로 부상했다.

제록스는 아주 적은 투자일지라도 다양한 아이디어와 접근 방식에 지원해 성공을 거두었다. 미국의 정치가이자 과학자인 벤저민 프랭클린은 이런 말을 남겼다.

"모든 사람이 똑같이 생각한다면 아무도 생각하지 않은 것이다."

상황은 늘 변하게 마련이므로 현명한 기업은 씨앗을 널리 뿌려 어떻게든 비옥한 땅을 찾으려 한다.

창조는 끝없는 도전 속에 탄생한다

옵션 다양화는 이야기의 절반에 불과하며 대부분 옵션을 쓰레기통에 버리는 것이 또 다른 절반이다. 영국의 분자 생물학자 프랜시스 크릭은 이렇게 말했다.

"단 한 가지 이론을 갖고 있는 사람은 위험하다. 그런 사람은 목숨을 걸고 그 이론을 지키려 하기 때문이다."[12]

크릭은 일단 많은 아이디어를 확보한 뒤 그 대부분을 포기하는 것이 보다 현명한 접근 방식이라고 했다. 그럼 산업 디자인의 일반적인 과정을 생각해보자. 컨티뉴엄 이노베이션 사는 피부 관리를 위한 레이저 장비를 디자인할 때 이상적이라고 보는 상품의 모습, 즉 전문적이고 세련되고 우아하고 쓰기 쉽고 스마트한 특성을 규정짓는 일부터 시작했다. 이때 창의성 개발팀은 개인 아이디어 일지에 각종 아이디어를 스케치했다. 이어 각자 좋아하는 아이디어를 좀 더 자세히 그렸는데 그것은 진부한 아이디어부터 파격적인 아이디어까지 다양했다. 이런 과정이 이 회사에서 말하는 이른바 '아이디어 깔때기Funnel of Ideas' 작업의 시작이었다. 이후 창의성 개발팀은 그 아이디어를 실현 가능한 몇 가지 옵션으로 추려냈다.

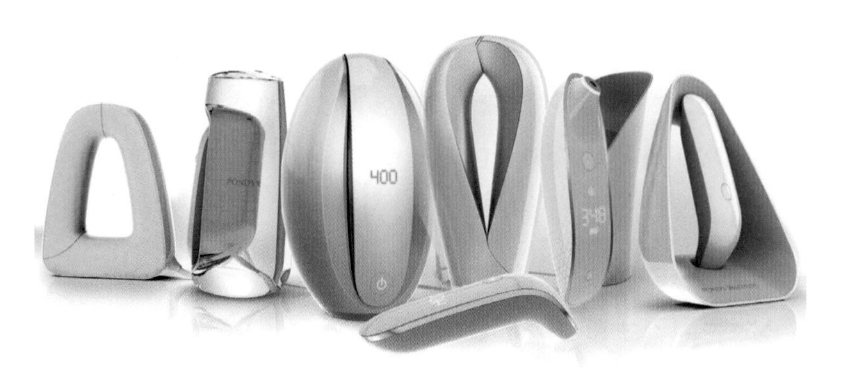

컨티뉴엄 이노베이션의 피부 관리용 레이저 장비 시제품

그 뒤 나머지 디자인을 미세 조정하고 시장 조사를 시작했다. 디자이너팀은 인터뷰 조사로 여성들이 레이저를 화재 위험 요인으로 보고 화상을 입지 않을까 두려워한다는 사실을 알게 됐다. 또한 그 사실로 레이저 장비가 의료 장비처럼 보여야 하고 안전장치를 내장하는 것은 물론 사용이 편리해야 한다는 것을 알아냈다. 결국 옵션의 수는 더 줄어들었다. 곧이어 테스터들이 사용해볼 수 있는 모델이 나왔고 소비자가 실제로 어떤 것을 살지 알아내는 구매 의도 테스트도 진행했다.

아이디어를 긴 깔때기로 걸러내는 과정을 거치면 확실한 승자가 나온다. 컨티뉴엄 이노베이션의 제품 개발 과정은 다양한 옵션을 만드는 데 의존했다. 창의성 개발팀은 여러 가지 대안을 찾은 다음 그 대부분을 내버렸다. 그만큼 최종 우승자를 찾아내려면 충분한 경쟁 상대를 제공할 필요가 있다. 어떤 해결책이 승자가 될지 예측하는 건 쉽지 않으므로 평범한 것부터 급진적인 것까지 다양한 옵션을 확보해야 한다는 얘기다.

현금 인출기가 설치된 초창기에 고객은 공공장소에서 돈을 인출하는 일을 왠지 위험하다고 느꼈다. 미국 은행 웰스 파고는 세계적인 디자인 기업 아이데오에 도움을 청했다. 아이데오는 현금 인출기에 잠망경이나 비디오카메라같이 값비싼 장치를 부착하는 등 많은 아이디어를 시도해 보았다.[13] 그런데 그들의 최종 해결책은 지극히 평범했다. 트럭 운전기사들이 사용하는 것과 비슷한 어안 거울을 부착하기로 한 것이다. 그 거울로 현금 인출기 사용자는 뒤쪽 거리 전경을 한눈에 보면서 주변 상황을 제대로 살필 수 있었다. 웰스 파고가 현금 인출기 위에 거울을 부착하는 정도의 아이디어를 얻기 위해 굳이 아이데오 같은 혁신기업에 도움을 요청할 필요가 있었을까 싶겠지만, 사실 아이데오는 서로 다른 거리로 날아가는 옵션 다양화로 최적의 해결책을 찾아낸 것이었다.

이 모든 과정에서 필수적인 것은 먼저 널따란 깔때기에 각종 아이디어를 집어넣는 일이다. 깔때기의 길이는 빠른 반복으로 짧아질 수도 있다. 구글 연구 개발 부서 X를 예로 들어보자. X는 새로운 제품을 활발하게 디자인하고 거르기 위해 홈Home팀과 어웨이Away팀을 만들었다. 구글이 웨어러블 컴퓨터 구글 글래스 아이디어를 내놓았을 때 홈팀에는 신속하게 실용 모델을 만드는 임무가 주어졌다. 홈팀은 옷걸이와 값싼 프로젝터 그리고 스크린 보호 장치로 쓸 깨끗한 플라스틱 시트를 이용해 하루 만에 최초의 모형 구글 글래스를 만들었다. 어웨이팀의 임무는 쇼핑몰 같은 공공장소로 나가 잠재 고객에게 최대한 많은 피드백을 얻는 것이었다.

구글 글래스 초기 모델은 무게가 약 3.6kg으로 안경이라기보다 안전모에 더 가까웠다. 그 무게를 일반적인 안경보다 더 줄였을 때 홈팀은 그야말로 대박을 칠 거라고 생각했다. 그러나 그것만으로는 충분치 않았다. 어웨이팀이 무게를 더 줄여야 한다고 보고한 것이다.

사용자는 콧등에 많은 압력이 가해지는 걸 좋아하지 않았다. 홈팀은 구글 글래스의 무게를 콧등에서 귀로 옮기는 방법을 고안했다. 많은 아이디어를 내고 거르는 과정에서 구글 글래스 프로젝트팀은 여러 버전의 구글 글래스를 빠른 속도로 반복해서 만들었고 결국 2014년 제대로 작동하는 늘씬한 구글 글래스를 처음 시장에 출시했다.

그렇지만 구글은 이 버전조차 걸러냈다. 구글 글래스 아이디어에는 극복하기 어려운 사생활 관련 문제가 있었는데 사람들은 자신이 촬영 대상이 되는 것을 원치 않았다. 구글은 구글 글래스 프로젝트를 포기했으나 이는 구글 전체에 해를 끼치지 않았다. 소속 엔지니어와 디자이너는 다른 팀으로 가서 자신이 배운 것을 다른 프로젝트에 활용했다. 구글이라는 나무에 열린 여러 열매 중 하나였던 구글 글래스는 최고 좋은 열매는 아니었다. 다행히 구글에는 다른 열매가 많았고 좋지 않은 열매를 버리는 데 전혀 두려움이 없었다.

아이디어를 낸 뒤 그 대부분을 버리는 것은 시간 낭비이자 노력 낭비로 보일 수 있으나 사실 그것은 창의적인 과정의 핵심이다. 시간이 돈인 세상에서 대략적인 스케치나 브레인스토밍을 하는 데 쓰는 시간은 생산성 손실로 여겨질 수도 있지만, 직원들은 정해진 시간 동안 일하고 시장은 계속 변하므로 오히려 그것이 시간을 효율적으로 쓰는 방식일 수 있다.

이와 관련해 3M은 교훈이 될 만한 이야기를 보여준다. 거의 지난 세기 내내 이 다국적 기업은 매출의 3분의 1을 신제품과 최신 제품에서 올려 혁신의 대명사처럼 여겨졌다.[14] 2000년 3M에 새로운 CEO가 취임했고 그는 이익 극대화를 위해 연구 개발 부서에 어울리지 않는 효율성을 강요했다. 제조 과정에나 적용할 수 있는 효율성은 연구 개발 과정에 여러 부작용을 불러왔다. 측정 가능한 수익률은 최고였으나 그 결과를 보면 이후 5년간 신제품 매출이 20%나 급감했다. 그 CEO가 나간 뒤 후임자가 족쇄를 모두 걷어치우자 연구 개발 부서는 다시 살아났고 이내 신제품이 3M 매출의 3분의 1을 채웠다.

설사 옵션의 대부분이 막다른 길로 끝날지라도 옵션 다양화는 혁신에 꼭 필요한 도약대다. 그래서 혁신적인 기업은 다양한 아이디어나 옵션 창출을 시간 낭비로 여기지 않는다. 가령 인도 기업 타타Tata는 비록 실패로 끝났어도 혁신적인 아이디어를 낸 직원에게 '과감한 도전' 상을 수여한다. 첫해에는 참가자가 세 명에 불과했으나 타타 직원들이 자신의 무모한 도전을 공개하는 데 익숙해지면서 참가자는 곧 150명까지 늘어났다.

구글 연구 개발 부서 X도 혁신적인 아이디어를 낸 직원에게 상을 주는데 이는 실패로 끝난 것도 마찬가지다. X의 책임자 아스트로 텔러는 이렇게 말했다.

"나는 실수 없이 배울 수 있는 환경은 존재하지 않는다고 믿는다. 실패는 먼저 하면 그 대가가 작지만 마지막에 하면 아주 크다."[15]

구글 묘지에는 꿈을 펴보지 못하고 사라진 아이디어가 사방에 널려 있다. 구글 웨이브(이메일보다 규모가 크고 더 복잡한 콘텐츠 공유 경험), 구글 라이블리(세컨드 라이프와 비슷), 구글 버즈(일종의 RSS 리더), 구글 비디오(유튜브와 비슷), 구글 앤서(질문하고 답을 얻는 서비스), 구글 프린트와 라디오 광고(구글 브랜드를 프린트와 라디오 광고 분야로 확대), 닷지볼(위치 특정 소셜 네트워킹), 자이쿠(트위터 같은 마이크로 블로그), 구글 노트북(구글 독스로 대체), 서치위키(구글 검색 엔진), 놀(위키피디아처럼 유저가 만드는 온라인 백과사전), 사이드위키(웹 주석 툴)가 그 대표적인 예다.

물론 실패를 희소식으로 여기는 것은 어려운 일이다. 실패는 불가피한 일보 후퇴를 의미하기 때문이다. 그러나 결함 있는 행동도 문제점을 해결할 경우 가끔은 최종 해결책에 더 가까워져 일보 전진처럼 여겨진다. 이것저것 시도한 뒤 거의 다 내버리므로 여기에는 '아이디어 투척Idea Fling'이라는 용어가 더 적절할지도 모른다. 세계 어디서든 다양화와 선별은 발명의 기본이다. 결국 인류가 걷는 구불구불한 길은 우리가 떠올리는 많은 아이디어가 아니라 따르기로 결정한 몇 안 되는 아이디어가 결정한다.

창의성을 끌어내는 업무 환경

1958년 독일의 한 컨설팅 그룹이 혁신과 생산성을 가로막는 장벽을 무너뜨릴 목적으로 '자연 풍경 같은 사무실'이란 아이디어를 내놓았다. 이는 사무실 책상을 탁 트인 상태로 정렬하고 통로를 정원 길처럼 만들어 사무실의 작업 흐름과 서류 이동 경로를 따라가게 만든 방식이다. 시각적으로 닫힌 문이 없고 칸막이 안에 갇힌 사람도 없으며 구석 자리에 앉아 모든 사람을 감시하는 듯한 경영진도 없는 사무실이 목표였다. 특정 구역을 가리고 직원을 분리하는 것은 몇몇 이동식 칸막이와 화초 등이 전부였다.[16]

일부 예측에 따르면 현재 미국 기업의 70%에 개방형 사무실 계획이 있다고 한다. 페이스북과 구글은 이미 그렇게 하고 있다. 애플도 거대한 비행접시 모양의 본사 건물 내 사무실을 직원 간의 유연한 협력을 위주로 배열할 예정이다.

"사무실을 개방적으로 배열할 것이다. 직원들이 오늘은 원형 건물 내 이쪽 사무실에 있다가 내일이면 저쪽 사무실에 있을 수도 있다."[17]

모든 회사가 다 이런 방식을 채택하는 건 아니다. 나일론을 발명한 화학 제품 회사 듀폰은 각기 다른 경비원이 지키는 독립적인 여러 부서로 나뉘어져 있다.[18] 한때 동물 행동 연구소였던 팰로 앨토의 제록스 혁신 센터는 예전에 '거주했던' 동물의 이름을 딴 독립 공간으로 분류했다. 레이저 프린터가 탄생한 곳은 '쥐 방rat room'이었다. 1950년대 제너럴 일렉트릭도 이같은 독립된 구조인 사일로 모델을 채택해 번성했고 1990년대 네슬레와 소니도 마찬가지였다. 소니의 혁신적인 제품 중 하나인 플레이스테이션은 독립된 게임 부서에서 개발했다.

이들 회사는 잘못 선택한 것일까? 그렇지 않다. 창의성을 높이는 방법은 늘 변하게 마련이다. 혁신적인 방법 그 자체도 끊임없는 혁신이 필요하다. 생산성을 높여주는 유일무이한 해결책이란 없다. 구소련 과학자들에게 구글의 개방형 사무실 같은 환경은 주어지지 않았다. NASA의 과학자들은 일할 때 트레이닝복 대신 바지와 셔츠에 넥타이를 맸다. 그러고도 그들은 우주까지 뻗어갔다.

개방형 사무실이 인기를 얻은 데는 그럴 만한 이유가 있겠지만 그렇다고 개방형 사무실이 정답인 것은 아니다. 올바른 것은 변화 지향형 문화를 구축하는 것 자체다. 습관이나 관습은 아무리 좋은 의도로 만들고 좋게 받아들여져도 지나치게 경직되면 혁신을 위협한다. 시대에 따른 사무실 배치 계획에서 가장 중요한 것은 답이 계속 변한다는 점이다. 직

1940년대(왼쪽), 1980년대(가운데), 2000년대(오른쪽)

선으로 계속 발전해갈 것이라는 믿음은 잘못된 것이다.

지난 80년간의 사무실 배치 계획을 살펴보면 반복되는 사이클이 보인다. 1940년대 사무실과 2000년대 사무실을 비교할 경우 사이클이 한 바퀴 돌아 다시 같은 모습을 보이지만, 1980년대에는 칸막이와 작은 방이 더 일반적이었다. 기술과 색상은 달라졌어도 1940년대와 2000년대 사무실은 사무실 중앙 여기저기에 기둥이 서 있는 등 그 모습이 비슷하다.

21세기 개방형 사무실 배치는 벌써 퇴조 조짐을 보이고 있다. 페이스북에 근무했던 어떤 사람은 이렇게 불만을 터뜨렸다.

"무료 음식과 음료는 잊어라. 사무실은 끔찍하다. 커다란 방에 피크닉 스타일의 테이블이 줄지어 늘어서 있고 사람들은 15cm 정도의 여유를 두고 서로 어깨를 맞대고 앉아 있다. 사생활은 아예 없다."[19]

《뉴요커》에 실린 〈개방형 사무실의 덫The Open-Office Trap〉이라는 기사는 끊임없는 소음과 사람 간의 불편한 접촉, 감기에 걸릴 위험 상승 등 개방형 사무실의 폐단을 길게 열거했다.[20] 최근 개방형 사무실 배치를 비판하는 얘기가 자주 나오는 것을 보면 사이클이 돌고 돌아 다시 폐쇄적

이고 개인적인 사무실 배치로 되돌아가려는 게 아닌가 싶다.[21]

오랫동안 회사 생활을 한 사람들은 대개 사무실 배치를 바꾸는 일에 비판적이다. 그들은 그것을 그저 컨설턴트들의 주머니를 채워주는 수단으로 본다. 그러나 끊임없는 변화 추구에는 '인식의 경직화'를 막아준다는 놀라운 지혜가 숨어 있다. 예를 들어 결혼 문제 전문 치료사는 부부가 서로에게 너무 익숙해지거나 서로를 무시할 경우 관계에 위기가 찾아온다고 말한다. 틀에 박힌 행동은 경직되고 그러면 거기에서 벗어나는 것이 더 어려워진다. 직장에서든 가정에서든 변화는 혼란을 줄 수 있지만 변화 없이는 참신한 사고를 계속 유지하기가 힘들다.

매사추세츠 공과대학의 빌딩 20은 끊임없는 변화의 전형이었다. 철강이 부족하던 2차 세계 대전 무렵 지은 3층짜리 창고만 한 합판 궁전 Plywood Palace은 전쟁이 끝나자마자 철거할 계획이었다. 그런데 공간이 부족하자 대학 측은 그곳을 사용하던 소방 당국을 설득해 건물을 그대로 두고 떠나게 했다. 시간이 지나면서 이 건물에 호기심을 보인 많은 교수가 자신의 필요에 맞춰 수시로 개조했다. 한 교수는 이렇게 말했다.

"벽이 마음에 들지 않을 경우 팔꿈치로 밀어버리면 그만이다."

또 다른 교수도 말했다.

"바닥에 구멍을 내 새로 수직 공간을 만들고 싶을 때면 그냥 그렇게 하면 된다. 물어볼 필요도 없었다. 그야말로 유례없이 편리한 실험용 건물이었다."

이 건물은 즉석에서 변형이 가능해 입자 가속기를 설치하기도 했고, 학군단이 입주하기도 했다. 또 피아노 수리 시설이나 세포 배양 실험실로 쓰는 등 온갖 잡다한 용도로 쓰였다.[22] 핵물리학자와 식품 연구원이 서로 가까이에서 일하기도 했다. 금방이라도 쓰러질 것 같은 이 건물 안에서 언어학자 놈 촘스키는 선구자적 인류 언어 이론을 개발했고 해롤드 에저튼 교수는 고속 사진법을 개발했으며 아마르 보스 교수는 그 유명한 보스 스피커 특허를 냈다. 그뿐 아니라 여기에서 최초의 비디오 게임이 태어났고 많은 첨단 기술 기업도 탄생했다. 덕분에 이 건물은 마법의 인큐베이터로 알려졌다. 환경주의 학자 스튜어트 브랜드는 자신의 저서《건물은 어떻게 배우는가How Buildings Learn》에서 이렇게 썼다.

> 빌딩 20은 진정한 편의 시설에 의문을 제기한다. 똑똑한 사람들이 왜 냉난방을 포기하고, 복도에 카펫을 깔고, 큰 창문을 내고, 멋진 전망을 확보하고, 최첨단 건축과 기분 좋은 인테리어 디자인을 하는 것일까? 내리닫이창과 흥미로운 이웃, 튼튼한 바닥 그리고 자유 때문이다.[23]

임시로 지은 가건물에서 장기간 일하는 건 대개 옵션에 들어가지 않는다. 그래서 사무실을 바꾸거나 방을 리모델링하거나 자유 시간 정책을 수정하거나 팀을 바꾸는 방식으로 변화 문화를 촉진한다. 커피 자판기를 들여놓고, 벽을 파랗게 칠하고, 테이블 풋볼 게임기를 설치하고, 벽을 헐어 탁 트인 공간을 만들고, 회전의자를 갖다 놓는 등 변화를 주는 것이다.

뭐든 돌에 새기듯 고정하지 마라. 지금 잘 통하는 모델도 5년 후에는 통하지 않을 수 있다. 어떤 모델도 절대 영원히 통하지는 않는다. 창의적인 기업은 반복 억제를 피하고 많은 옵션을 만들며 지금 잘 돌아가는 것이 싫증나기 전에 바꾸는 것을 목표로 삼는다. 혁신은 틀에 박힌 것을 뒤집는 데서 에너지를 얻는다.

창의적인 기업은 변화를 두려워하지 않는다

변화 문화는 기업 내부의 일뿐 아니라 일반 대중에게 제공하는 것에도 적용된다. 혁신적인 기업은 자신의 장점을 깨뜨리는 일도 마다하지 않는다. 미국 식품 회사 제너럴 밀스의 대표 제임스 벨은 다음과 같이 말했다.

"어떤 사람이나 기업이 직면하는 커다란 위험 중 하나는 한동안의 성공에 도취해 과거의 방법이 새로 변화하는 미래에도 그대로 적용될 거라고 믿는 것이다."[24]

유연성의 한 예로 뉴욕의 식당 일레븐 매디슨 파크를 생각해보자. 보다 전통적인 음식 메뉴와 달리 이 식당은 메뉴를 최소한으로 줄였다. 음식 재료는 옆으로 4가지, 아래로 4가지씩 총 16가지가 적혀 있어 손님은 음식 재료를 각 줄에서 한 가지씩 선택할 수 있다. 이처럼 정해진 재료 조합으로 식당 셰프는 미식가들이 찾을 만한 고급 요리를 만들었고 모두가 탐내는 미슐랭 3스타 등급을 따냈다. 하지만 일레븐 매디슨 파크는 계속 새로운 메뉴를 만들어 이미 획득한 명성을 잃을지도 모를 위험을 기꺼이 감수했다. 변화무쌍하게 스타일을 바꾼 재즈 뮤지션 마일스 데이비스를 본받아 스스로 변신을 거듭한 것이다. 옆으로 4가지, 아래로 4가지씩 총 16가지 재료가 적힌 메뉴는 사라졌고 대신 손님에게 뉴욕시에 바치는 4시간짜리 요리를 서빙했다. 음식 비평가 제프 고디너는《뉴욕타임스》에 기고한 후기에서 이 식당 웨이터들은 드라마틱한 방법으로 맛난 음식을 서빙한다며 이렇게 적었다.

"어떤 음식은 돔 형태의 연기 속에서 모습을 드러냈고 또 어떤 음식은 피크닉 바구니에 담겨 나왔다. 웨이터들은 카드 묘기도 보여주었으며 각 음식 재료를 상세하게 설명해주었다."[25]

이 식당은 웹사이트에 화가 빌렘 데 쿠닝의 다음과 같은 말을 올렸다.

"나는 같은 상태로 머물기 위해 변화해야 한다."

음식 비평가들은 일레븐 매디슨 파크의 또 다른 변신에 깜짝 놀랐지만 이 식당은 그 어느 때보다 더 유명해졌다. 이후에도 또다시 변화를 시도했다. 카드 묘기가 사라졌고 보다 편안한 분위기로 되돌아왔다. 그와 함께 손님의 선택권이 늘어났고 코스 요리가 줄어들었으며 음식의 양이 더 많아졌다.《뉴욕타임스》는 이처럼 변화를 시도하는 이 식당에 별 4개를 주었다.《타임스》의 음식 비평가 피트 웰스는 이런 글을 썼다.

"이 식당에서는 늘 많은 것이 기다리고 있다. 그 모든 것은 무엇보다 미래로 나아가는 이 식당의 유연한 몸짓으로 봐야 한다."[26]

RCA가 TV업계 선구자가 된 것도 이런 유연성 덕분이었다. 1930년대 초 RCA의 라디오 방송 분야 장악력이 어찌나 막강했던지 미국 정부는 독점금지법 위반 혐의로 소송을 제기했다. 이에 굴하지 않은 RCA 연구원들은 뉴욕 엠파이어스테이트 빌딩 꼭대기에서 FM 라디오 전파를 송출했다. 이 하이파이 방송으로 RCA는 라디오 광고 업체와 판매 업체, 일반 대중에게 라디오가 향후 몇 년간 더 방송계를 장악하리라는 강력한 신호를 보냈다.[27]

그러던 중 1935년 이 회사의 사장 데이비드 사르노프는 급부상하는 또 다른 기술에서 새로운 가능성을 보았다. 원래 그 기술은 비주얼 리스닝Visual Listening 또는 히어 시잉Hear-Seeing으로 불렸는데 발전이 아주 빨랐다. 사르노프는 라디오 엔지니어 책임자에게 짧은 서신을 보내 당장 그의 연구실에서 나와 새로운 팀에 합류하라고 했다. 4년 후 뉴욕 세계 박람회에서 카메라 앞에 선 사르노프는 미국 최초의 정규 TV 방송을 소개했다.

"이제 우리는 라디오 소리에 보는 것을 추가합니다."

역사적으로 성공한 기업은 어려울 때든 잘나갈 때든 언제나 유연성을 유지했다. 애플은 거의 파산 직전에 음악 업계에 뛰어들었다. 아이팟 출시 발표회 때 기자는 불과 수십 명밖에 오지 않았다. 그로부터 몇 년 후 애플은 20억 번째 아이튠즈 노래를 팔았고 수천 명의 청중이 스티브 잡스의 휴대 전화 업계 진출에 환호했다.

AT&T가 전신 분야에서 무선과 온라인 분야로 발전해갔듯 회사가 누가 봐도 진화했다고 느껴지는 경우가 있다. 반면 종종 그렇지 않은 경우도 있다. 프랑스 패션 브랜드 에르메스는 19세기 초 마구와 안장 제조 업체로 출발했다. 이후 자동차가 말이 끄는 마차를 대체하자 이 회사는 전혀 다른 고급 패션 분야로 방향을 틀었다. 제

RCA의 TV 방송 광고

지회사 노키아는 세계 최초로 휴대 전화 대량 생산 업체가 되었다.[28] 카드 인쇄 업체로 시작한 한 회사는 택시회사가 되었고 닌텐도는 '러브호텔'을 운영하다 최종적으로 세계 최대 비디오 게임 회사가 되었다.[29] 구글은 혈당 모니터링과 자율 주행 자동차로 검색 엔진 분야와 전혀 다른 틈새시장을 석권하고 있다.

물론 유연성을 유지하려면 위험이 따른다. 2014년 출시한 아마존 파이어폰을 살펴보자. 아마존은 클라우드 컴퓨팅에서는 성공을 거뒀지만 휴대 전화에서는 그렇지 못했다. 애플이 매 시간당 많은 아이폰을 팔고 있던 때 파이어폰은 출시 첫 달에 3만 5,000대밖에 팔리지 않았다. 소비자는 파이어폰이 앱도 부족하고 문자 그대로 너무 뜨거워 제대로 쓸 수 없다는 불만을 쏟아냈다. 아마존은 이 휴대 전화 가격을 99센트까지 떨어뜨렸고 초도 물량을 소진하자 생산을 중단했다. 하지만 이것은 미리 계산한 위험이었고 아마존의 핵심 사업은 파이어폰의 실패에도 전혀 영향을 받지 않았다. 그 뒤로도 아마존은 위험을 무릅쓰고 계속 새로운 정찰병을 내보내는 정책을 유지했다.

창의적인 기업은 항상 급격한 변화에 대비한다. 이는 우리가 쓰는 각종 장비가 갈수록 컴퓨터화하고 그 수명이 줄어드는 가운데 디지털 혁명이 가속화하면서 예측 불가능한 영향을 미치고 있기 때문이다. 또한 기하급수적으로 빨라지는 데이터 처리 능력으로 전화기와 손목시계, 의료 장비, 가전제품의 노후화가 앞당겨지고 있다. 2015년 혼다는 자동차 역사상 처음으로 새로운 모델 아쿠라 TXL을 제작하며 물리적인 테스트 자동차를 만들지 않았다. 컴퓨터 소프트웨어로 충돌 테스트부터 배출가스 테스트까지 모든 테스트를 모의 시험해 제작 과정을 엄청나게 단축한 것이다.

한때 디지털 세상과 완전히 동떨어져 보이던 분야까지도 이제 디지털 세상의 일부가 되었다. 가령 로봇이 수술을 하고 인공 지능이 뉴스 기사를 쓰기도 한다.[30] 디자인부터 제조, 패션까지 오늘날 세상은 끊임없이 자기 변신 중이다. 그와 함께 대중의 변화 욕구도 커져 다음 해에 새로운 장치나 앱이 나오지 않으면 실망한다. 이런 상황이라 유연성을 잃지 않는 것이 그 어느 때보다 중요해졌다.

시대 격차가 수억 년에 달하지만 옛날 원시인이나 오늘날 기업 CEO의 뇌는 같은 의문을 보인다. 어떻게 하면 이미 아는 지식을 활용하는 것과 새로운 영역을 탐구하는 것 사이에서 균형을 잘 잡을 수 있을까? 세상이 예측 불가능할 정도로 변화하면서 그 어떤 개인과 기업도 과거의 성공이라는 영광 속에 안주하면 위험하다. 새로운 요구와 기회에 현명하게 잘 대처하는 사람만 살아남는다. 이것이 완전무결한 궁극의 휴대 전화를 개발할 수 없고 절대 매력이 사라지지 않는 완벽한 TV 쇼는 없으며 완벽한 우산, 완벽한 자전거, 완벽한 신발이 만들어질 수 없는 이유다.

목표를 많은 아이디어를 만드는 데 두어야 한다. 멘로 파크에 살던 시절 토머스 에디슨은 자사 직원들에게 '아이디어 할당제'를 실시했다. 직원들은 매주 작은 발명 아이디어를 그리고 6개월마다 혁신적인 아이디어를 내야 했다. 구글은 아예 아이디어 탐구를 자사 사업 모델과 결합했다. 70/20/10 원칙에 따라 구글은 회사 자원의 70%는 핵심 사업에, 20%는 최근의 아이디어에, 나머지 10%는 완전히 새롭고 혁신적인 아이디어에 투입한다. 트위터 직원들은 연례 핵 위크Hack Week에 평상시의 비슷한 일과에서 벗어나 뭔가 새로운 것을 만드는 일을 한다. 소프트웨어 기업 아틀라시안은 십잇 데이ShipIt Day를 시행하는데 그 시기에 직원들은 24시간 내내 새로운 프로젝트를 만들고 나누는 일을 한다. 도요타는 직원 제안 제도로 매일 무려 2,500가지에 이르는 새로운 아이디어를 얻고 있다.[31]

창의적인 기업은 혁신을 촉진하기 위해 새로운 아이디어를 낸 직원에게 포상하기도 한다. 혁신을 위한 인센티브는 그 종류가 다양하다. 프록터 앤드 갬블과 3M은 아너 소사이어티Honor Society를 운영하고 있다. 선마이크로시스템스·IBM·지멘스는 연례 상을 수여하고 모토로라·휴렛팩커드·하니웰은 새로운 특허에 보너스를 지불한다.[32]

그렇지만 이런 제도는 아직 널리 확산되지 않았고 최근의 한 보고서에 따르면 설문 조사에 응한 기업의 90%가 혁신에 충분한 보상을 하지 않는 것으로 나타났다.[33] 구글의 전 CEO 에릭 슈미트는 새로운 아이디어에 충분한 인센티브를 주라고 조언한다.

"직책이나 재직 기간과 관계없이 터무니없을 정도로 뛰어난 사람들에게는 터무니없을 정도의 보상을 해주어야 한다. 중요한 것은 그들이 조직에 미치는 영향이다."[34]

창의적인 기업은 직원들의 신경망을 자극하는 재료와 툴도 많이 제공한다. 에디슨은 연구실에 직원들의 아이디어 창출에 도움을 줄 만한 온갖 종류의 보급품을 비치해두었다. 디자인 기업 아이데오에는 모든 종류의 장치와 재료, 온갖 잡동사니를 갖춘 공동 테크 박스가 비치되어 있다. 이는 엔지니어와 디자이너를 위한 정신적 원천이다. 에르메스는 제품 제작 후 남은 천 조각과 다른 부산물을 버리지 않고 자사의 혁신 연구소 프티 아쉬Petit h로 보내 실험용으로 쓴다. 장인들은 자투리 가죽으로 선반을 만들거나 제품 부산물인 깨진 단추, 자개, 지퍼 등으로 테라초 바닥재를 비롯해 다양한 물건을 만든다.

활발한 뇌는 아이디어를 맹렬히 쏟아내면서 경쟁한다. 그중 일부만 의식 속으로 들어가며 대개는 필요한 문턱을 넘지 못한 채 사그라진다. 창의적인 기업 안에서도 새로운 아이디어와 계획이 지원을 요청하며 맹렬히 경쟁한다. 필요한 문턱을 넘는 아이디어와 계획은 지원을 받고 그렇지 못한 아이디어와 계획은 사장된다. 미래를 점치기 어려운 세상에서 많은 아이디어가 허우적대고 있는 것이다. 완벽하게 잘 기능하는 것도 곧 구식이 될 수 있다. 그런 상황에서는 다양화와 유연성이 도움을 준다. 이에 따라 창의적인 기업은 많은 아이디어를 내 대다수를 걸러내고 절대 변화를 두려워하지 않는 접근 방식을 취한다.

12장

미래 혁신가를 위한 인큐베이터

아이들은 깨어 있는 시간의 대부분을 교실에서 보낸다. 아이들이 미래의 포부를 키우고 사회가 자신에게 바라는 게 무언지 제일 먼저 느끼는 곳이 교실이다. 올바로 운영하기만 하면 교실은 상상력을 배양하는 최적의 장소다.

물론 언제나 상상력 배양이 가능한 것은 아니다. 인간의 뇌는 세상을 소화해 새로운 것을 만들어낸다. 그런데 너무 많은 교실에서 소화할 만한 음식은 거의 제공하지 않고 토해내야 할 음식만 권한다. 어쩌면 우리 사회는 미래에 혁신가가 부족해 허덕일지도 모른다.

지금 우리는 산업 혁명 시대에 만든 교육 제도의 틀 안에 갇혀 있다. 규격화한 교육 과정에 따라 아이들은 칠판 앞에서 떠드는 교사의 말에 귀를 기울이고 있고, 수업 개시와 종료를 알리는 종소리는 근무 교대를 알리는 공장의 종소리를 닮았다. 이러한 교육 모델 아래서는 아이들이 선진화한 세계, 즉 일의 의미를 빠르게 재정립하고 새로운 기회를 창출해내는 사람이 환영받는 세계에 제대로 대비할 수 없다.

교실에서 진정 행해야 할 일은 아이들이 세상의 원재료를 새로 만들고 새로운 아이디어를 창출하도록 훈련하는 것이다. 다행히 그 일은 그리 어렵지 않다. 기존 수업 계획을 모두 파기하고 처음부터 다시 시작해야 하는 건 아니기 때문이다. 몇 가지 지침에 따라 교실을 바꿔 창의적 사고를 촉진하는 환경으로 만들면 된다.

창의성을 발굴하는 혁신적 교육법

미술 교사 린지 에솔라는 새 학년이 시작될 때마다 칠판에 사과를 하나 그려놓고 자신이 맡은 4학년 학생들에게 사과를 그려보라고 한다. 학생들은 대부분 선생님이 그려놓은 사과를 단순히 따라 그린다. 에솔라는 학기 내내 학생들에게 사과 하나를 수십 가지 방법으로 그리는 걸 가르치는데, 이 첫 수업이 일종의 출발점 역할을 한다. 학생들은 수채화와 점묘법, 모자이크, 선 그림Line Drawing 같은 미술 기법을 배우고 녹인 밀랍·스티커·스탬프·방적사 등을 이용해 초현실주의·인상주의·팝아트 스타일을 흉내 낸다.

만일 이게 전부라면 에솔라의 미술 수업은 학생들이 미술 사조를 직접 흉내 내게 하는 수업에 지나지 않을 것이다. 그녀는 기존의 전형적인 예를 흉내 내는 수업에서 그치지 않는다. 학기 내내 '자신만의 사과'를

  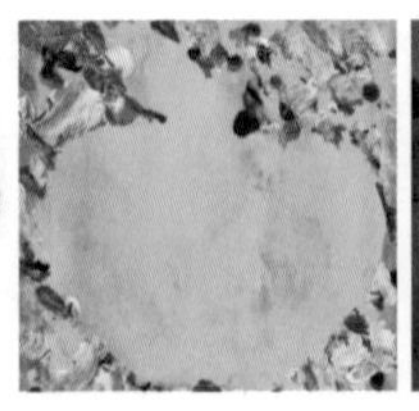 

학생들이 다양한 미술 기법으로 표현한 사과

그리는 일을 진행하기 때문에 학생들은 원하는 방식으로 자유롭게 여러 미술 기법을 섞어 활용한다. 그리고 마지막 수업 시간에 에솔라는 칠판에 다시 사과를 하나 그린다. 이번에는 누구도 그 사과를 그대로 따라 그리지 않는다. 대신 교실 벽은 서로 다른 버전의 사과로 가득한 화랑이 된다. 학생들이 배운 것을 토대로 자신만의 그림을 그렸기 때문이다.

창의성 교육은 틀에 박히지 않은 자유분방한 놀이와 모델 흉내 내기 사이의 적절한 지점에 위치한다. 그 지점에서 학생들은 전례를 따르긴 하지만 선택에 아무런 조건이나 제약이 없다. 학생들은 새로운 것을 만드는 데 목표를 두고 기존의 것들 중에서 최선을 배운다.

예를 들어 한 5학년 담당 교사는 자기 반 아이들에게 자신이 좋아하는 화가가 그렸을 '다음' 그림을 그려보라고 한다. 실제로 그린 게 아니라 그렸을 수도 있는 그림 말이다. 이처럼 학생들은 한 화가의 작품 세계를 공부한 뒤 그 화가가 좀 더 오래 살았다면 어떤 그림을 그렸을지 상상해본다. 한 학생은 피카소가 더 살았다면 대중문화에 더 많은 관심을 기울였을 거라며 한 리틀리그 야구 선수를 입체파 스타일로 그렸다.

과거의 틀을 깨는 데는 두 가지 교훈이 담겨 있다. 먼저 학생들에게 과거 속에서 새로운 아이디어를 캐내는 방법을 보여준다. 그리고 이미 나온 것으로 인해 겁먹을 필요가 없다는 것을 가르쳐준다. 이는 문화유산을 마스터하는 동시에 그 유산을 미완성 상태로 여기라고 가르쳐주는 셈이다. 시인 괴테는 이렇게 말했다.

"우리가 아이들에게 물려주어야 할 유산은 늘 두 가지뿐이다. 하나는 뿌리고 다른 하나는 날개다."

과거 속에서 새로운 가능성을 캐내는 방법은 많다. 그중 하나는 학생들에게 기존 이야기를 주인공이 아닌 다른 등장인물의 관점에서 얘기해 보도록 하는 일이다. 예를 들어 《늑대가 들려주는 아기 돼지 삼형제 이야기》는 존 셰스카가 아기 돼지 삼형제 이야기를 늑대의 관점에서 쓴 글이다. 늑대는 자신이 돼지의 집을 무너뜨리려고 숨을 크게 내쉰 게 아니라 순전히 알레르기 때문에 그런 거라고 주장한다. 톰 스토파드의 《로젠크란츠와 길덴스턴은 죽었다Rosencrantz and Guildenstern Are Dead》는 셰익스피어의 《햄릿》을 주인공이 아닌 다른 두 등장인물 관점에서 재해석하고 있다. 존 가드너의 소설 《그렌델》은 서사시 《베오울프》를 괴물들 중 하나의 관점으로 바꿔 들려준다. 이런 식으로 학생들은 전 세계 신화나 우화를 관점을 달리해 새로운 이야기로 바꿀 수 있다.

과거에서 새로운 가능성을 캐내는 또 다른 방법은 이야기를 업데이트하는 것이다. 팀 맨리의 《텀블러랜드의 앨리스Alice in tumblr-land》에서는 아서 왕이 버닝 맨Burning Man(미국 네바다주 블랙록 사막에서 매년 열리는 이색 문화 축제. -옮긴이)에서 파티를 열고, 엄지공주가 리얼리티 TV 쇼의 주연으로 나온다. 또 개구리 왕자가 '프리 허그'라는 표지판이 서 있는 한 공원에 앉아 있기도 한다.

'대체 역사'는 학생들이 이미 배운 것에서 창의력을 끄집어내 지적 직관력을 연마하는 또 다른 방법이다. 킹슬리 에이미스의 소설《변화The Alteration》는 헨리 8세가 영국을 지배하지 않았다면 현대가 어찌되었을지 상상한다. 에이미스 버전에서 헨리 8세의 형은 여전히 젊어서 죽지만 그에게 아들이 있어서 그가 헨리 8세 대신 왕위를 계승한다. 그 결과 영국 성공회는 생기지 않고 엘리자베스 여왕도 태어나지 않으며 마르틴 루터가 교황이 된다. 필립 K. 딕의 소설《높은 성의 사나이》는 세계 대전에서 독일, 이탈리아, 일본 연합이 승리했다면 어찌되었을지 상상해본다. 딕의 소설에서는 또 다른 반전이 나온다. 나치 치하에서 살아온 한 소설가가 비밀리에 대체 역사 소설《메뚜기가 무겁게 짓누른다The Grasshopper Lies Heavy》를 쓰는데, 그 소설에서 저자는 연합국 측이 승리했다면 어떤 일이 일어났을지 상상한다. 그 소설에서 연합국은 히틀러를 사로잡아 처형한다.

학생의 입장에서 역사 이해를 창의적으로 보여주는 방법 중 하나는 만일 역사 속 사건이 실제와 달리 진행됐다면 어찌되었을지 설명하는 것이다. 스페인인이 마야인에게 천연두를 옮기지 않았다면 어찌되었을까? 조지 워싱턴이 다리가 부러져 델라웨어강을 건너지 못했다면 어찌되었을까? 프란츠 페르디난트 대공의 마차가 길을 잘못 들어 암살당하는 일이 없었다면 어찌되었을까?

사실과 반대인 역사를 그리려면 먼저 역사적 사실을 정확히 알고 더 나아가 큰 맥락 속에서 보아야 한다. 대체 역사 프로젝트는 책을 이용해 학습을 보충하는 한 방법으로 학생들은 하나의 주제를 공부한 뒤 자신의 지식을 창의적인 방식으로 적용해본다. '만일 ~라면 어떨까?' 하는 가정 아래 자신의 창의력에 단단한 기초가 있음을 과시하는 식이다.

역사적 사실에 반하는 가정이 주는 교훈은 과학과 기술 분야에도 적용된다. 스탠퍼드 대학교 공학 교수 셰리 셰퍼드는 기계는 대부분 처음부터 다시 만드는 게 아니라 이전 기술을 끌어 모아 조립하는 것이라며 다음과 같이 말했다.

> 이 과정은 상당한 창의성을 포함한다. 진정한 디자인 영감은 어떤 기계 장치의 새로운 적용법을 찾아내는 데서 비롯되는 경우가 많다. 이는 곧 우리 주변의 수많은 기계 장치에 익숙해지면 원래 목적과 전혀 다른 분야에서도 그 기계 장치의 활용법을 찾아낼 수 있다는 의미다.

일부 엔지니어링 수업에서 학생들은 정해진 지침에 따라 손전등을 조립하며 전기를 배운다. 만약 거기서 그친다면 그야말로 단순한 비법 따라 하기에 불과할 것이다. 손전등 조립은 1단계일 뿐이다. 그다음은 그와 똑같은 회로 원칙을 적용해 환풍기이나 음원 또는 학생이 만들고 싶은 다른 것을 만드는 단계다. 조립 설명서는 종착점이 아닌 출발점으로 삼아야 한다.

과학 교육에 보다 많은 창의성을 집어넣는 방법 중 하나가 공상 과학 소설식 시제품화다. 이는 아직 존재하지 않는 제품을 디자인해보는 방식이다.[1] 그 과정에서 학생들은 영화와 지도를 보여주는 영사 펜과 맞춤형 케이크를 만드는 3D 프린터, 여행 가방만 한 휴대용 세탁기 등을 상상한다.[2] 이때 학생들은 새로운 기술이 어떤 문제를 해결해줄지 혹은 어떤 새로운 문제를 일으킬지 생각해본다. 이것 또한 기술력과 상상력을 동시에 높여주는 또 다른 방법이다.

기존 실습과 틀에 얽매이지 않는 창의적인 놀이를 잘 결합하면 과거는 새로운 발견을 위한 디딤돌로 작용한다. 즉 학생들은 창의성이라는 이어달리기에서 배턴을 이어받아 미래를 향해 달려갈 기회를 얻는다.

교육에 적용된 창의적인 사고방식

학생들에게 창의적인 결과물을 요구할 때 우리는 한 가지 해결책에 만족하는 경우가 많다. 그러나 아무리 좋은 답일지라도 한 가지뿐이면 창의적인 노력은 그저 워밍업만 한 꼴이다. 교실에서는 학생들에게 창의적인 문제를 놓고 여러 가지 해결책을 내보라고 요구하는 것이 가장 좋다.

여러 가지 해결책을 만드는 데는 훈련이 필요하다. 문학, 과학, 컴퓨터 프로그래밍 등 어느 분야에서든 학생들은 대개 조급하게 한 가지 답을 내는 데 올인한다. 학생들이 보다 폭넓게 탐구하도록 격려해야 하며 그런 훈련은 일찍 시작할수록 좋다.

그림책 작가 앙트아네트 포티스의 《이건 상자가 아니야》는 어린 독자에게 많은 옵션을 만드는 일의 개념을 잘 보여준다. 누군가가 주인공 토끼에게 묻는다.

"넌 왜 상자 안에 앉아 있니?"

토끼는 그건 상자가 아니라 경주용 자동차라고 대꾸한다. 토끼는 거기서 그치지 않는다. 그것은 상자가 아니라 산, 로봇, 예인선, 로켓, 해적

선의 돛대 꼭대기 망대, 열기구에 매달린 곤돌라라고 한다. 어린 학생들은 토끼에게 힌트를 얻어 자신의 '상자가 아니야' 버전(공이 아니야, 리본이 아니야 등)을 만든다.

이 간단한 훈련은 좀 더 큰 학생에게도 일반화할 수 있다. 예를 들어 예술에서 변형 작품을 만드는 것은 같은 자원으로 많은 가능성을 창출하는 한 방법이다. 변형 작품이야말로 휘기, 쪼개기, 섞기를 훈련하는 좋은 방식이다. 가령 재즈 뮤지션은 특정 곡으로 즉흥 연주를 할 때마다 옵션을 만들어낸다. 시각 미술은 같은 모티브에 되풀이해 관심을 기울여 사과 표현에서 재스퍼 존스의 깃발 시리즈에 이르기까지 다양한 결과를 도출한다.

많은 옵션을 만들면서 학생들은 주변 세상에 있는 자연의 다양성을 감상하기도 한다. 미국 식물학 협회가 고안한 '항해하는 씨앗들Sailing Seeds' 실험을 예로 들어보자.[3] 이 실험으로 학생들은 씨앗을 널리 퍼뜨리는 자연의 다양한 수단을 공부한다. 코코넛 씨는 물길을 따라 떠내려가고, 우엉 씨는 동물의 털에 붙었다가 떨어지고, 민들레 씨는 '낙하산'을 타고 퍼져가고, 단풍나무 씨와 서양물푸레나무 씨는 조그만 날개를 이용해 바람을 타고 흩어진다. 미국 식물학 협회의 학습 계획안에 따라 학생들은 조그만 씨앗을 퍼뜨릴 보다 새롭고 나은 방법을 고안하려 경쟁하며 실험으로 어떤 방법이 가장 효과적으로 씨앗을 퍼뜨리는지 확인한다.

이것은 자연 선택 개념과 그 문제점을 파악하는 강력한 방법이다. 학생들은 주변 세상을 기억해야 할 기존 사실로 보는 것에서 그치는 게 아니라 미래 가능성에 도움을 줄 새로운 옵션을 만들어낸다. 내면에 이러한 재능을 갖춘 미래의 혁신가는 주변을 둘러보며 새로운 해결책을 찾

재스퍼 존스, 〈3개의 깃발Three Flags〉(1958)

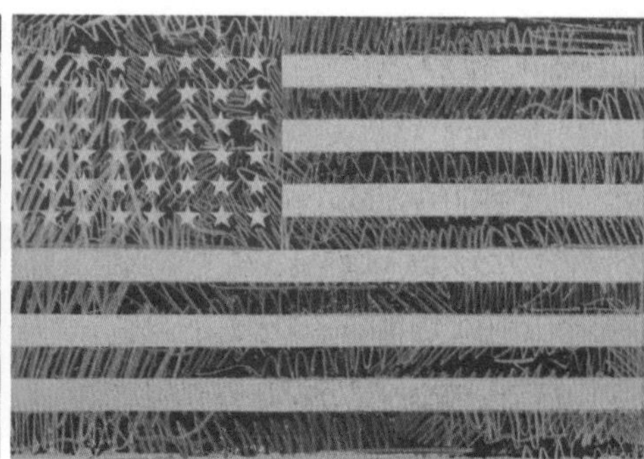

〈깃발〉(1967, 1970)

〈흰 깃발〉(1960)

〈깃발(활동 중단)〉(1969)

〈깃발〉(1972, 1994)

는다. 항해하는 씨앗들 실험에 참여한 아이들은 스스로 새로운 창조를 시도해보고 자연의 의도를 제대로 이해한다.

설령 답이 정해져 있어도 학생들은 창의적인 교육으로 그 답에 이르는 여러 방법을 찾는다. 1965년 저명한 물리학자 리처드 파인먼은 캘리포니아주 교과 과정 위원회로부터 수학 교과서를 검토해달라는 부탁을 받았다(당시 그가 받은 교과서의 양이 무려 너비 약 5.5m에 무게 226kg에 달한다고 투덜댔다). 그는 교사가 학생들에게 한 가지 문제 해결 방법만 가르치는 현대적인 수학 교수법에 문제가 있다고 생각했다. 그래서 그는 학생들이 올바른 해결책에 이르는 방법을 최대한 많이 찾도록 지도해야 한다고 주장했다.

> 수학 교과서로 우리가 바라는 것은 모든 문제를 해결하는 특정 방법을 가르치는 게 아니라, 원래의 문제가 무엇인지 알려주고 학생들이 직접 답을 찾을 여지를 훨씬 많이 남겨두는 것이며 (…) 우리는 사고의 경직성을 없애야 하고 (…) 학생들에게 문제 해결을 위해 많이 생각할 자유를 주어야 하며 (…) 이처럼 수학을 제대로 활용할 줄 아는 학생들이 결국 주어진 상황에서 답을 찾는 새로운 방법을 창안해낸다.[4]

학생들에게 다양한 대안을 찾는 방법을 가르쳐주는 효과적인 전략은 벌집에서 서로 다른 거리로 날아가는 훈련을 시키는 것이다. 기업이 점진적인 업데이트부터 파격적인 연구 개발까지 다양한 방법을 쓰듯 학생들도 벌집에 가까이 머무는 것부터 최대한 멀리 날아가 보는 것까지 다

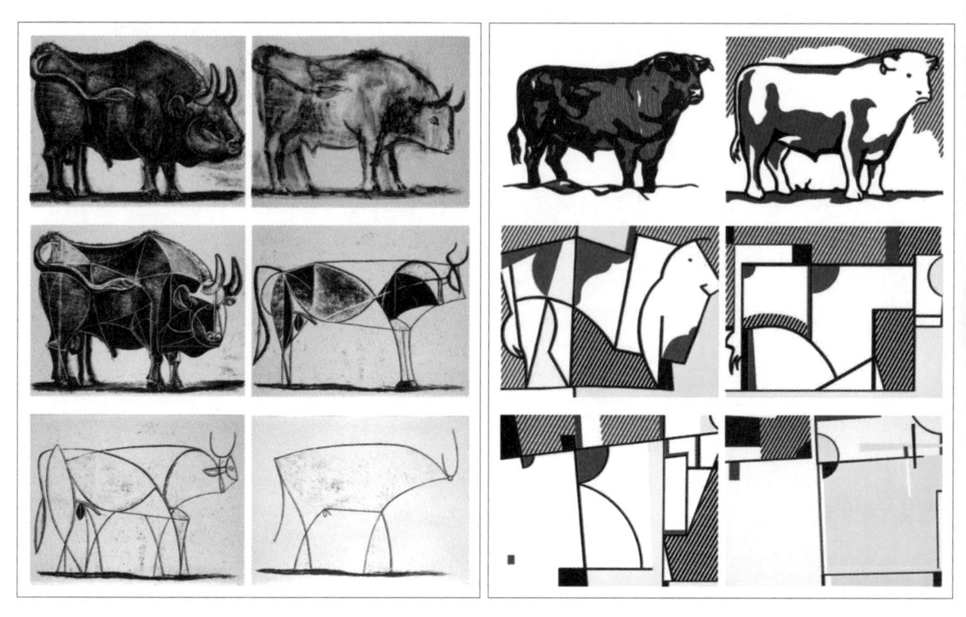

피카소(1946, 왼쪽)와 리히텐슈타인(1973, 오른쪽)의 황소 시리즈

양한 방법을 쓰게 해야 한다. 이 과정에서 학생들은 장차 창의적인 일에 융통성 있게 대응할 능력을 쌓는다.

벌집에서 성공적으로 멀리 날아가는 원칙은 피카소와 로이 리히텐슈타인의 황소 시리즈에 잘 나타나 있다. 두 화가 모두 사실적 이미지로 시작했으나 각기 서로 다른 방향으로 멀리 날아갔다. 피카소는 황소의 몸을 점점 줄여 꼭 필요한 선만 남겼고, 리히텐슈타인은 황소의 몸을 점점 추상화해 색색의 기하학 형태만 남겼다. 두 황소 시리즈의 마지막 이미지만 보면 원천과 크게 달라진 것에 놀라지 않을 수 없다.

벌집에서 서로 다른 거리로 날아가는 일의 가치는 미국 라이스 대학교의 한 강의실 프로젝트를 보면 잘 알 수 있다. 한번은 학생들에게 개발 도상국의 건강 위기 문제를 해결해보라는 과제가 주어졌다. 매년 수십만 명의 아이가 설사에 따른 탈수증으로 목숨을 잃는 문제를 해결하라는 것이었다. 탈수를 막으려면 정맥 주사용 수액을 놓아야 하는데 재원이 부족한 개발 도상국 병원에는 링거 투여량을 정확히 측정해줄 값비싼 장비가 없었다. 또 모든 환자를 면밀히 모니터할 재원이 부족하다 보니 아이들이 수액을 맞다가 수분 과다 공급 상태에 빠져 목숨을 잃을 위험이 높았다. 이 문제를 해결하고자 라이스 대학교 학생들은 전기 공급이 불안정한 상태에서도 저렴한 비용으로 쓸 수 있는 수액 장치 개발에 착수했다. 그들은 손쉬운 아이디어를 찾다가 곧 벌집에서 멀리 날아갔고 결국 쥐덫이라는 뜻밖의 해결책을 생각해냈다.

그들의 장치를 보면 한쪽 끝에 수액 봉투가 매달려 있고 다른 쪽 끝에는 평형추가 달린 막대에 레버가 연결돼 있다. 임상의는 평형추를 조정해 정확한 수액 투여량을 정한다. 수액이 정해진 투여량 이상 떨어질 경우 곧바로 레버가 내려가고 쥐덫이 작동해 탁 닫히면서 수액이 흐르는 관을 차단한다.

이 장치를 직접 실험해보고 싶어 한 학생들은 적절한 의료 서비스를 제공하고자 고군분투하는 아프리카 국가 레소토와 말라위까지 날아갔다. 임상의는 그들의 수액 주사를 몹시 쓰고 싶어 했지만 쥐덫에 손가락을 다칠까 염려했다. 학생들은 보다 안전하게 수액관을 차단할 방법을 고민했다. 그들은 3D 프린터로 플라스틱 뚜껑도 만들고 연구실에 있는 이런저런 잡동사니로 온갖 실험을 해보았다. 하지만 그 어떤 것도 쥐덫만 못했다. 결국 그들은 강철 압축 스프링을 이용해 덜 위험한 대체품을 만들어냈다.

말라위에서 학생들은 또 다른 결함을 발견했다. 수액 장치가 제대로 작동하려면 수액 봉투가 환자 머리 위 1.5m 위치에 있어야 했다. 평형추 역시 그 높이에 위치해야 했으나 그것이 너무 높아 의료진이 평형추를 조정하기가 힘들었다. 브레인스토밍 과정 중에 한 학생이 레버를 두 갈래로 나눠 수액 봉투는 높이 달고 평형추는 낮게 단 뒤 둘 사이를 막대로 연결하는 방법을 생각해냈다. 그제야 평형추를 조정하는 게 쉬워졌다.

학생들은 다시 말라위로 가서 현장 답사에 나섰다. 보고서에 따르면 그들의 수액 장치는 사용법을 익히는 데 평균 20분이 걸리지 않았고 설치도 마찬가지였으며 100회 사용 후에도 정확히 작동했다.[5] 전기 수액 장치는 보통 대당 수천 달러지만 학생들은 그것을 80달러로 만들었다. 과감하게 벌집에서 서로 다른 거리까지 날아가 본 덕분에 해결하기 힘든 문제를 해결한 것이다.

실패와 도전을 장려하는 교육

잘 알려진 한 실험에서 스탠퍼드 대학교 심리학 교수 캐럴 드웩은 일단의 아이들을 대상으로 수학을 테스트했다. 테스트가 끝난 뒤 아이들 절반은 점수 측면을, 나머지 절반은 노력 면에서 칭찬을 해주었다. 이어 드웩은 아이들에게 좀 더 난이도가 높은 테스트를 해보고 싶지 않느냐고 물었다. 그때 노력을 칭찬받은 아이들은 그 도전을 받아들였다. 반면 점수를 칭찬받은 아이들은 뒷걸음쳤다. 자신의 평판이 떨어질 수 있는 상황을 받아들이고 싶어 하지 않은 것이다. 드웩은 성과를 많이 칭찬하는 것이 결국 본의 아니게 학생들의 도전 욕구를 꺾는다는 결론을 내렸다. 이것은 우리에게 결과가 아닌 노력을 칭찬하라는 교훈을 준다.[6]

학생들이 결과에만 집착하는 것에서 벗어나려면 익숙한 길에서 일탈할 기회를 누려야 한다. 비디오 게임에서 사용하는 용어인 '샌드박싱Sandboxing'은 경쟁하기 전에 먼저 새로운 차원에서 여러 옵션을 시도해 본다는 뜻이다. 즉 실제로 게임에 들어가기 전에 먼저 각종 기술과 전략을 실험해본다는 의미다. 샌드 박싱 접근 방식은 창의적인 과제에도 적용할 수 있다. 학생들에게 뭔가 창의적인 일을 다양하게 해보라고 하되 점수를 매기지 않고 그냥 평만 해주는 식이다. 이 경우 학생들은 자신이 하고 싶은 일을 골라 완성한다. 이 과정에서 학생들은 다양한 옵션을 만들어볼 뿐 아니라 불이익을 당하지 않고 모험할 기회도 얻는다.

모험을 하다 보면 해답이라는 안전망 없이 문제에 도전하는 고공 줄타기를 하는 경우도 많다. 결론이 뻔한 문제조차 위험부담은 있는데 이는 자신의 길을 찾는 것은 어디까지나 학생들의 몫이기 때문이다. 고전적인 달걀 떨어뜨리기 실험을 예로 들어보자. 지침은 달걀의 안전한 낙하를 도와줄 낙하산을 만들라는 것이다. 이것은 성공하기가 쉽지 않은 도전이다. 학생들은 중력과 공기 저항 법칙을 제대로 이해하고 공학 원칙을 잘 살펴봐야 한다. 직접 시범을 보이는 날 학생들은 높은 곳에 올라가 자신이 만든 장치를 떨어뜨린다. 모든 장치가 첫 번째 시도에서 안전하게 떨어지는 것은 아니지만 이 또한 연습의 일부로 받아들인다.

만일 어떤 학생의 달걀이 깨졌다면 그 학생에게 원인을 분석하게 해야 한다. 너무 빨리 떨어졌을 수도 있고 완충 상태가 불충분했을 수도 있다. 그런 다음 낙하 장치를 다시 만들어 재도전하게 한다. 중요한 것은 시도 횟수가 아니라 좌절하지 않고 성공할 때까지 계속 밀어붙이는 일이다.

모든 문제에 단 한 가지 정답만 있는 것은 아니다. 이 교훈은 학생들에게 슈퍼 폰트Super-Font 같은 것을 만들게 하면 금방 알 수 있다. 표준 글꼴에서 일부 글자와 숫자는 워낙 비슷해 보여 구분하기가 어렵다. 스마트폰이나 컴퓨터 스크린상에서는 더욱더 그렇다. 예를 들어 5와 S는 구분하기가 쉽지 않다. B와 8, g와 q도 마찬가지다. 이런 글자와 숫자의 모양을 바꿔 시각적 차이를 극대화하려는 것이 슈퍼 폰트를 만드는 이유다. 이것은 정해진 해결책이 없는 창의적인 프로젝트로 학생들은 어릴 때부터 직접 도전해볼 수 있다.

학생들에게 현실 세계 문제를 해결하도록 하는 것도 위험을 감수하고 도전할 기회를 주는 또 다른 방법이다. 이 경우 해답은 주어지지 않는다. 이를테면 NASA의 '화성을 상상하라Imagine Mars' 프로젝트에서는 학생들에게 인간이 다른 행성에서 살아가는 데 필요한 지침을 생각해보라고 제시한다. 이 경우 학생들은 숙소, 식량과 물, 산소, 교통, 쓰레기 처리, 일자리 등 인류 공동체가 지구에서 살아가는 데 필요한 것을 철저히 분석한다. 이어 그것을 열악한 화성 환경에 이식하려면 어찌해야 하는지 생각한다. 숨은 어떻게 쉴 것인가? 쓰레기는 어떻게 처리할 것인가? 운동은 어디서 할 것인가? 이 과정에서 학생들은 컵과 탈지면, 레고, 담배 파이프 청소 도구 같은 물질로 그들 나름대로의 공동체를 만들어본다. 이처럼 학생들은 최첨단 과학을 궁리하면서(NASA는 몇십 년 내에 화성에 인류를 이주시킬 계획이다) 미해결 문제에 내재된 위험을 감수하는 경험을 한다.

창의적인 성인이라면 사회 번영을 위해 학생들에게 오답을 두려워해 움츠러들지 말고 과감히 위험을 감수하라고 격려해주어야 한다. 아이들이 자신의 모든 지적 자본을 성공을 보장받는 안전한 일에만 투자하는 게 아니라 보다 다양하고 위험한 일에도 투자하게 해야 한다.

혁신의 주인공으로 만드는 동기 부여의 힘

강력한 동기 부여는 교육 과정에서 과소평가하는 것 중 하나다. 실은 동기 부여에 따라 결과에 커다란 차이가 나타난다. 학생들이 최선을 다하도록 격려해주는 것은 일상적인 교육 과제 중 중요한 부분이다. 이때 요령은 기본적인 동기 부여책을 잘 활용하는 데 있다.

의미 있는 일을 하게 하라

학생들에게 현실 세계 문제를 해결할 기회를 주는 것은 창의성을 북돋우는 고무적인 방법이다. 대부분의 개발 도상국에서 호흡 부전은 일반적인 유아 사망 원인 중 하나다. 산소 호흡기가 있긴 하지만 아기들이 몸을 뒤척일 때 간혹 호흡용 튜브가 아기에게 제대로 부착되지 않는 문제가 발생한다. 휴스턴 고등학교에서는 학생 21개 팀에게 이 문제를 해결과제로 제시했다.

학생들은 이 프로젝트를 단계별로 수행했다. 먼저 주제를 연구했는데 주제는 유아 호흡 부전의 원인과 규모였다. 이어 기존 해결책을 면밀히 살핀 뒤 비용, 안전성, 내구성, 사용 편의, 관리 등의 요소를 검토하면서 자신들의 해결책을 만들기 위해 머리를 맞댔다. 각 팀은 3~5가지 옵션을 생각해냈고 마지막으로 가정용 물품으로 시제품을 만들어 테스트에 들어갔다.

최종 디자인은 기발하면서도 단순했다. 아기의 모자에 달린 좁고 긴 구멍에 호흡용 튜브가 연결되도록 한 것이다. 이것은 천을 두 번 자르는 것으로 가능했다. 비교 실험을 해본 결과 그들의 '호흡 모자Breathing Cap'가 기존 장비보다 성능이 더 뛰어났고 사실상 제작비도 거의 들지 않았다. 생명을 구하는 데 필요한 건 그저 일반적인 아기 모자와 가위가 전부였다. 성인이 해결해야 할 문제를 10대들이 해결한 셈이다.

의미 있는 일을 하는 것은 학생 자신에게도 도움을 준다. 몇 년 전 건축가이자 디자이너인 에밀리 필로턴은 영어가 모국어가 아닌 학생이 대다수인 캘리포니아주 버클리에 있는 한 자율형 공립 학교에서 8학년 학생을 대상으로 프로젝트를 진행했다. 학교 당국의 허가를 받아 빈 교실 하나를 빌린 필로턴은 8학년 학생들에게 그 교실로 무얼 하고 싶으냐고 물었다. 그 학교에는 도서관이 없었고 학생들은 그곳을 도서관으로 만들면 좋겠다고 했다.

필로턴은 학생들과 함께 지역 공립 도서관을 견학한 다음 모두에게 교실 평면도를 내준 뒤 도서관을 어떻게 만들고 싶은지 물었다. 열띤 토론이 뒤따르면서 또 다른 문제가 떠올랐다. 어떻게 그 많은 아이디어를 한데 모아 실행 가능한 계획으로 만들 것인가? 학생들은 융통성을 극대화하기 위해 다용도로 사용 가능한 책장을 디자인하기로 결정했다. 그들은 몇 주 동안 합판과 판지로 그 아이디어를 다양하게 실행한 끝에 마침내 단순한 해결책을 찾아냈다. 그 해결책은 십자형 책장이었고 학생

한 학생이 X 스페이스에 쓸 책장을 만들고 있다.

들은 합판으로 그 책장을 수십 개 만들었다.

십자형 책장을 전부 옆으로 눕히자 X자 더미가 만들어졌다. 학생들은 다시 머리를 짜내기 시작했다. 책장을 똑바로 세우지 않고 45도 각도로 기울이면 어떨까? 그러면 특별히 볼 생각이 없던 책을 접할 수도 있다. 만일 찾는 책이 맨 아래에 있으면 다른 책을 모두 들어내는 것은 물론 책 제목을 읽기 위해 고개를 한쪽으로 기울여야 한다. 한 학생이 X는 대수에서 미지의 변수를 가리킨다며 도서관이란 결국 사람들이 잘 모르는 것을 알아내고자 찾아가는 곳이라고 했다. 학생들의 도서관은 가히 X 스페이스X-Space라고 불릴 만했다.

도서관 이름은 X 스페이스로 정해졌고 다음 몇 주 동안 학생들은 도서관 주벽을 X 모양 책장으로 가득 채웠다. 그들은 도서관 안에서 쓸 책상 다리도 X 모양으로 만들었다. 일부 X 모양 선반은 교실 여기저기에 그대로 두어 추가로 리모델링할 때 쓰기로 했는데 덕분에 X 스페이스 도서관은 늘 모습이 조금씩 변했다. 이처럼 학생들은 그 공간을 발견과 탐구를 위한 곳으로 만들었다.

콜로라도주 캐슬록의 한 커피숍에서 열리는 일종의 시 낭송회 '포이트리 슬램Poetry Slam(창작 글을 역동적으로 낭독하는 것.-옮긴이)의 밤'에서 무대에 오르는 사람들은 성인 작가가 아니라 지방 학교에서 온 6학년 학생들이다.[7] 그들에게는 사회 문제를 주제로 시를 짓는 과제가 주어지고 이곳에서 그 시를 모아 공개한다. 이때 한 명씩 앞으로 나와 어른의 삶 전반과 관련된 시를 낭송한다. 12세의 한 학생이 자기 엄마를 소재로 한 시를 낭송했다.

> 지난날의 내 여정은 힘겨웠다.
> 오랜 시간 그녀는 늘 멀리 있었다.
> 음주와 일, 이혼 서류, 돈 때문에.
> (…) 나는 내 삶에서 가장 중요한 사람을 잃었다고 생각했다.
> 아무도 날 이끌어주지 않고, 아무도 내게 말을 걸지 않는다.
> 내 가장 친한 친구.
> 그렇지만 나는 미소 짓는다.

이 교육 과정은 '아웃워드 바운드Outward Bound' 모델, 즉 교실을 벗어나 모험을 함으로써 세상을 살아가는 법을 배우는 모델에 기초한다. 최근 한 프로젝트에서는 초등학교 4학년 학생들이 한 야생 동식물 보호 구역을 수몰 지구로 정해 저수지를 확대하는 계획을 다룬 다큐멘터리 영화를 제작했다. 학생들은 이 계획의 양면을 모두 들여다보며 '인간의 발전과 거기에 이미 살고 있는 생명체의 보호 중 어느 것이 더 중요한가?'라는 질문을 던졌다. 이후 지역의 한 영화관이 이 다큐멘터리를 상영했다.

또 다른 프로젝트에서는 학교 측이 나이 든 시민을 '생명은 예술이다 Life is Art' 페스티벌에 초대하는데, 학생들은 매년 개최하는 이 페스티벌에서 직접 만든 예술품을 한 점 이상 전시한다.

진보적인 교육 철학 아래 아이들이 창의적인 활동으로 자신의 관심사를 탐구하게 하는 발도르프Waldorf와 레지오 에밀리아Reggio Emilia 기관 같은 유치원이나 초등학교도 이와 유사한 전략을 따른다. 가령 학생들의 작품을 건물 복도에 전시하는 원칙을 고수한다. 관객층을 넓히기 위해 일부 K-12(유치원부터 우리의 고3에 해당하는 12학년까지를 인터넷으로 연결해 교육하려는 미국의 정보 교육 프로젝트. -옮긴이) 캠퍼스는 서로 협력해 화상 회의 시스템으로 시와 소설 낭송회나 연합 전시회를 연다.

이때 공공 기관에서는 학생들의 작품을 위해 각종 문화 시설이라는 보다 큰 광장을 제공할 수 있다. 실제로 많은 박물관과 공항이 정기적으로 작품 전시회를 개최해 학생들의 마음에 열정을 불어넣는다. 온라인 세계에서는 훨씬 더 규모가 큰 플랫폼을 조성한다. 예를 들어 미국의 '모두가 예술가다'라는 사이트(Everyartist.me)는 학생들의 온라인 작품 전시를 지원한다. 최근 매년 열리는 전국적인 예술의 날에 하루에만 무려 23만 명이라는 세계 최대 온라인 작품 전시 기록을 세우기도 했다. 기술 분야는 MIT 미디어 연구소가 만든 웹사이트에서 학생 수백만 명이 교육용 소프트웨어 스크래치로 제작한 프로젝트를 전시한다.

우승 상금을 타라

지금 선진국에서는 비만이 전염병처럼 번지고 있지만 사람들이 운동을 하게 만드는 것은 무척 힘든 문제다. 당신이라면 이 문제를 어떻게 해결하겠는가? 이것은 영국의 한 초등학교 학생 일곱 명에게 부여한 과제이자 기초 컴퓨터 과학 지식을 일선 학교에 제공하는 라즈베리 파이 재단이 주최하는 연례 경진 대회에서 내준 과제다.

이 팀은 로봇 개를 만드는 일에 초점을 두었다. 로봇 개라면 재미있는 운동 친구가 될 거라고 본 것이다. 아이디어를 짜낸 끝에 학생들은 로봇 개에 달린 거리를 체크해주는 측정 장치, 응급 처치를 해줄 의료 장치, 무언가를 떨어뜨렸을 때 찾아주는 탐지 장치, 음악을 들려주는 스피커, 어둠 속에서 길을 밝혀줄 조명 장치를 넣는 생각을 했다. 그런 다음 운동할 마음이 들도록 주인을 격려해주는 로봇 개를 만들기로 결정했다.

학생들은 신용카드 크기의 라즈베리 파이 컴퓨터를 이용해 펄프에 아교를 섞어 굳힌 종이 반죽으로 로봇 개를 만들었고 모든 배선과 프로그래밍 작업은 물론 음성 녹음 작업도 직접 했다. 그렇게 탄생한 핏독FitDog은 결승까지 올라 최종 우승했다.

인정과 물질적 보상이라는 인센티브를 부여하는 경진 대회는 좋은 동기 유발 요인이다. 가령 라즈베리 파이 재단이 주최하는 경진 대회에는 그동안 수십 개 팀이 참여해 시선으로 컴퓨터 커서를 움직이는 신체 장애인용 안구 추적 소프트웨어부터 처방약 자동 디스펜서까지 상상력이 풍부한 여러 프로젝트를 만들어냈다.

또 다른 유명한 경진 대회로는 창의력 올림피아드를 꼽을 수 있는데, 이 대회는 학생들이 참여해 창의적인 문제 해결책을 찾아내는 국제적인 과외 활동 프로그램이다. 학부모 코치는 물자 공급과 감독만 할 수 있고 나머지 모든 일은 학생들이 직접 해야 한다. 매주 열리는 팀 미팅은 지역 토너먼트로 이어지고 거기서 승리한 팀이 전국 결승전에 나간다.

라즈베리 파이와 창의력 올림피아드 같은 유명한 프로그램은 경진대회가 강력한 동기 부여 방법이라는 것을 잘 보여준다. 대회에 참가한 학생들이 수준 높은 문제 해결책을 찾고 상금을 타기 위해 전력투구하기 때문이다.

• • •

교실 안에서 많은 것을 만들어낼수록 학생들은 그만큼 더 자기 세계를 스스로 만들어간다고 생각한다. 이것은 창의적인 교육의 목표이기도 하다. 교실 안에서 전례가 답이 아닌 일종의 도약대로 주어질 때 모든 것이 활기를 띤다. 학생들이 한 가지 해결책만 생각하는 게 아니라 여러 가지 옵션을 만들게 하라. 안전한 길과 함께 기꺼이 위험한 길도 가게 하라. 안으로든(의미 있는 도전으로) 밖으로든(관객과 보상으로) 학생들에게 동기를 부여하고 격려해주어라. 창의적 사고를 길러주는 교과 과정은 아이들이 상상력의 관광객에 머물지 않고 안내자가 되게 한다.

창의성 교육에서 그 누구도 배제되어서는 안 된다

미국 남북 전쟁이 끝나갈 무렵 무장 괴한들이 미주리주의 한 농장을 급습했다. 그들은 한 흑인 여자와 그녀의 어린 아들을 납치해 인질로 삼았다. 농장 주인은 상으로 받은 경주마를 내주고 아이를 돌려받았으나 그 아이의 엄마는 이미 다른 사람한테 팔려버려 소식을 알 수 없었다. 그렇게 납치되었다가 돌아왔을 때 아이는 백일해를 심하게 앓고 있었다. 결국 몸은 회복되었지만 훗날 스스로 술회했듯 그는 늘 생사를 오가는 전쟁 속에서 어린 시절을 보냈다.

당시의 관례대로 아이는 농장주인 모지스 카버와 수전 카버 부부의 성을 따랐다. 그 아이, 즉 조지 워싱턴 카버는 나중에 의회에서 자신의 창의성을 발휘해 남부의 농부가 번영하려면 땅콩을 재배해야 한다는 주장을 폈다.

혁신가는 대체 어디에서 나올까? 생각 가능한 모든 배경에서 나온다. 다음에 어떤 새로운 아이디어가 나올지 예측 불가능하듯 그 아이디어가 세계 어디에서 나올지 예측하는 것도 불가능하다. 어떤 사회에서는 타고난 재능을 다른 재능에 비해 선호하지 않는다. 50년에 걸친 창의력 테스트에 따르면 가난한 집안 아이나 소수 집단 아이도 창의력 면에서 다를 것은 없다. 창의력 면에서 그들은 부유한 집안 아이와 아무런 차이가 없다.[8]

그런데 우리는 대개 음악 레슨이나 과학 박물관 방문 같은 활동에서 특정한 아이에게 더 많은 관심을 보이고 나머지 아이에게는 눈길도 주지 않는다. 창의적인 교육은 출신지에 따라 달라져서는 안 된다. 다시 말해 어떤 지역의 씨앗이든 골고루 물을 주어야 한다.

16세기 나폴리를 생각해보자. 당시 고아와 극빈 가정 자녀는 교회 자선단체가 운영하는 보육원의 보호를 받았다. 나폴리의 종교 단체는 그렇게 돌보는 아이들에게 '시장성 있는 기술'을 가르치는 걸 의무처럼 여졌다. 오늘날이라면 그 기술은 아마 컴퓨터 프로그래밍 정도였을 것이다. 그 시절 시장성 있는 기술은 즉흥 연주였다. 음악 수요가 워낙 높아 잘 훈련 받은 연주자는 시내 오페라 하우스나 성당 혹은 귀족의 사교 모임에서 배경 음악을 연주해 괜찮은 수입을 올렸다(음악 학교를 뜻하는 '콘세르바토리Conservatory'는 고아원을 의미하는 이탈리아어 'Conservatori'에서 유래했다). 학생들은 즉흥 연주의 기초, 즉 짧은 패턴인 파르티멘티Partimenti로 가득한 매뉴얼을 사용해 즉흥 연주법을 배웠다. 또 짧은 패턴에 변화를 주고 유연하게 결합해 음악을 즉흥 작곡하는 법도 배웠다.

나폴리의 콘세르바토리는 점점 유럽 전역에서 수업료를 내고 배우는 학생들을 받기 시작했다. 그래도 어려운 집안 아이들을 돕는 걸 중단하지는 않았다. 18세기 말에는 콘세르바토리의 뛰어난 졸업생 가운데 상당수가 어려운 집안 출신이었다. 예를 들어 한 아이는 아버지가 교회 건축 공사 중에 추락사한 벽돌공이었다. 그 아이, 즉 도메니코 치마로사는 훗날 러시아 예카테리나 2세와 오스트리아 요제프 2세를 위해 일하는 궁정 음악가가 되었다.[9]

교육가 벤저민 블룸은 이런 말을 했다.

"미국을 비롯해 해외에서 40년간 강도 높은 조사를 해본 결과 내가 내린 결론은 이것이다. 어떤 사람이 배울 수 있는 것이면 거의 모든 사람이 배울 수 있다. 적절한 학습 환경만 조성해준다면 말이다."[10]

그러나 인류 역사에서 나폴리의 예는 원칙이 아닌 예외적인 경우였다. 인류가 창의적인 자본을 제대로 활용하지 못하는 것은 사회 계급 제도에만 국한된 현상이 아니다. 인류 역사상 대부분의 기간 동안 그리고 지금도 세계 도처에서 인구의 절반도 넘는 사람이 성별 때문에 교육과

직업 면에서 발전을 거부당하고 있다. 신동인 나넬 모차르트는 남동생 볼프강 모차르트와 함께 유럽 투어를 다녔는데 매번 관심을 끈 것은 주로 그녀였다. 그런데 그녀가 결혼할 나이가 되자 그녀의 부모는 음악가로서의 삶을 막아버렸다. 수학가 에이다 러브레이스는 컴퓨터 프로그래밍 원칙을 내놓으면서 필명으로 자신이 여성이라는 걸 숨겼다. 수학 분야에서 그녀의 통찰력은 워낙 시대를 앞서 나가 동료들은 그 원칙을 대체 어찌 받아들여야 좋을지 알 수 없었다. 한 세기도 더 지난 뒤 남성 프로그래머들은 그녀의 컴퓨터 모델을 재창조했다. 셜리 워커는 할리우드 여명기에서 70년이 지난 뒤에야 스튜디오에서 제작한 주요 영화에 쓸 영화 음악을 작곡하고 지휘한 최초의 여성이 되었다. 그녀는 지금까지도 열외자로 남아 있는데 이는 미국에서 출시한 500대 히트 영화의 영화 음악 가운데 여성이 작곡한 것은 12곡에 불과하기 때문이다.[11] 1963년 사회 인류학자 마거릿 미드는 '남성과 여성은 창의력 면에서 어떤 차이가 있는가?'라는 의문에 다음과 같이 답했다. 그녀의 답은 지금까지도 굉장히 유효적절한 답으로 여겨지고 있다.

> 여성에게 모든 학문 분야에서 남성과 대등한 역할을 해주길 기대하는 동구권 국가에서는 많은 여성이 예전에 미처 몰랐던 능력을 발휘하고 있다. 우리는 지금 자신의 재능을 창의적으로 사용하려는 여성에게 그럴 여지를 주지 않거나 심지어 불이익을 주어 인류의 재능 중 절반이 사장될지도 모를 위기에 처해 있다.[12]

인류의 상당수를 소외시키는 바람에 우리는 지금 막대한 창의력 자본을 낭비하고 있다. 그 많은 사람의 타고난 창의력을 묵살한 결과 우리는 지금 어떤 것을 발견할 기회를 놓치고 있고 또 어떤 통찰력을 잃고 있는가? 어떤 문제가 미해결 상태로 남아 있는가? 그걸 아는 것은 불가능하다. 분명한 사실은 우리가 더 많은 씨앗을 뿌리고 가꿀수록 그만큼 더 인간의 상상력을 많이 수확할 수 있다는 점이다.

예술은 더 나은 혁신가를 만든다

창의력은 인류 발전 과정의 원동력이지만 극히 소수만 자신의 창의력을 최대로 이끌어낼 기회를 얻는다. 그중에서도 예술 분야만큼 창의력을 잘 발휘할 수 있는 분야도 없다. 부유한 대학 학생들은 음악과 무용, 시각 미술, 연극 등을 배우는 경우가 많지만 가난한 대학은 예술 교육을 자원 낭비로 여기는 경우가 많다. 2011년 미국 국립 예술 기금은 대졸자를 대상으로 설문 조사를 했는데 학창 시절 어떤 형태로든 예술 교육을 받은 적이 있는지 묻는 질문에 소수 집단 출신 학생 4명 중 3명이 '아니오'라고 답했다.[13]

젊은 학생이 창의적인 사고를 하려면 예술이 필요하다. 예술이 그 공개적인 특성 덕분에 혁신의 기본 툴을 가르치는 데 적합하기 때문이다. 예를 들어 조각가 알베르토 자코메티의 작품에 사용한 소형화 전략은 미국인 발명가 에드윈 랜드의 자동차 앞 유리 섬광 문제를 해결하는 일에 쓰였다. 또한 피카소의 입체파 그림에 나오는 연속적인 영역 해체는 휴대 전화 송신탑에 반영했고, 화가 프리다 칼로의 상처 입은 사슴(그녀의 얼굴을 사슴 몸에 갖다 붙임)에서 볼 수 있는 '섞기'는 유전자를 조작한 거미염소에 그대로 나타났다.

창의적인 사고방식의 모든 측면은 예술로 가르칠 수 있다. 말하자면 예술은 휘기, 쪼개기, 섞기를 가르치는 신병 훈련소다. 그러나 학교 예산이 빠듯할 경우 관리자는 냉혹한 경제 원칙에 따르는 경우가 많다. 16세기 나폴리와 달리 예술은 좋은 돈벌이 수단이 아니라며 예술 예산을 삭감하는 탓이다.

그렇지만 과학에 집중하는 학교에서도 예술 교육이 경제적 측면에서 도움을 준다는 사실을 받아들여야 할 확실한 이유가 있다. 자동차를 처음 발명했을 때 많은 사람이 창의력을 자동차가 달리도록 하는 데 투자했다. 그러다가 점점 더 많은 사람이 자동차를 구입하자 더 이상 엔지니어링만으로는 충분치 않았다. 사랑받는 자동차를 만들려면 멋진 디자인이 필수였다. 오늘날 대시보드와 시트, 섀시 등은 후드 밑에 숨은 기계장치만큼이나 중요한 요소다.

이와 유사하게 휴대 전화도 처음에는 극소수만 사용했다. 그 시절 사용자 인터페이스는 어설펐으나 기술 혁신 제품이라는 명목 아래 벽돌같이 투박한 디자인은 무시되었다. 물론 오늘날에는 수십억 명이 하루에도 수백 차례씩 자신의 휴대 전화를 들여다본다. 그처럼 사용자 기반이 엄청나다 보니 어설픈 인터페이스 제품은 살아남지 못한다. 애플, 노키아, 구글 같은 기업이 수십억 달러를 쏟아 부어 날렵하고 매끄럽고 깨끗하고 현대적인 디자인을 만들려고 애쓰는 이유가 여기에 있다.

교육자 존 마에다는 특정 기계가 우리 삶에 깊이 파고들수록 그만큼 더 기능뿐 아니라 스타일도 좋아져야 한다고 주장한다.[14] 우리가 쓰는 각종 장치는 성능에다 예술적 미도 갖춰야 하며 그렇지 못하면 버림받는다. 지금 점점 더 많은 기업이 뛰어난 인터페이스의 필요성을 절감하는 중이다. 2015년 말《뉴욕타임스》는 IBM이 1,500명의 산업 디자이너를 채용한다는 기사를 내보냈다. 사람들에게 어필할 새로운 기계를 디자인하기 위한 예술가 집단을 구축한다는 얘기다.[15]

이제 예술과 기술이 서로 연결되면서 형태와 기능이 함께하고 있다. 몇 년 전 텍사스 A&M 대학교의 공학 교수 로빈 머피는 사람들이 로봇과의 소통에 어려움을 겪는다는 걸 깨달았다.

“로봇은 눈 맞춤을 하지 않는다. 어조에도 변화가 없다. 그런데 로봇이 점점 사람들과 가까워지면서 개인 공간을 침범하고 있다.”[16]

로봇이 전복된 자동차나 불타는 건물 안에 갇힌 사람을 구해줄 거라는 믿음을 주려면 기계적 정확성만으로는 충분치 않으며 관심이나 감정적 공감대도 전할 수 있어야 한다. 그래서 로빈 머피는 극장을 인간 감정 연구실로 쓰기로 했다. 그는 연극 강사 에이미 게린과 함께 셰익스피어의 희극《한여름 밤의 꿈》에 하늘을 나는 로봇을 집어넣었다. 요정들이 많이 등장하는 무대 위의 숲속에서 로봇은 요정들의 말 없는 조력자 연기를 했다. 머피의 팀은 실험 효과를 높이기 위해 얼굴과 팔다리가 없어 인간처럼 보이지 않는 로봇을 사용했다. 또 로봇을 위한 ‘몸짓 언어’도 개발했다. 로봇은 행복할 때는 공중에서 뱅뱅 돌거나 위아래로 폴짝거렸고 분노할 때는 몸을 아래쪽으로 급격히 젖힌 채 조심스레 앞으로 나아갔다. 짓궂은 행동을 할 때는 빨리 돌면서 가끔 폴짝거렸다. 로봇은 몸짓으로 감정을 표현하며 관객의 머리 위를 날면서 완벽하게 맡은 연기를 해냈다. 극장에서 엔지니어들은 로봇에게 보다 풍부한 표정을 넣

어주었고 활기찬 기계를 기술과 예술의 사생아로 바꿔놓았다.[17]

창의적인 예술은 위험 감수와 모험을 촉진하는 한 가지 방법이기도 하다. 미국 작곡가 모튼 펠드먼은 언젠가 이렇게 말했다.

"삶에서 우리는 불안감을 피하기 위해 온갖 것을 다 하지만 예술에서는 불안감을 추구해야 한다."[18]

학생들은 과학 시간에 실험 방법을 배운다. 한데 그 실험은 대개 예정된 결과를 목표로 한다. 올바른 과정을 밟기만 하면 늘 예측한 결과에 도달하는 것이다. 예술 시간에도 학생들은 실험 방법을 배우지만 이때는 어떠한 보장도 없다. 해답이 없다 보니 학생들은 건강한 자세로 미개척지를 향해 뛰어든다.

더 나은 예술은 더 나은 엔지니어를 만든다. 그렇지만 예술이 중요한 더 깊은 이유는 따로 있다. 예술이 과학 발전을 유도하는 것을 넘어 문화까지 움직이기 때문이다.

무한한 상상력의 세계

미래 예측은 새로운 사실은 물론 상상으로도 이뤄진다. 예술 작품은 늘 미래로 가는 길에 영향을 주는데 이는 예술 작품이 현실의 역동적인 재편이기 때문이다. 예술 작품은 그렇게 가치를 평가받으며 여론을 미리 살펴보는 시안처럼 쓰이기도 한다. 우리는 실현 가능한 미래를 시뮬레이션하면서 직접적인 체험보다 여기에 더 많이 의지한다. 비용 부담과 위험을 감수하며 실제로 이런저런 아이디어를 시도하지 않고도 평가가 가능해서다. 이와 관련해 소설가 마르셀 프루스트는 이런 말을 했다.

"예술 덕에 우리는 자신의 세상만 보는 게 아니라 세상이 스스로 그 수를 늘려가는 것도 본다."

예술가는 자신의 시뮬레이션을 문화적 구름 위로 업로드해 인류가 현실을 넘어 미래의 가능성까지 보게 해준다. 즉 예술 작품은 항상 여러 가능성에 영향을 주어 이전에 보이지 않던 길을 훤히 비춰준다.

이러한 대체 길은 역사의 흐름에도 영향을 미친다. 나폴레옹은 극작가 보마르셰의 희곡 《피가로의 결혼》이 프랑스 혁명을 촉발하는 데 일조했다고 믿었다. 이 연극에서 하인은 주인 백작보다 늘 한 수 위로 나와 낮은 계층 사람들에게 자신이 주인보다 나을 수 있음을 보여주었다. 이런 이유로 정부 당국이 그토록 신속히 예술을 억누르는 것이다. 일단 어떤 가능성을 업로드하면 그 가능성은 스스로 생명력을 얻는다.

'만일 ~라면 어떨까?' 하는 상상은 세계 정세에도 커다란 영향을 준다. 2차 세계 대전 중 연합군은 새로운 아이디어를 찾기 위해 공상 과학 소설을 면밀히 검토했고, 공상 과학 소설 작가를 모집해 각자의 가장 기발한 가능성을 제시하게 했다. 실행에 옮길 진짜 계획도 아니고 활용하지도 않을 그 가능성이 무슨 큰 비밀이라도 되는 양 추축국에 새어 나가기도 했다.[19] 2001년 9월 11일 발생한 미국 무역 센터 테러 공격 이후에도 몇 년 동안 비슷한 일이 일어났다.

미국 국토안보부는 공상 과학 소설 작가들을 모아 '국가 이익 관련 공상 과학 소설'이란 기치 아래 다양한 테러 공격 예상 시나리오를 만들었다. 그때 참여한 공상 과학 소설 작가 중 하나인 아를란 앤드루스는 다음과 같이 말했다.

"공상 과학 소설 작가는 늘 미래 속에서 산다. 국가 안전을 지키는 이들은 우리가 기발한 아이디어를 떠올리길 원했다."[20]

인간은 워낙 창의적인 종이라 사실과 허구에 의존해 세상을 헤쳐 나간다. 감정과 행동 사이를 지배하는 뇌 속 신경 부위 덕분에 우리는 눈앞의 현실에서 벗어나 멀리 미래 가능성 속으로 나아갈 수 있다. 그래서 시인 에밀리 디킨슨은 "뇌는 하늘보다 넓다"고 했다. 예술은 '만일 ~라면 어떨까?' 하는 끝없는 상상을 바탕으로 한 가지 중요한 기능, 즉 예상하는 세상 모델을 다수 만들어내 보다 넓은 지평을 돌아보게 해주는 기능을 한다.

예술을 통한 교육 혁신

2008년 미국 버몬트주 벌링턴의 H. O. 휠러 초등학교는 완전히 실패한 학교였다. 학교 교정에는 여기저기 맥주병이 나뒹굴었고 공공 기물 파손 행위가 극심했다. 3학년 학생의 17%만 주에서 제시하는 교육 성취 기준을 충족했다. 전체 학생의 90%는 무료 점심이나 할인받은 점심을 먹을 정도로 가난했다. 당연히 부유한 집안 학생은 이 학교를 기피했다. 그곳에서 겨우 1.5km 떨어진 또 다른 초등학교는 이와 정반대로 10%의 학생만 무료 점심이나 할인받은 점심을 제공받았다.

학교를 구하기 위한 한 방법으로 휠러 초등학교는 모든 수업에 예술을 접목하기로 했다. 처음에 교사들이 반대하자 학교 측은 그들이 버몬트주의 다른 어떤 교사보다 더 많이 읽고 쓰는 훈련을 받았음에도 불구하고 학생들은 여전히 받아들이기 힘든 비율로 낙제하고 있다며 설득했다. 어차피 학교 성적이 버몬트주에서 밑바닥이라 다른 방법을 시도해 볼 필요가 있었다.

전략의 핵심은 교사가 활발히 활동 중인 예술가와 함께 수업을 하는 것이었다. 몇 년 지나지 않아 광범위한 교육 과정을 제공한 휠러 초등학교에서는 학생들이 음악, 연극, 댄스, 시각 미술 등 여러 예술 분야에 돌아가면서 하나씩 참여했다. 아울러 기타 창의적인 프로젝트에도 참여했다. 예를 들어 잎사귀 분류와 관련된 과학 수업에서 3학년 학생은 서로 다른 잎사귀를 그린 뒤 그 모양과 잎맥 패턴을 이용해 추상 미술을 만들었다. 또 학생들은 수백 점의 도자기 그릇을 제작해 '그릇 채우기 밤'에 그릇에 수프를 담아 빵과 함께 지역 주민에게 제공했다. 4학년 학생은 함께 뮤지컬을 작곡해 지역 극장을 빌려 공연했다. 학생들은 러시아 화가 바실리 칸딘스키의 그림 각도를 측정했고 판 구조론을 춤으로 표현하기도 했다. 매주 금요일에는 전교생이 참가하는 예술 축제를 열었다.

2015년 3학년 학생의 3분의 2가 주에서 제시한 교육 성취 기준을 넘어섰고 다른 학년의 학업 성취도도 눈에 띄게 좋아졌다. 교내 문화에도 상전벽해 같은 변화가 일어났다. 교사들에 따르면 학생들은 집중력이 높아졌고 등교할 때의 표정도 행복해 보였으며 징계 문제와 무단 결석률이 대폭 줄어들었다. 예술 활동 기간에는 징계를 받을 만한 행동이 평소의 1%에 불과해 교장실이 한가해졌다. 여기에다 학부모의 관심도 높아져 학부모와 교사 정기 회의의 학부모 참석률이 40%에서 90% 이상으로 뛰어올랐다.

지역 주민들은 휠러 초등학교의 이 같은 변화에 주목했다. 한때 붕괴

직전까지 갔던 학교가 버몬트주에서 가장 성공적인 학교로 선정되었기 때문이다. 교내 분위기가 살아나면서 그 일대 지역 주민의 인식도 바뀌었다. 한때 누구나 기피하던 '빈민가 학교'가 누구나 오고 싶어 하는 학교로 탈바꿈한 것이다.

전 세계 수백만 초등학생에게 창의적인 사고는 교과 과정이라는 지평선 저 너머 아득한 곳에 있다. 휠러 초등학교는 그 관점을 혁신해야 하는 이유를 잘 보여준다. 예술가든 과학자든 우리 모두에게는 자신의 창의력을 계발할 기회를 누릴 자격이 있다. 만약 그런 기회를 얻지 못한다면 사회가 우리에게 불완전한 교육을 제공하는 셈이다.

미래의 혁신은 현재의 교육에서 시작된다

초보 운전자 시절 우리는 교통 흐름에 따라 백미러와 사이드 미러를 확인하고 속도계를 주시하며 차선을 바꿀 때 깜빡이를 켜기 위해 신경 쓴다. 그러다가 익숙해지면 라디오를 켜놓고 한 손에 뜨거운 커피 잔을 든 채 배우자나 아이들과 얘기하고 휴대 전화로 통화도 하며 시속 100km 가까운 속도로 달린다. 창의적인 교육 목표도 의식적으로 아이디어를 휘고 쪼개고 섞는 것을 연습해서 그것이 내면화, 습관화해 성인이 된 후에도 계속 이어지게 해야 한다.

창의성은 많은 관중이 보는 운동 경기가 아니다. 적절한 노출과 성취는 가치 있지만 베토벤 음악을 듣고 셰익스피어 연극을 하는 것만으로는 충분치 않다. 학생들은 현장에서 휘고 쪼개고 섞는 일을 해봐야 한다.

많은 경우 교육은 과거를 돌아보고 널리 인정하는 지식과 결과를 찾는 데 집중한다. 사실 교육은 아이들이 디자인하고 만들고 살아갈 미래 세계를 지향해야 한다. 이와 관련해 심리학자 스티븐 나흐마노비치는 이런 말을 했다.

"우리는 교육 분야에서 놀이와 탐구 간의 긴밀한 관계를 잘 활용하고 탐구하기와 표현하기를 허용해야 한다. 또 탐구 정신을 인정함으로써 시도한 일, 테스트한 일, 동질적인 일에서 벗어나야 한다."

우리는 학생들을 훈련시켜 많은 옵션을 만들고 벌집에서 서로 다른 거리까지 날아가며 아직 결과를 알지 못하지만 두려움을 참고 견디도록 해주어야 한다. 사실과 올바른 답만으로는 충분치 않다. 학생들에게 이미 알고 있는 지식을 디딤돌 삼아 스스로 새로운 것을 찾아낼 기회를 주어야 한다. 활발한 상상력만큼 그 가치가 평생 지속되는 능력은 없다. 상상력은 우리가 경험하는 일의 모든 측면에 영향을 준다.

지금부터 몇십 년 후면 우리의 집, 도시, 자동차, 비행기는 현재와 전혀 다른 모습일 것이다. 당연히 새로운 질병 치료법, 새로운 스마트폰, 새로운 예술 작품도 나오리라. 그러한 미래로 향하는 길은 유치원 교실에서부터 시작된다.

13장

창의성 혁명의 시대

최근 국제 우주 연구 프로젝트팀인 브레이크스루 스타샷Breakthrough Starshot이 가장 가까운 별인 알파 센타우리Alpha Centauri로 우주선을 보내는 계획을 발표했다. '우주선' 하면 사람들은 흔히 발사대 위에 서 있는 아폴로 13호 같은 로켓을 상상한다. 그 정도 규모의 우주선이 알파 센타우리까지 가려면 수만 년이 걸리고 가는 도중 단 한 번이라도 오작동할 경우 그걸로 모든 것이 끝난다. 그래서 브레이크스루 스타샷은 다른 대안을 구상 중이다. 이는 거대한 우주선 하나가 아니라 웨이퍼 크기의 탐사선에 작은 돛을 단 초소형 우주선 함대를 쏘아 올리는 방식이다. 이 우주선들은 지구에 있는 거대한 레이저로 추진력을 얻어 광속의 5분의 1까지 가속한다. 물고기 떼처럼 초소형 우주선이 모두 끝까지 살아남지 못할지라도 적절한 수의 우주선이 알파 센타우리에 도착해 자료를 송신

해줄 것으로 기대하고 있다. 익숙한 것을 뛰어넘는 이러한 시도는 지금 곳곳에서 일어나고 있다. 새로운 물건과 교육 제도, 휴대용 첨단 제품 등이 그 좋은 예다.

새로운 것을 추구하는 열의는 절대 수그러들지 않는다. 뇌는 언제나 단조롭고 예측 가능한 것을 거부하라고 우리를 닦달해 이미 아는 것을 새로운 것으로 대체하게 만든다. 그래서 인류는 늘 따분한 현상 유지에 만족하지 않는다. 뻔한 일상에서 벗어나게 만드는 그 힘이 바로 창의력의 토대다.

뇌의 사회적 특성은 창의적인 과정을 촉진한다. 우리는 신체적 접촉뿐 아니라 창의성으로도 서로 연결되어 있다. 그리고 인간은 서로 놀라게 함으로써 관심을 끈다. 혁신이 문화 혈류 속을 흐르는 순간조차 새로운 것을 향한 우리의 갈망은 결코 꺼지지 않는다. 한마디로 우리는 있는 그대로의 상태를 계속 유지하지 못한다.

자연 속에도 창의성의 징후가 도처에 있지만 다른 종의 창의력은 4세 아이의 노래나 모래성과 비교해도 그 빛을 잃는다. 두뇌 속에는 거대한 피질(특히 과도하게 커진 전두엽 피질)이 들어 있어 인간은 아무리 복잡한 개념도 잘 받아들여 다룰 수 있다. 인간은 재규어만큼 빨리 달리지는 못해도 내적 시뮬레이션을 돌리는 능력만큼은 그 어떤 동물과도 비교가 불가하다. 문명 세계는 '만일 ~라면 어떨까?'라는 상상력의 산물로 세대에서 세대를 거치며 계속 축적해온 결과다. 신경 알고리즘에 약간의 변화만 주어도 우리는 세상을 기발한 상상력대로 바꿀 수 있고 그 결과 인류는 다른 종과 전혀 다른 길을 걷는다.

다시 한번 말하지만 새로운 아이디어는 갑자기 하늘에서 뚝 떨어지는 게 아니다. 우리는 경험이라는 원재료를 이용해 새로운 아이디어를 낸다. 인간의 창의력 안에는 끊임없이 이종 교배하는 거대하고 서로 연결된 지식 나무가 있다. 그야말로 모든 것이 모두가 공유하는 인지 도구 세트에 따라 움직인다. 만일 당신이 어떤 이미지를 그래픽 프로그램에 집어넣으면 소프트웨어는 그것이 비행기 사진이든 얼룩말 사진이든 개의치 않는다. 그 이미지에 관한 한 '이미지 회전'이 데이터 작동 알고리즘이다. 마찬가지로 우리의 신경망은 재고 서브루틴Subroutine(프로그램 내에서 필요할 때마다 되풀이해 사용할 수 있는 부분 프로그램. – 옮긴이)을 이용해 정신적 입력 사항을 처리한다. 특허나 음악 리프, 새로운 요리법 또는 다음에 말할 얘기를 생각하든 아니든 우리는 휘기·쪼개기·섞기로 경험이라는 원재료를 바꿔놓는다.

하루를 시작할 때 건물 전면부, 냉장고 내부, 유모차 디자인, 이어폰, 증기 오르간, 벨트, 스마트폰, 배낭, 창유리, 푸드 트럭 등 주변의 창의적인 물건을 떠올려보라. 이 모든 것은 인류의 거대한 발명의 숲에 있는 나무에서 돋아난 잔가지다. 주변의 창의적인 물건은 대개 그 모습을 숨기고 있다. 휴대 전화로 통화하거나 자동차를 운전하거나 노트북 컴퓨터로 이메일을 쓸 때 우리는 여러 세기 동안 축적해온 인류의 창의성으로부터 도움을 받는 셈이다. 우리가 예술 작품을 감상할 때도 이와 동일한 현상을 겪는다. 셰익스피어 원작의 연극 한 편에는 많은 신조어와 은유, 현란한 말장난이 들어 있고 위대한 음악 작품 하나에도 이런저런 휘기·쪼개기·섞기가 들어 있다. 예술은 결코 우리의 나머지 경험과 분리되지 않는다. 그것은 말하자면 보다 정제된 형태의 경험이다.[1]

인류의 혁신은 지속적인 가지 뻗기와 선택에서 생겨난다. 우리는 많은 아이디어를 내지만 그중 일부만 살아남는다. 이렇게 살아남은 아이디어는 다음 발명과 실험의 토대로 쓰인다. 상상력이 풍부한 우리의 재능은 끊임없는 다양화와 걸러냄으로 우리에게 거처할 집을 주고 수명을 크게 늘려준다. 또 어디서나 볼 수 있는 편리한 기계와 서로 도움을 주고받는 방법을 끊임없이 제공한다. 나아가 수많은 노래와 이야기로 우리를 사로잡는다.

새로운 혁명이 다가온다

르네상스 시대에 유럽의 많은 화가가 각종 우화나 성경 이야기에 자주 등장하는 힘과 위엄의 상징인 사자를 자주 그렸다. 그런데 부정할 수 없는 사실은 그들이 그린 사자의 생김새가 이상하다는 점이다.

왜 그럴까? 그 화가들 중 누구도 실제로 사자를 본 사람이 없었기 때문이다. 그들은 유럽에 살고 사자는 지구 반대편 아프리카에 살았으니 그럴 수밖에 없다. 그들이 그린 사자는 다른 화가가 그린 사자를 보고 그린 것이었고 갈수록 실제 정글의 왕 사자와 점점 더 멀어져갔다. 당시에는 자료가 제한적이었고 멀리 여행을 다닐 수도 없었다. 또한 문학으로 접근하는 데도 한계가 있었으며 자신이 속한 세계의 바깥쪽과 교류하는 것도 힘들었다. 그들의 원재료 창고에는 선반이 몇 개 되지 않았다.

하지만 이 모든 것은 순식간에 바뀌었다.

산업 혁명이 세계 역사에서 하나의 전환점이었듯 언젠가 역사학자가 우리 생애에 시작된 '창의성 혁명'을 얘기할 날이 올지도 모른다. 보존

르네상스 시대에 유럽의 화가들이 그린 사자

과 디지털 저장 장치 덕분에 우리는 언제든 꺼내 이용할 수 있는 방대한 규모의 원재료 창고를 건설했다. 휘기와 쪼개기, 섞기를 하기가 한결 더 쉬워진 것이다.

편리하게 흡수하고 처리해 보기 좋게 만들 수 있는 역사는 더 많다.

물론 그게 전부는 아니다. 새로운 아이디어 공유를 통제하는 원칙 또한 변화하고 있다. 대형 강입자 충돌기는 지역 문화를 초월한 연구 사례다. 서로 분쟁 중인 인도, 파키스탄, 이란, 이스라엘, 아르메니아, 아제르바이잔 출신의 과학자가 과학적 진실 추구라는 보다 높은 목표를 내걸고 한 팀으로 뭉쳤다는 얘기다. 이 같은 문화 변화와 함께 컴퓨터 등장으로 창의성이 높아지고 민주화했으며 우리에게는 사진이든 교향곡이든 텍스트든 눈앞에 등장한 것을 다룰 새로운 방법이 주어졌다.

이제 더 이상 위치는 중요치 않다. 인터넷 연결로 사람들 간의 거리가 사라져 더는 바다와 산맥으로 갈라지지 않는 새로운 문화가 등장하고 있다. 지금은 많은 옵션과 원형을 금세 만들어 전 세계에 영향을 주는 것이 과거 어느 때보다 쉽다. 그 모든 것의 영향으로 발전 속도는 더욱 빨라지고 있다.

르네상스는 지적 세계를 위한 주요 변곡점이었지만 우리는 지금 훨씬 더 높은 기어로 변속 중이다. 즉 우리는 더 많은 원재료를 더 빠른 속도로 소화하고 있다. 중세 화가에게는 사자에 대해 직접 경험한 지식이 없었으나 지금은 사자의 게놈까지 속속들이 알려져 있다. 이는 한때 아프리카 한구석에 살다가 전 세계에 널리 퍼진 인간이라는 종의 창의성 덕분이다.[2]

새로운 세상을 위해 창의성에 투자하라

디지털 비서는 점점 우리 삶의 일부가 되어가고 있다. 애플의 시리Siri에게 길 안내나 어휘와 관련된 질문을 던져보라. 아마 웹을 다 뒤져 인상적인 답을 내놓을 것이다. 그녀는 수많은 사실에 초인적으로 접근한다. 물론 그녀에게는 근본적인 한계도 있다. 그녀는 인간이 전화기를 내려놓고 자신의 삶 속으로 떠날 거라는 걸 모른다. 섹스의 즐거움도 모르고 고추의 톡 쏘는 맛도 모른다. 또한 어항 속 같은 자신의 세계에서 살기 때문에 근심 걱정이 없다. 인공 지능 분야에서는 이런 것을 '폐쇄 세계 가정Closed-World Assumption'이라고 한다. 무언가 특정 과제를 위해 프로그래밍하면 그 외의 다른 것은 아무것도 모른다는 의미다.

놀랍게도 인간 역시 동일한 폐쇄 세계 제약 내에서 움직이는 경우가 많다. 우리가 무얼 알고 있든 우리는 기본적으로 그것이 모든 게 끝나는 지점이라고 가정하는 경향이 있다. 정신적으로 우리는 우리의 현실 세계와 연결되어 있다. 이 같은 접근 방식의 한계는 과거는 슬쩍 보면 분명해지지만 미래는 현재와 거의 같다고 상상한다는 점이다.

우리의 할아버지, 할머니는 젊은 시절 도서관이 구름 속에(정보를 클라우드 서버에 저장하는 것을 빗댄 말. –옮긴이) 만들어지리라는 것을 상상도 하지 못했다. 우리의 혈류 속에 새로운 유전자를 주입해 질병을 퇴치하는 것과 주머니 속에 작고 네모난 기계를 넣고 돌아다니면 세계 어느 곳에 있든 인공위성으로 그 위치를 알 수 있다는 것도 마찬가지다.

우리 역시 몇십 년 후 아이들이 자율 주행 자동차를 타고 다니는 모습을 상상하기가 쉽지 않다. 당신의 6살짜리 아이가 혼자 자동차를 타고 학교에 갈지도 모른다. 좌석에 앉힌 뒤 안전벨트를 매어주고 작별 인사만 하면 그만이다. 비상시에 자율 주행 자동차는 앰뷸런스로 변할 수 있다. 만일 당신의 심장이 불규칙하게 뛰기 시작하면 자동차에 내장된 생체 감시 장치가 그것을 감지해 가장 가까운 병원으로 방향을 트는 것이다. 그 자동차 안에 당신만 있어야 할 이유는 없다. 당신이 다른 사람의 자율 주행 자동차를 타고 손발톱 관리를 받거나 치과 예약을 하며 다음 목적지까지 갈 수도 있다. 그야말로 완전한 이동식 사무실인 셈이다.

일단 완전 자율 주행이 가능해지면 굳이 정면을 향한 시트 배치나 핸들은 필요 없다. 자동차 내부는 긴 소파를 놓은 응접실 혹은 달리는 거품 욕조처럼 보일지도 모른다. 그렇지만 우리는 세상이 거의 변하지 않는다고 가정하기 때문에 미래에서 오는 것을 못 보는 경향이 있다.

미래를 상상하는 일에 서툴면 해일처럼 밀려오는 인류의 창의성이 언뜻 멈춘 것처럼 보이기도 한다. 사실 그 해일은 계속 밀어닥친다. 왜냐고? 예술과 과학을 토대로 우리가 아직 오지도 않은 미래 세상을 계속 넘보고 있기 때문이다. 애플의 시리와 달리 우리는 어항처럼 밀폐된 세상에 살고 있지 않다. 우리가 살아가는 세상에는 빈틈이 많은 경계가 있고 그 틈새로 미래의 비밀이 새어 나온다. 그렇게 우리는 현실을 이해하는 동시에 미래도 상상한다. 오늘의 울타리 너머로 끊임없이 내일의 풍경을 바라보는 셈이다.

지금 혁신이 해일처럼 밀려들 여건이 무르익고 있지만 그것이 현실화하려면 사회 도처에 적절한 투자가 이뤄져야 한다. 아이의 창의성을 키워주지 못할 경우 인류가 소유한 장점을 십분 활용하지 못할 수도 있다. 우리는 지금 상상력에 투자할 필요가 있다.

그런 투자를 할 경우 머릿속으로 상상만 하던 미래를 현실화할 수 있다. 지금으로부터 800만 년 전 당신이 우리의 어머니인 대자연과 마주 앉아 대화한다고 상상해보라. 그녀가 말한다.

“벌거숭이 유인원을 만들 생각이야. 그 유인원은 나약하고 성기와 급소를 그대로 노출한 채 서서 돌아다닐 거야. 여러 해 동안 부모의 도움을 받아야 혼자 독립할 수 있지 (…) 네 생각은 어때?”

아마 당신은 그 유인원이 장차 지구 전체를 지배하리라고는 짐작도 하지 못할 것이다. 자연과 마찬가지로 우리는 미래 세상이 어떤 모습일지 또 어떤 새로운 아이디어가 번성할지 알 수 없다. 그런 까닭에 우리는 주변 모든 구역의 씨앗에 골고루 물을 주어야 한다. 그리고 아이들이 교실에서 많은 옵션을 만들고, 기꺼이 위험을 감수하고, 잘못된 답도 창의적으로 만들고, 미래를 향해 이런저런 시험 기구를 맘껏 띄워 보내도록 해주어야 한다. 나아가 개인과 기업이 변화해 새로운 아이디어가 활짝 꽃피고, 서로 다른 거리까지 마음껏 날아가고, 가지치기가 혁신 과정의 일부가 되고, 변화가 표준이 되게 만들어야 한다.

우리는 창의성을 위한 투자가 어디에서 이뤄질지 알지 못한다. 그러나 만약 우리가 미래를 볼 수 있다면 분명 그 풍요로움에 놀랄 것이다.

내일을 위한 기초 공사는 오늘 이뤄진다. 그리고 다음번의 커다란 아이디어는 현재 주변에 있는 것을 휘고 쪼개고 섞는 가운데 나온다. 주변에 있는 많은 재료가 휘고 쪼개고 섞기를 기다리고 있다. 교실과 중역 회의실에 필요한 투자를 하면 창의력은 훨씬 더 큰 힘을 얻을 것이다. 그러므로 다함께 새로운 가능성을 찾아 나서고 새로운 미래 이야기를 써 내려가야 한다.

이제 이 책을 덮고 새로운 세상을 만들어가자.

감사의 말

먼저 라이스 대학교 교수진께 감사하고 싶다. 그들의 지원과 격려가 없었다면 이 책은 나오지 못했을 것이다. 특히 전략적 계획과 디지털 교육 부문 부회장 캐롤라인 레밴더, 인문학 연구센터의 파레스 엘-다흐다와 멜리사 베일러, 셰퍼드 음악대학 학장 로버트 예코비치에게 감사한다. 케이스웨스턴 대학교의 인지 과학자 마크 터너 교수와 캘리포니아 샌디에이고 대학교의 질 포코니에 교수께도 경의를 표한다. 두 분의 개념 혼합 이론은 이 책에 중요한 토대를 제공해주었다.

인터뷰와 통화에 응해준 다음의 모든 분께도 무한한 감사를 드린다.

콜로라도주 캐슬록 소재 르네상스 탐구 학습 아웃워드 바운드 스쿨의 파멜라 코그번과 첼시 존슨, EMC 아츠의 존 웨슬리 데이즈 주니어, 심리학자 겸 교육자인 린지 에솔라, 건축가 데이비드 피셔, 로위 디자인의

CEO 데이비드 해거만, 메이커 미디어의 셰리 허스, 버몬트주 벌링턴 H. O. 휠러 초등학교의 통합 예술 아카데미 교장 바비 라일리와 교사 주디 클리마, 발명가 케인 크레이머, 윌리엄 로 시 오브 이 초등학교의 기술 교사 트레이시 메이헤드, 에르메스 프티 아쉬의 예술 감독 파스칼 머사드, 라이스 360의 클로에 구엔, 카말 샤, 에리카 스케레트, 글로리 에너지의 마이클 파비아, 프로젝트 H의 건축가 겸 디자이너 에밀리 필로턴, 컨티넘 이노베이션스의 앨리슨 라이더와 케빈 영, 카네기멜론 대학교의 로봇공학 디자이너 마누엘로 벨로소와 매사추세츠 엠허스트 대학교의 조이딥 비스워즈, 모나시 대학교의 화학자 베이든 우드.

자신의 작품을 사용하도록 허락해준 다음 분들께도 큰 고마움을 표하고 싶다.

화가 코리 아칸겔, 안사리 X 프라이즈의 스태프, 로이 리히텐슈타인 유산 관리인 프랭크 아빌라 글드먼과 셸리 리, 화가 토머스 바비, 컴퓨터 과학자 겸 디자이너 빌 벅스턴, 건축 연구소의 스티븐 카셀과 에단 포이어, 제니퍼 와첼, 조각가 브루노 카탈라노, 매사추세츠 공과대학의 정광훈, 공학자 조수아 데이비스, 저널리스트 스티브 키촌, 알레시 S. P. A.의 사라 에델먼, 화가 치트라 가네쉬와 사이몬 리, 아더랩의 사울 그리피스와 다이애나 미첼, 누벨라 사의 앨런 카우프만, 발명가 랠프 키트만, 일리노이 대학교 어바나 샴페인 캠퍼스의 체몽 제이 코, 디자이너 제프 크리게, 케임브리지 대학교의 페르 올라그 크리스텐슨과 알토 대학교의 안티 오울라스비르타, 디자이너 맥스 쿨리치, 가구 제조업자 요리스 라만, 로켓플레인 글로벌의 척 라우어, 화가 크리스티안 마클레이, 에르콘

컴포지트의 무케쉬 마헤쉬와리, 볼류트의 에이미 맥퍼슨, 비주얼 이디션스의 커스티 밀라, 화가 야고 파탈, 필립 거스턴 유산 관리인 샐리 라딕, 사진 작가 제이슨 세웰, 사진 작가 피터 스티그터, 매사추체스 공과대학의 스카일라 티비츠, 리퀴글라이드의 JP 뱅크스가드, 조각가 잔 왕, 화가 크레이그 월시, GBO 이노베이션 메이커스의 마졸레인 초 치아 유엔.

다음 분들의 도움과 지지에도 감사한다.

자이언트 아티스츠의 소피 앤더슨, UCLA 파울로 도서관의 가시아 아르메니안과 돈 콜, 인지 과학자 미하일로 안토빅, ARS의 앨런 바글리아, 취리히 디자인 박물관의 패트리시아 발디, 심플리 매니지먼트의 아사벨 바즈소, 토머스 바비의 수잔 버퀴스트, 갤러리스 버톡스, UCLA 테넨바움 센터 창의력 생물학 부문 책임자 로버트 빌더, 구겐하임 미술관의 킴 부시, 텍사스 대학교 오스틴 캠퍼스의 데이비드 크로크와 첼시 웨더스, 프리드만 벤다 갤러리의 줄리아 디파보, VAGA의 시오브한 도넬리, 캐롤린 파브, 감리교병원 공연 예술 센터 소장 토드 프레이저, 뉴욕 갤러리의 라파엘 가텔, 글래스고 대학교의 다니엘 지오반니니 박사와 메리 재킬린 로메로 박사, IBM의 수 그레코, 데이비드 호크니 리프로덕션스의 줄리 그린, PA 컨설팅의 야스민 그린필드와 매트 리스, CMG 월드와이드의 캐롤 황, 위스콘신 대학교 메디슨 캠퍼스의 미셸 힐메스, 올덴버그 반 브루겐 스튜디오의 그레타 존슨, 아르칸겔 스튜디오의 엘리엇 코프먼, 라이언 리 갤러리의 제프 리, 루이스 앤 클라크 카본 화이버 인스트루먼츠의 스테파니 레귀아, 로스 컴퍼니스의 메간 루이스, 휴스턴 대학교의 존 린하드 박사, 저자 빅터 맥엘헤니, 아트 리소스의 리즈 쿠르툴

릭 메르쿠리, 작곡가 벤 모리스, 라이터스 하우스의 안드레아 모리슨, 노먼 록웰 유산관리인 마이크 뮬러, 휴스턴 미술관의 야스푸미 나카모리와 셸비 로드리게즈, 마티 스타인, 신디 스트라우스, 커티스 출판의 크리스 피크엘라, 마사 그레이엄 무용단의 브리지드 피어스, 아서 로저 갤러리의 레베카 리그니, 메르세데스 벤츠의 로리 스튜어트, 브리지먼 이미지스의 홀리 테일러, 프로젝트 글래드의 에바 타데우스, 소니 픽처스 TV의 에드워드 짐머만.

전문 지식을 나눠준 라이스 대학교의 다음 분들께도 감사한다.

메리 듀몬트 브라우어, 다이앤 버틀러와 버지니아 마틴(폰드렌 도서관), 카렌 카포와 마거릿 임멜(학교 도서관과 문화 프로젝트), 로버트 쿠리(화학), 마이클 딤(생체 공학), 찰스 도브(시각 예술과 극예술), 수잔 켐머(언어학), 베로니카 리아우타우드(라이스360연구소 국제 건강), 조셉 만카(예술사), 린다 스파덴 맥닐(라이스 대학교 교육 센터), 사이러스 모디(역사), 캐롤린 니콜(화학), 마리아 오든과 매튜 웨터그린(오시먼 공학 디자인 키친), 레베카 리처즈 코르툼(생체공학), 사라 휘팅(건축대학 학장).

그 외에 와일리 에이전시의 앤드루 와일리와 크리스티나 무어, 제임스 풀런, 퍼시 스터브스와 영어 출판인 엘리자베스 코흐, 제이미 빙에게도 감사드린다. 뉴 벌룬의 크리스티나 켄달과 젠 웨켈로, 블링크 필름스의 제니퍼 비미시와 저스틴 커쇼의 협조에도 감사한다. 대학생 신분으로 조사 일을 도와준 사라 그레이스 그레이브스와 그레고리 캄바크에게도 심심한 감사를 전한다. 우리의 초기 원고를 읽고 많은 도움을 준 앤

차오와 캐시 마리스, 앨리슨 위버에게도 감사한다. 마지막으로 캐터펄트의 앤디 헌터와 캐논게이트 북스의 사이먼 토로굿, 제니 로드, 헬렌 코일 등 많은 관심과 도움을 준 편집자들께 깊은 감사의 말을 전한다.

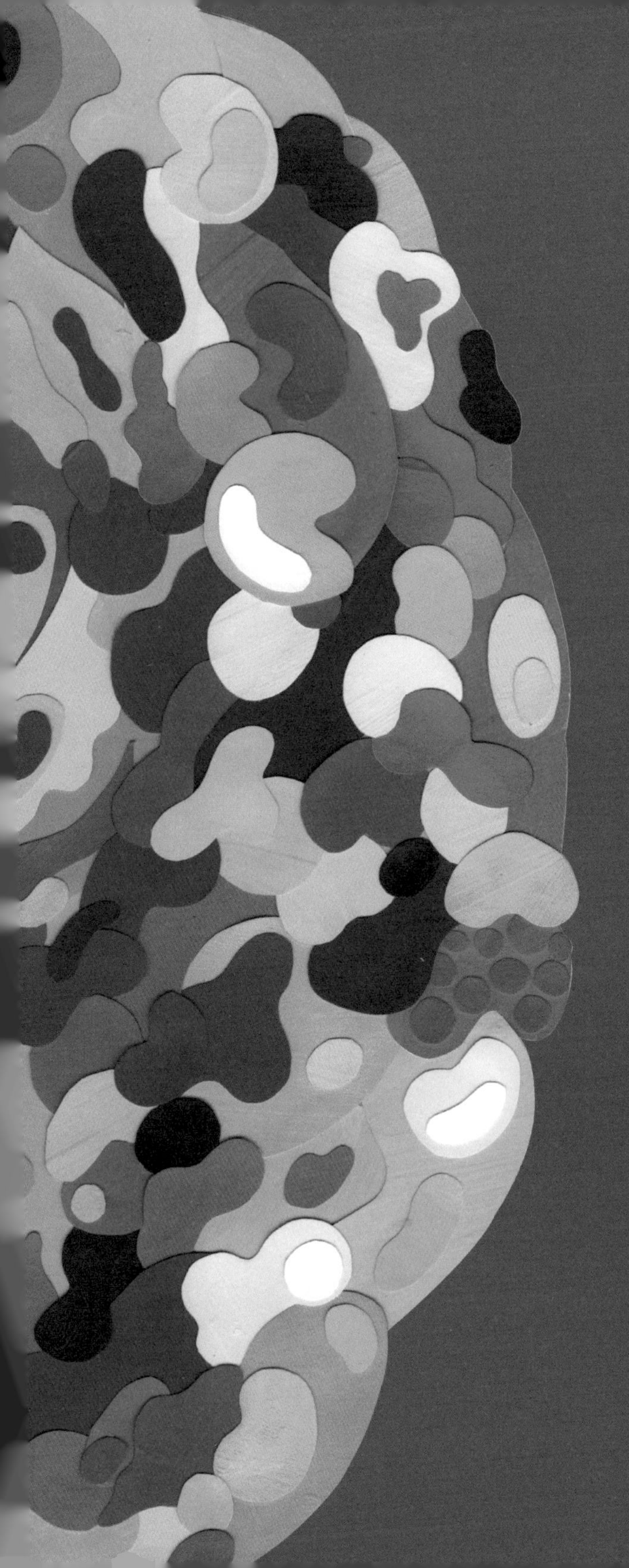

부록

주

서문

1. Gene Kranz, *Failure Is Not an Option: Mission Control from Mercury to Apollo 13 and Beyond* (New York: Simon & Schuster, 2000).
2. Jim Lovell and Jeffrey Kluger, *Apollo 13* (New York: Pocket Books, 1995).
3. John Richardson and Marilyn McCully, *A Life of Picasso* (New York: Random House, 1991).
4. William Rubin, Pablo Picasso, Hélène Seckel-Klein and Judith Cousins, *Les Demoiselles D'Avignon* (New York: Museum of Modern Art, 1994).
5. A.L. Chanin, "Les Demoiselles de Picasso," *New York Times*, August 18, 1957.
6. John Richardson and Marilyn McCully, *A Life of Picasso* (New York: Random House, 1991).
7. Robert P. Jones et al., How *Immigration and Concerns About Cultural Changes Are Shaping the 2016 Election* (Washington, D.C.: Public Religion Research Institute, 2016), 〈http://www.prri.org/research/prri-brookings-immigration-report〉

1장

1. Eric Protter, ed, *Painters on Painting* (New York: Dover, 2011), p. 219.
2. M. Recasens, S. Leung, S. Grimm, R. Nowak, C. Escera, (2015). "Repetition suppression and repetition enhancement underlie auditory memory-trace formation in the human brain: an MEG study," *Neuroimage*, 108, pp. 75–86.
3. 유머의 구조는 워낙 잘 알려져 있어 우리가 컴퓨터를 웃게 만들 수도 있다. 믿거나 말거나지만 컴퓨터 유머 분야가 따로 있을 정도다.
4. D.M. Eagleman, C. Person, P.R. Montague, "A computational role for dopamine delivery in human decision-making," *Journal of Cognitive Neuroscience* 10, no. 5 (1998): pp. 623–630.
5. Ian Parker, "The Shape of Things to Come," *New Yorker*, February 2015.
6. Randy L. Buckner and Fenna M. Krienen, "The Evolution of Distributed Association Networks in the Human Brain," *Trends in Cognitive Sciences* 17, no. 12 (2013): pp. 648–662, http://dx.doi.org/10.1016/j.tics.2013.09.017
7. D.M. Eagleman, Incognito: *The Secret Lives of the Brain* (New York: Pantheon, 2011).
8. D.M. Eagleman, *Incognito*.

9. D.M. Eagleman, *The Brain: The Story of You* (London: Canongate, 2015).
10. Artin Göncü and Suzanne Gaskins, *Play and Development: Evolutionary, Sociocultural, and Functional Perspectives* (Mahwah: Lawrence Erlbaüm, 2007).
11. Gilles Fauconnier and Mark Turner, *The Way We Think: Conceptual Blending and the Mind's Hidden Complexities* (New York: Basic Books, 2002).
12. Jonathan Gottschall, *The Storytelling Animal: How Stories Make Us Human* (New York: Mariner Books, 2012).
13. Joyce Carol Oates, "The Myth of the Isolated Artist," *Psychology Today* 6 (1973): pp. 74–5.
14. Wouter van der Veen and Axel Ruger, *Van Gogh in Auvers* (New York: Monacelli Press, 2010), p. 259.
15. Edward O. Wilson, *Letters to a Young Scientist* (New York: Liveright, 2013).

2장

1. "The Buxton Collection," Microsoft Corporation, accessed May 5, 2016. 〈http://research.microsoft.com/en-us/um/people/bibuxton/buxtoncollection〉
2. Alexis C. Madrigal, "The Crazy Old Gadgets that Presaged the iPod, iPhone and a Whole Lot More," *Atlantic*, May 11, 2011, accessed August 19, 2015. 〈http://www.theatlantic.com/technology/archive/2011/05/the-crazy-old-gadgets-that-presaged-the-ipod-iphone-and-a-whole-lot-more/238679/〉
3. Steve Cichon, "Everything from this 1991 Radio Shack Ad You Can Now Do with Your Phone," *The Huffington Post*, January 16, 2014, accessed August 19, 2015, 〈http://www.huffingtonpost.com/steve-cichon/radio-shack-ad_b_4612973.html〉
4. 레이더 탐지기까지 대체한 건 아니지만 그 기능은 대체 사용하고 있다. 예를 들어 앱 웨이즈는 수백만 명의 운전자에게서 들어오는 크라우드소싱을 이용해 속도위반 단속 지역을 탐지해 알려준다. 그리고 당신의 스마트폰에는 15인치짜리 저음용 스피커가 장착되어 있지 않지만 수많은 음악을 당신이 원하는 스피커 시스템으로 전송해준다.
5. Jon Gertner, *The Idea Factory: Bell Labs and the Great Age of American Innovation* (New York: Penguin Press, 2012).
6. Andrew Hargadon, *How Breakthroughs Happen: The Surprising Truth about How Companies Innovate* (Boston: Harvard Business School Publications, 2003).
7. John Livingston Lowes, *The Road to Xanadu; a Study in the Ways of the Imagination* (Boston: Houghton Mifflin Company, 1927).
8. John Livingston Lowes, *The Road to Xanadu.*
9. Michel de Montaigne, *Complete Essays*, trans. Donald Frame (Palo Alto: Stanford University Press, 1958).
10. Steven Johnson, *Where Good Ideas Come From: The Natural History of Innovation* (New York: Riverhead Books, 2010).
11. Michael D. Lemonick, *The Perpetual Now: A Story of Love, Amnesia, and Memory* (New York: Doubleday, 2017).

12. Ray Kurzweil, *The Age of Spiritual Machines*(New York: Viking, 1999. 한국어판. 대략적인 초창기 인간 게놈 초안은 2000년에 나왔으며 2003년 그 업데이트 버전을 발표했다. 인간 게놈 프로젝트가 완전히 '끝나기'까지는 이후 10년도 더 걸렸고 지금도 진행 중이지만 우리는 2000년을 '완성'의 해로 꼽았다.
13. 모든 창의력은 인지학으로 통합된다는 개념은 아서 쾨슬러가 처음 제시했고 후에 인지 과학자 마크 터너와 질 포코니에가 연구를 이어갔다. 2002년 출간한 그들의 유명한 책《우리가 생각하는 법(The Way We Think)》에서 터너와 포코니에는 인간의 창의력은 인간이 지닌 이른바 '개념 통합' 또는 '이중 범위 섞기' 능력에 그 뿌리를 두고 있다고 말했다. 우리가 말하는 '섞기'는 여기에서 나왔다. 같은 맥락에서 더글라스 호프스태터는 인간이 지닌 비유 능력은 사고 능력의 초석이라고 주장한다.
14. 지금 과학자들은 창의적인 사고의 기초를 시각적으로 풀어내려 애쓰고 있다. 신경 촬영법 덕분에 우리는 뇌 기능을 이해하는 데 비약적인 발전을 이뤘다. 산화한 혈액의 흐름을 모니터링해 뇌의 어느 부위가 어떤 일에 관여하는지, 어느 부위의 뉴런이 잔뜩 모여 시끄러운 채팅 룸에서 대화하고 있는지 알 수 있는 것이다. 다만 여기엔 한계가 있다. 신경 촬영법은 아직 초기 단계 기술로 해상도가 낮다. 또 뉴런이 서로 대화한다는 건 짐작일 뿐이다. 적어도 현재 뇌 영상은 희미한 그림만 보여주고 있다.
15. Sami Yenigun, "In Video-Streaming Rat Race, Fast Is Never Fast Enough," *NPR*, January 10, 2013, accessed August 19, 2015, 〈http://www.npr.org/2013/01/10/168974423/in-video-streaming-rat-race-fast-is-never-fast-enough〉
16. Robert J. Weber and David N. Perkins, *Inventive Minds: Creativity in Technology* (New York: Oxford University Press, 1992).
17. Roberta Smith, "Artwork That Runs Like Clockwork," *New York Times*, June 21, 2012, accessed August 19, 2015, 〈http://www.nytimes.com/2012/06/22/arts/design/the-clock-by-christian-marclay-comes-to-lincoln-center.html?_r=0〉

3장

1. Victor K. McElheny, *Insisting on the Impossible: The Life of Edwin Land* (Reading, MA: Perseus Books, 1998), p. 35.
2. Michele Hilmes, *Hollywood and Broadcasting: From Radio to Cable* (Urbana: University of Illinois Press), pp. 125–6.
3. William Sangster, *Umbrellas and Their History* (London: Cassell, Petter, and Galpin, 1871).
4. Susan Orlean, "Thinking in the Rain," *New Yorker*, February 11, 2008, 〈http://www.newyorker.com/magazine/2008/02/11/thinking-in-the-rain〉
5. Enid Nemy, "Bobby Short, Icon of Manhattan Song and Style, Dies at 80," *New York Times*, March 21, 2005, accessed May 5, 2016, 〈http://www.nytimes.com/2005/03/21/arts/music/21cnd-short.html?_r=0〉
6. Arthur Conan Doyle, *Sherlock Holmes: The Complete Novels and Stories* (New York: Bantam, 1986).
7. 언어학자 놈 촘스키에 따르면 문법의 목적은 우리가 제한적인 수의 단어를 수집해 그것을 이해 가

능하도록 재배열하게 해주는 데 있다. "사실 어떤 중요한 언어학 이론이든 다음 문제를 설명할 수 있어야 한다. 어느 적절한 기회에 어떤 성인이 그 나름대로 어떤 새로운 문장을 만들 수 있는데, 그 경우 다른 사람은 그것이 자신에게 새로운 문장일지라도 듣고 즉시 이해한다." Jane Singleton, "The Explanatory Power of Chomsky's Transformational Generative Grammar," Mind 83, no. 331 (1974): 429-31, ⟨http://dx.doi.org/:10.1093/mind/lxxxiii.331.429⟩

8. Christian Bachmann and Luc Basier, "Le Verlan: Argot D'école Ou Langue Des Keums?" *Mots Mots* 8, no. 1 (1984): pp. 169–87. ⟨https://dx.doi.org/10.3406/mots.1984.1145⟩
9. Eugene Volokh, "The Origin of the Word 'Guy,'" *Washington Post*, May 14, 2015.

4장

1. 이 개념은 1947년 벨 연구소의 두 발명가 더글러스 링과 W. 래 영이 처음 제시했다. 관련해서 다음 도서를 보라. Guy Klemens, *The Cellphone: The History and Technology of the Gadget that Changed the World* (Jefferson, NC: McFarland, 2010).
2. Copyright 1950, (c) 1978, 1991 by the Trustees for the e. e. cummings Trust, from COMPLETE POEMS: 1904-1962 by e. e. cummings, edited by George J. Firmage. Used by permission of Liveright Publishing Corporation.
3. M. Mitchel Waldrop, *The Dream Machine: J.C.R. Licklider and the Revolution that Made Computing Personal* (New York: Viking, 2001).
4. Reinhard Schrieber and Herbert Gareis, *Gelatine Handbook: Theory and Industrial Practice* (Weinheim: Wiley-VCH, 2007).
5. Mark Forsyth, *The Etymologicon: A Circular Stroll through the Hidden Connections of the English Language* (New York: Berkley Books, 2012).
6. Colin Fraser, *Harry Ferguson: Inventor & Pioneer* (Ipswich: Old Pond Publishing Ltd, 1972).
7. Alec Foege, *The Tinkerers: The Amateurs, DIYers, and Inventors Who Make America Great* (New York: Basic Books, 2013).
8. Stephen Witt, *How Music Got Free* (New York: Penguin Books, 2015), p. 130.
9. Helen Shen, "See-Through Brains Clarify Connections," *Nature* 496, no. 7444 (2013): p. 151, accessed August 20, 2015, ⟨http://dx.doi.org/10.1038/496151a⟩
10. Sarnoff A. Mednick, "The Associative Basis of the Creative Process," *Psychological Review* 69 no. 3 (1962): pp. 220–32.

5장

1. A. Lazaris et al., "Spider Silk Fibers Spun from Soluble Recombinant Silk Produced in Mammalian Cells," *Science* 295, no. 5554 (2002): pp. 472–476, ⟨http://dx.doi.org/10.1126/science.1065780⟩
2. Hadley Leggett, "One Million Spiders Make Golden Silk for Rare Cloth," *Wired*, September 23, 2009, accessed August 21, 2015, ⟨http://www.wired.com/2009/09/spider-silk/⟩
3. Adam Rutherford, "Synthetic Biology and the Rise of the 'Spider-Goats,'" *The Guardian*,

January 14, 2012, accessed August 20, 2015, 〈http%3A%2F%2Fwww.theguardian.com%2Fscience%2F2012%2Fjan%2F14%2Fsynthetic-biology-spider-goat-genetics〉

4. Mark Miodownik, Stuff Matters: Exploring the Marvelous Materials That Shape Our Man-made World(London: Penguin, 2013). 바실루스 파스테우리 균은 비활동기에는 화산 중심부 같은 극한 상황에서도 수십 년간 살아남으며 일단 활동을 시작하면 콘크리트의 주요 성분 중 하나인 방해석을 분비한다.
5. 기업이 초인간적 인지능력을 갖춘 엔진(가령 딥러닝 알고리즘 등)을 사용하기 시작하면서 인간과 컴퓨터의 하이브리드를 만드는 접근방식은 빠른 속도로 발전 중이다.
6. Julian Franklyn, *A Dictionary of Rhyming Slang*, 2nd ed. (London: Routledge, 1991).
7. Reprinted by arrangement with the Heirs to the Estate of Martin Luther King Jr. c/o The Writers House as agent for the proprietor New York, NY © 1963 Dr Martin Luther King Jr. © Renewed 1991 Coretta Scott King.
8. Carmel O'Shannessy, "The role of multiple sources in the formation of an innovative auxiliary category in Light Warlpiri, a new Australian mixed language," *Language* 89 (2) pp. 328–353.
9. 〈http://www.whosampled.com/Dr.-Dre/Let-Me-Ride/〉
10. Ellen Otzen, "Six Seconds that shaped 1,500 songs," *BBC World Service Magazine*, March 29, 2015, 〈http://www.bbc.com/news/magazine-32087287〉
11. Miljana Radivojevic´ et al., "Tainted Ores and the Rise of Tin Bronzes in Eurasia, C. 6,500 Years Ago," *Antiquity* 87, no. 338 (2013): pp. 1030–45.
12. Mark Turner, *The Origins of Ideas: Blending, Creativity, and the Human Spark* (New York: Oxford University Press, 2014), p. 13.

6장

1. "Noh and Kutiyattam – Treasures of World Cultural Heritage," *The Japan-India Traditional Performing Arts Exchange Project 2004*, December 26, 2004, accessed August 21, 2015, 〈http://noh.manasvi.com/noh.html〉
2. Yves-Marie Allain and Janine Christiany, *L'Art des Jardins en Europe* (Paris: Citadelles and Mazenod, 2006).
3. Richard Rhodes, *The Making of the Atomic Bomb* (New York: Simon & Schuster, 1986).
4. 조지 존슨은 스티븐 김벨의 저서《아인슈타인의 유대 과학(Einstein's Jewish Science)》서평을《뉴욕타임스》에 게재하면서 이렇게 말했다. "이건 그냥 지나칠 만한 견해가 아니었다. 음극선 연구로 노벨 물리학상을 수상한 필리프 레나르트는 한 가지 참된 과학과 관련해 무려 논문 네 편을 썼으며 그 과학을 '독일 물리학'이라 불렀다. 서문에서 그는 '일본 물리학'과 '아랍 물리학', '니그로 물리학'도 언급했다. 유대인 물리학에 그는 분노를 쏟아냈다. '유대인은 도처에서 모순을 일으키고 관계를 단절하려 한다. 그래서 가여울 정도로 순진한 독일인은 더 이상 그 물리학을 이해하지 못한다.' 레나르트는 아인슈타인의 이론을 이해하지 못했다." From George Johnson, "Quantum Leaps: 'Einstein's Jewish Science,' by Steven Gimbel," *New York Times*, August 3, 2012, accessed May 11, 2016, 〈http://www.nytimes. com/2012/08/05/books/review/einsteins-jewish-

science-by-steven-gimbel.html?pagewanted=all&_r=1〉

5. M. Riordan, "How Europe Missed the Transistor," *IEEE Spectr. IEEE Spectrum* 42, no. 11 (2005): pp. 52–57.
6. Nahum Tate, *The History of King Lear* (London: Richard Wellington, 1712).
7. 사이러스 모디의 통찰력에 감사한다.
8. Steven Shapin, Simon Schaffer, and Thomas Hobbes, *Leviathan and the Air-Pump: Hobbes, Boyle, and the Experimental Life* (Princeton: Princeton University Press, 1985).
9. Ernest Hemingway, "Hills Like White Elephants," *in The Complete Short Stories of Ernest Hemingway* (New York: Scribner, 1987).
10. James Fenimore Cooper, *The Pioneers* (Boone, IA: Library of America, 1985).
11. Maynard Solomon, *Beethoven* (New York: Schirmer Books, 2001).
12. Lucy Miller, *Chamber Music: An Extensive Guide for Listeners* (Lanham: Rowman and Littlefield, 2015).
13. Charles Rosen, *The Classical Style: Haydn, Mozart, Beethoven* (New York: W.W. Norton, 1997).
14. Arika Okrent, *In the Land of Invented Languages: Esperanto Rock Stars, Klingon Poets, Loglan Lovers, and the Mad Dreamers Who Tried to Build a Perfect Language* (New York: Spiegel & Grau, 2009).
15. George Alan Connor, Doris Taapan Connor, William Solzabacher and the Very Reverend Dr J.B. Se-Tsien Kao, comp., *Esperanto: The World Interlanguage* (New York: T. Yoseloff, 1966).
16. Connor, Connor, Solzabacher and Kao, *Esperanto: The World Interlanguage*, p. 20.
17. Gerta Smets, *Aesthetic Judgment and Arousal* (Leuven: Leuven University Press, 1973).
18. Joseph Henrich, Steven J. Heine, and Ara Norenzayan, "The Weirdest People in the World?" *Behavioral and Brain Sciences* 33 (2010): pp. 61–135, 〈http://dx.doi.org/10.1017/S0140525X0999152X〉
19. Marshall H. Segal, Donald T. Campbell, and Melville J. Herskovits, *The Influence of Culture on Visual Perception* (Indianapolis: Bobbs-Merrill, 1966).
20. Donald A. Vaughn and David M. Eagleman, "Spatial warping by oriented line detectors can counteract neural delays," *Frontiers in Psychology*, 4:794 (2013).
21. Avantika Mathur et al., "Emotional Responses to Hindustani Raga Music: The Role of Musical Structure," *Frontiers in Psychology* 6, no. 513 (2015), 〈http://dx.doi.org/10.3389/fpsyg.2015.00513〉
22. Zohar Eitan and Renee Timmers, "Beethoven's last piano sonata and those who follow crocodiles: Cross-domain mappings of pitch in a musical context," *Cognition* 114 (2010): pp. 405–422.
23. Laurel J. Trainor and Becky M. Heinmiller, "The development of evaluative responses to music: Infants prefer to listen to consonance over dissonance," *Infant Behavior and Development* Volume 21, Issue 1, 1998: pp. 77–88. DOI: https://doi.org/10.1016/S0163-6383(98)90055-8.
24. Judy Plantinga and Sandra E. Trehub, "Revisiting the Innate Preference for Consonance,"

Journal of Experimental Psychology: Human Perception and Performance 40, no. 1 (2014): pp. 40–49, 〈http://dx.doi.org/10.1037/a0033471〉

25. 소설가 밀란 쿤데라는 이렇게 말한다. "만일 각 나라와 각 시대와 각 사회 집단에 모두 그들 나름대로의 취향이 있다면 우리가 대체 어떤 객관적인 미학적 가치를 얘기할 수 있겠는가?" In Milan Kundera, *The Curtain: An Essay in Seven Parts*, trans. Linda Asher(New York: HarperCollins, 2007).
26. Stephen Greenblatt, *The Norton Anthology of English Literature*, Vol. B (New York: W.W. Norton, 2012).

7장

1. Albert Boime, "The Salon Des Refusés and the Evolution of Modern Art," *Art Quarterly* 32 (1969): pp. 411–26.
2. Martin Schwarzbach, *Alfred Wegener: The Father of Continental Drift* (Madison: Science Tech, 1986).
3. Naomi Oreskes, *The Rejection of Continental Drift: Theory and Method in American Earth Science* (New York: Oxford University Press, 1999).
4. Roger M. McCoy, *Ending in Ice: The Revolutionary Idea and Tragic Expedition of Alfred Wegener* (Oxford: Oxford University Press, 2006).
5. Chester R. Longwell, "Some Thoughts on the Evidence for Continental Drift," *American Journal of Science* 242 (1944): pp. 218–231.
6. J. Tuko Wilson, "The Static or Mobile Earth," *Proceedings of the American Philosophical Society*, Vol. 112, No. 5 (1968): pp. 309–320.
7. Robert Hughes, "Art: Reflections in a Bloodshot Eye," *Time*, August 3, 1981. Accessed July 14, 2014, http://content.time.com/time/magazine/article/0,9171,949302-2,00.html
8. Robert Christgau, *Grown Up All Wrong: 75 Great Rock and Pop Artists from Vaudeville to Techno* (Cambridge, Mass: Harvard University Press, 1998).
9. E.O. Wilson, *The Social Conquest of Earth* (New York: Liveright, 2012).
10. Richard Dawkins, "The Descent of Edward Wilson," *Prospect*, June 2012.

8장

1. Gary R. Kremer, *George Washington Carver: A Biography.* (Santa Barbara, CA: Greenwood, 2011), p. 104.
2. Ernest Hemingway, Patrick Hemingway, and Seán A. Hemingway, *A Farewell to Arms: The Hemingway Library Edition* (New York: Scribner, 2012).
3. Alex Osborn, *Applied Imagination* (Oxford: Scribner, 1953).
4. Matthew Schneier, "The Mad Scientists of Levi's," *New York Times*, November 5, 2015.
5. 이 기술은 병렬 합성이라 불린다. 결합 화학 초창기 선구자들의 연구를 토대로 존 엘먼과 마이클 파비아가 개발했다.

6. Thomas A. Edison, "The Phonograph and Its Future," *Scientific American* 5, no. 124 (1878): 1973-4, 〈http://dx.doi.org/10.1038/scientificamerican05181878-1973supp〉
7. Dava Sobel, *Longitude: The True Story of a Lone Genius Who Solved the Greatest Scientific Problem of His Time* (New York: Walker, 1995).
8. Dava Sobel, *Longitude*.
9. 불행히도 해리슨은 마땅히 받아야 할 것을 받지 못했다. 해리슨의 정교한 디자인을 다른 사람도 그대로 적용할 수 있는지 테스트하기 위해 경도 심사국은 라쿰 켄달이라는 다른 시계 제조업자에게 위탁해 똑같은 시계를 만들게 했다. 켄달은 2년 6개월 만에 모조품을 만들어냈다. K-1이라 불린 켄달의 모조품은 시계 뒷면이 보다 화려하다는 것만 빼고 해리슨의 시워치와 똑같았다. 한데 경도 심사국은 태평양 항해에 나서는 캡틴 쿡에게 해리슨의 H-4 대신 켄달의 K-1을 주었다. 이 때문에 그들은 마음속으로 해리슨은 경도 심사국 상을 받을 자격이 없다고 생각했다. 질병과 가난에 시달리던 해리슨은 의회에 자신의 억울한 사정을 밝혔다. 결국 경도 심사국은 그에게 상금을 주었지만 상을 주지는 않았다.
10. Jeff Brady, "After Solyndra Loss, U.S. Energy Loan Program Turning A Profit," *National Public Radio*, November 13, 2014, accessed August 20, 2015, 〈http://www.npr.org/2014/11/13/363572151/after-solyndra-loss-u-s-energy-loan-program-turning-a-profit〉
11. 우리는 실수에 익숙하기 때문에 뇌를 표준적인 디지털 컴퓨터에 비유하는 것은 오해의 소지가 많다. 인공 신경 회로망의 경우 패턴 0과 1을 입력하면 늘 동일한 패턴을 얻는다. 컴퓨터를 가치 있는 툴로 만들어주는 것이 바로 그런 신뢰성이다. 어쩌면 불완전한 우리의 기억력이 창의력의 뿌리인지도 모른다. 즉, 우리는 패턴 0과 1을 입력할 경우 매번 약간씩 다른 답을 얻는다.
12. E.O. Wilson, *The Future of Life* (New York: Random House, 2002).

9장

1. Neil Baldwin, *Edison: Inventing the Century* (Chicago: University of Chicago Press, 2001).
2. Norman Bel Geddes, *Miracle in the Evening: An Autobiography*, ed. William Kelley, (Garden City: Doubleday & Company, 1960), p. 347. Donald Albrecht, ed., *Norman Bel Geddes Designs America* (New York: Abrams, 2012), 220.
3. Chad Randl, *Revolving Architecture* (New York: Princeton Architectural Press, 2008), p. 91.
4. Norman Bel Geddes, "Today in 1963," article, University of Texas Harry Ransom Center, Norman Bel Geddes Database.
5. Joseph J. Ermenc, "The Great Languedoc Canal," *French Review* 34, no. 5 (1961): p. 456; Robert Payne, *The Canal Builders; The Story of Canal Engineers through the Ages* (New York: Macmillan, 1959).
6. Lynn White, "The Invention of the Parachute," *Technology and Culture* 9, no. 3 (1968): 462, accessed April 13, 2014, 〈http://dx.doi.org/10.2307/3101655〉
7. Damian Carrington, "Da Vinci's Parachute Flies" *BBC News*, June 27, 2000, accessed August 21, 2015, 〈http://news.bbc.co.uk/2/hi/science/nature/808246.stm〉
8. Robert S. Kahn, *Beethoven and the Grosse Fuge: Music, Meaning, and Beethoven's Most Difficult Work* (Lanham, MD: Scarecrow Press, 2010).

10장

1. Frederick Dalzell, *Engineering Invention: Frank J. Sprague and the U.S. Electrical Industry* (Cambridge, MA: MIT Press, 2010).
2. Paul Israel, *Edison: A Life of Invention* (New York: John Wiley, 1998).
3. Thomas Edison, in Andrew Delaplaine, *Thomas Edison: His Essential Quotations* (New York: Gramercy Park, 2015), p. 3.
4. James Dyson, “No Innovator’s Dilemma Here: In Praise of Failure,” *Wired*, April 8, 2011, accessed August 21, 2015, ⟨http://www.wired.com/2011/04/in-praise-of-failure/⟩
5. Marcia B. Hall, *Michelangelo’s Last Judgment* (Cambridge: Cambridge University Press, 2005).
6. Marcia B. Hall, *Michelangelo’s Last Judgment.*
7. Richard Steinitz, *György Ligeti: Music of the Imagination* (Boston: Northeastern University Press, 2003).
8. T.J. Pinch and Karin Bijsterveld, *The Oxford Handbook of Sound Studies* (New York: Oxford University Press, 2012).
9. NOVA, “Andrew Wiles on Solving Fermat,” *PBS*, November 1, 2000, accessed May 11, 2016, ⟨http://www.pbs.org/wgbh/nova/physics/andrew-wiles-fermat.html⟩
10. Simon Singh, *Fermat’s Enigma: The Epic Quest to Solve the World’s Greatest Mathematical Problem* (New York: Walker, 1997).
11. Michael J. Gelb, *How to Think like Leonardo Da Vinci* (New York: Dell, 2000).
12. Dean Keith Simonton, “Creative Productivity: A Predictive and Explanatory Model of Career Trajectories and Landmarks,” *Psychological Review* 104 no. 1 (1997): p. 66–89, ⟨http://dx.doi.org/10.1037/0033-295X.104.1.66⟩
13. Yasuyuki Kowatari et al., “Neural Networks Involved in Artistic Creativity,” *Human Brain Mapping* 30 no. 5 (2009): pp. 1678-90, ⟨http://dx.doi.org/10.1002/hbm.20633⟩
14. Suzan-Lori Parks, *365 Days/365 Plays* (New York: Theater Communications Group, Inc., 2006).

11장

1. “Burbank Time Capsule Revisited,” *Los Angeles Times*, March 17, 2009, accessed May 11, 2016, ⟨http://latimesblogs.latimes.com/thedailymirror/2009/03/burbank-time-ca.html⟩
2. John H. Lienhard, *Inventing Modern: Growing up with X-rays, Skyscrapers, and Tailfins* (New York: Oxford University Press, 2003).
3. See ⟨https://en.wikipedia.org/wiki/List_of_defunct_automobile_manufacturers_of_the_United_States⟩
4. Peter L. Jakab and Rick Young, *The Published Writings of Wilbur & Orville Wright* (Washington, D.C.: Smithsonian Books, 2000).
5. 비행사 로베르 에스노 펠테리는 볼턴이 만든 에일러론 디자인의 잠재력을 알아보았다. 그는 라이트 형제의 성공을 알고 난 뒤 에일러론 디자인을 이용해 유사한 글라이더를 만들었다.

6. From email correspondence with David Hagerman, curator of the Raymond Loewy estate and COO of Loewy Design.
7. Jillian Eugenios, "Lowe's Channels Science Fiction in New Holoroom," *CNN*, June 12, 2014, accessed May 11, 2016, 〈http://money.cnn.com/2014/06/12/technology/innovation/lowes-holoroom/〉
8. John Markoff, "Microsoft Plumbs Ocean's Depths to Test Underwater Data Center," *New York Times*, January 31, 2016, accessed May 11, 2016, 〈http://www.nytimes.com/2016/02/01/technology/microsoft-plumbs-oceans-depths-to-test-underwater-data-center.html〉
9. Gail Davidson, "The Future of Television," *Cooper Hewitt*, August 16, 2015, accessed May 11, 2016, 〈http://www.cooperhewitt.org/2015/08/16/the-future-of-television/〉
10. Ian Wylie, "Failure Is Glorious," *Fast Company*, September 30, 2001, accessed May 11, 2016, 〈http://www.fastcompany.com/43877/failure-glorious〉
11. Malcolm Gladwell, "Creation Myth," *New Yorker*, May 16, 2011, accessed May 11, 2016, 〈http://www.newyorker.com/magazine/2011/05/16/creation-myth〉
12. B. Bilger, "The Possibilian: What a brush with death taught David Eagleman about the mysteries of time and the brain," *New Yorker*, April 25, 2011.
13. Tom Kelley, *The Art of Innovation: Lessons in Creativity from IDEO, America's Leading Design Firm* (London: Profile, 2016).
14. Jeffrey Rothfeder, *Driving Honda: Inside the World's Most Innovative Car Company* (New York: Penguin, 2014).
15. Alyssa Newcomb, "SXSW 2015: Why Google Views Failure as a Good Thing," *ABC News*, March 17, 2015, accessed May 11, 2016, 〈http://abcnews.go.com/Technology/sxsw-2015-google-views-failure-good-thing/story?id=29705435〉
16. Nikil Saval, *Cubed: A Secret History of the Workplace* (New York: Doubleday, 2014).
17. Patrick May, "Apple's new headquarters: An exclusive sneak peek," *San Jose Mercury News*, October 11, 2013. http://www.mercurynews.com/2013/10/11/2013-apples-new-headquarters-an-exclusive-sneak-peek/
18. Pap Ndiaye, *Nylon and Bombs: DuPont and the March of Modern America* (Baltimore: Johns Hopkins University Press, 2007).
19. "'Forget the Free Food and Drinks – the Workplace is Awful:' Facebook Employees Reveal the 'Best Place to Work in Tech' Can be a Soul-Destroying Grind Like Any Other," *Daily Mail*, September 3, 2013, accessed May 11, 2016, 〈http://www.dailymail.co.uk/news/article-2410298〉
20. Maria Konnikova, "The Open-Office Trap," *New Yorker*, January 7, 2014, accessed May 17, 2016, http://www.newyorker.com/business/currency/the-open-office-trap
21. Anne-Laure Fayard and John Weeks, "Who Moved My Cube?" *Harvard Business Review*, July 2011, accessed May 11, 2016, 〈https://hbr.org/2011/07/who-moved-my-cube〉
22. Jonah Lehrer, "Groupthink: The Brainstorming Myth," *New Yorker*, January 30, 2012.
23. Stewart Brand, *How Buildings Learn: What Happens After They're Built* (New York: Penguin, 1994).

24. Alex Osborn, *Your Creative Power: How to Use Imagination* (New York: Scribners and Sons, 1948), p. 254.
25. Jeff Gordiner, "At Eleven Madison Park, a New Minimalism," *New York Times*, January 4, 2016, accessed May 17, 2016.
26. Pete Wells, "Restaurant Review: Eleven Madison Park in Midtown South," *New York Times*, March 17, 2015, accessed May 17, 2016, 〈http://www.nytimes.com/2015/03/18/dining/restaurant-review-eleven-madison-park-in-midtown-south.html?_r=0〉
27. David Fisher, *Tube: The Invention of Television* (New York: Harcourt Brace, 1996).
28. Tony Smith, "Fifteen Years Ago: The First Mass-Produced GSM Phone," *Register*, November 9, 2007, accessed May 11, 2016, 〈http://www.theregister.co.uk/2007/11/09/ft_nokia_1011/〉
29. Jason Nazar, "Fourteen Famous Business Pivots," *Forbes*, October 8, 2013, accessed May 11, 2016, 〈http://www.forbes.com/sites/jasonnazar/2013/10/08/14-famous-business-pivots/#885848d1fb94〉
30. Tim Adams, "And the Pulitzer goes to … a computer," *The Guardian*, June 28, 2015. Accessed September 11, 2016, 〈https://www.theguardian.com/technology/2015/jun/28/computer-writing-journalism-artificial-intelligence〉
31. Matthew E. May, *The Elegant Solution: Toyota's Formula for Mastering Innovation* (New York: Free Press, 2007).
32. Susan Malanowski, "Innovation Incentives: How Companies Foster Innovation," *Wilson Group*, September 2007, accessed May 11, 2016, 〈http://www.wilsongroup.com/wp-content/uploads/2011/03/InnovationIncentives.pdf〉
33. "How Companies Incentivize Innovation," *SIT*, May 2013, accessed May 11, 2016, 〈http://www.innovationinpractice.com/How%20Companies%20Incentivize%20Innovation%20E-version%20May%202013.pdf〉
34. Eric Schmidt and Jonathan Rosenberg, *How Google Works* (New York: Grand Central, 2014).
35. Tom Kelley, *The Art of Innovation* (New York: Doubleday, 2001).

12장

1. *Workshop Proceedings of the 9th International Conference on Intelligent Environments*, ed. Juan A. Botía and Dimitris Charitos (Amsterdam: IOS Press Ebooks, 2013), accessed August 21, 2015, 〈http://ebooks.iospress.nl/volume/workshop-proceedings-of-the-9th-international-conference-on-intelligent-environments〉
2. Shumei Zhang and Victor Callaghan, "Using Science Fiction Prototyping as a Means to Motivate Learning of STEM Topics and Foreign Languages," *2014 International Conference on Intelligent Environments* (Los Alamitos: IEEE Computer Society, 2014).
3. Amy Russell and Stephen Rice, "Sailing Seeds: An Experiment in Wind Dispersal," *Botanical Society of America*, March 2001, accessed August 21, 2015, 〈http://botany.org/bsa/misc/mcintosh/dispersal.html〉
4. James Gleick, *Genius: The Life and Science of Richard Feynman* (New York: Pantheon

Books, 1992).

5. Kamal Shah et. al, "Maji: A New Tool to Prevent Overhydration of Children Receiving Intravenous Fluid Therapy in Low-Resource Settings," *American Journal of Tropical Medical Hygiene* 92, no. 5 (2015), accessed May 11, 2016, ⟨http://dx.doi.org/10.4269/ajtmh.14-0495⟩
6. Carol Dweck, *Mindset: The New Psychology of Success* (New York: Random House, 2006).
7. 이 학교는 르네상스 탐구 학습 아웃워드 바운드 스쿨이며 여기서 소개한 시를 쓴 사람은 이 학교 6학년 학생 트리샤나 크루파다.
8. See Runco et. al., "Torrance Tests of Creative Thinking as Predictors of Personal and Public Achievement: A Fifty-Year Follow-Up," *Creativity Research Journal 22*, no. 4 (2010): p. 6. See also, E. Paul Torrance, "Are the Torrance Tests of Creative Thinking Biased Against or in Favor of 'Disadvantaged' Groups?" *Gifted Child Quarterly* 15, no. 2 (1971): pp. 75–80. Summarising the results, Torrance wrote "An analysis of twenty studies indicates that in 86% of the comparisons, the finding was either 'no difference' or differences in favour of the culturally different group," in Torrance, *Discovery and Nurturance of Giftedness in the Culturally Different* (Reston: Council for Exceptional Children, 1977). 추적 연구 결과 토런스 검사(Torrance Test)가 지능 지수나 SAT(미국 대학 입학 자격 시험) 점수보다 미래의 창의적인 성과를 예측하는 데 더 효과적이라는 것이 확인되었다.
9. Robert Gjerdingen, "Partimenti Written to Impart a Knowledge of Counterpoint and Composition," in *Partimento and Continuo Playing in Theory and in Practice*, ed. Dirk Moelants and Kathleen Snyers (Leuven: Leuven University Press, 2010).
10. Benjamin S. Bloom and Lauren A. Sosniak, *Developing Talent in Young People* (New York: Ballantine Books, 1985).
11. Mikael Carlssohn, "Women in Film Music, or How Hollywood Learned to Hire Female Composers for (at Least) Some of Their Movies," *IAWM Journal* 11, no. 2 (2005): pp. 16–19; Ricky O'Bannon, "By the Numbers: Female Composers," *Baltimore Symphony Orchestra*, accessed May 11, 2016, ⟨https://www.bsomusic.org/stories/by-the-numbers-female-composers.aspx⟩
12. Maria Popova, "Margaret Mead on Female vs. Male Creativity, the 'Bossy' Problem, Equality in Parenting, and Why Women Make Better Scientists," *Brain Pickings*, n.d., accessed May 11, 2016, ⟨http://www.brainpickings.org/2014/08/06/margaret-mead-female-male/⟩
13. James S. Catterall, Susan A. Dumais, and Gillian Harden-Thompson, *The Arts and Achievement in At-Risk Youth: Findings from Four Longitudinal Studies* (Washington: National Endowment for the Arts, 2012).
14. John Maeda, "STEM + Art = STEAM," *e STEAM Journal*: Vol. 1: Iss. 1, Article 34. Available at: ⟨http://scholarship.claremont.edu/steam/vol1/iss1/34⟩
15. Steve Lohr, "IBM's Design-Centered Strategy to Set Free the Squares," *New York Times*, November 14, 2015, accessed May 11, 2016, ⟨http://www.nytimes.com/2015/11/15/business/ibms-design-centered-strategy-to-set-free-the-squares.html?_r=0⟩
16. Marlene Cimons, "New in Rescue Robots: Survivor Buddy," *US News and World Report*, June 2, 2010, accessed May 17, 2016, ⟨http://www.usnews.com/science/articles/2010/06/02/new-

in-rescue-robots-survivor-buddy〉

17. Robin Murphy et al., "A Midsummer Night's Dream (With Flying Robots)," *Autonomous Robots* 30 (2011), 〈doi:10.1007/s10514-010-9210-3〉

18. Morton Feldman, "The Anxiety of Art," in *Give My Regards to Eighth Street: Collected Writings of Morton Feldman* (Cambridge, MA: Exact Change, 2000).

19. H.L. Gold, "Ready, Aim—Extrapolate!" *Galaxy Science Fiction*, May 1954.

20. Mimi Hall, "Sci-fi writers join war on terror," *USA Today*, May 31, 2007, accessed May 11, 2016, 〈http://usatoday30.usatoday.com/tech/science/2007-05-29-deviant-thinkers-security_N.htm〉

21. Emily Dickinson, *The Complete Poems of Emily Dickinson* (Boston: Little, Brown, 1924; Bartleby.com, 2000).

22. Katrina Schwartz, "How Integrating Arts in Other Subjects Makes Learning Come Alive," KQED News, January 13, 2015, 〈https://ww2.kqed.org/mindshift/2015/01/13/how-integrating-arts-into-other-subjects-makes-learning-come-alive/〉 Keith McGilvery, "Burlington principal wins national award," WCAX, March 31, 2016. http://www.wcax.com/story/31613997/burlington-principal-wins-national-award

23. Stephen Nachmanovitch, *Free Play: Improvisation in Life and Art* (New York: Jeremy P. Tacher/Putnam, 1990).

13장

1. Anthony Brandt, "Why Minds Need Art," *TEDx Houston*, November 3, 2012, accessed May 17, 2016, 〈http://tedxtalks.ted.com/video/Anthony-Brandt-at-TEDxHouston-2〉

2. Yun Sun Cho et al., "The tiger genome and comparative analysis with lion and snow leopard genomes," *Nature Communications* 4 (2013), 〈http://dx.doi.org/10.1038/ncomms3433〉

참고문헌

- Adams, Tim. "And the Pulitzer goes to … a computer." *The Guardian*, June 28, 2015.
- Albrecht, Donald, ed., *Norman Bel Geddes Designs America*. New York: Abrams, 2012.
- Allain, Yves-Marie and Janine Christiany. *L'Art des Jardins en Europe*. Paris: Citadelles and Mazenod, 2006.
- Allen, Michael. *Charles Dickens and the Blacking Factory*. St Leonards, UK: Oxford-Stockley, 2011.
- Amabile, Teresa. *Creativity in Context: Update to the Social Psychology of Creativity*. Boulder: Westview Press, 1996. (테레사 M. 아마빌레, 《심리학의 눈으로 본 창조의 조건》)
- ———. *Growing up Creative: Nurturing a Lifetime of Creativity*. New York: Crown, 1989. (테레사 M. 아마빌레, 《창의성과 동기유발》)
- Anderson, Christopher. *Hollywood TV: The Studio System in the Fifties*. Austin: University of Texas Press, 1994.
- Andreasen, Nancy C. "A Journey into Chaos: Creativity and the Unconscious." *Mens Sana Monographs* 9, no. 1 (2011): 42–53.
- Andreasen, Nancy C. "Secrets of the Creative Brain." *Atlantic*. June 25, 2014.
- Antoniades, Andri. "The Landfill Harmonic: These Kids Play Classical Music with Instruments Made From Trash." *Take Part*. 6 November 2013. Accessed 21 August 2015. 〈http://www.takepart.com/article/2013/11/06/landfill-harmonic-kids-play-classical-music-instruments-made-of-trash〉
- Atalay, Bülent and Keith Wamsley. *Leonardo's Universe: The Renaissance World of Leonardo Da Vinci*. Washington: National Geographic, 2008.
- Bachmann, Christian and Luc Basier. "Le Verlan: Argot D'école Ou Langue des Keums?" *Mots Mots* 8, no. 1 (1984): 169-87. doi:10.3406/mots.1984.1145. 〈http://www.persee.fr/doc/mots_0243-6450_1984_num_8_1_1145〉
- Backer, Bill. *The Care and Feeding of Ideas*. New York: Crown, 1993.
- Baker, Al. "Test Prep Endures in New York Schools, Despite Calls to Ease It." *New York Times*, April 30, 2014.
- Baldwin, Neil. *Edison: Inventing the Century*. New York: Hyperion, 1995.
- "Bankrupt Battery-Swapping Startup for Electric Cars Purchased by Israeli Company." *San Jose*

Mercury News. November 21, 2013. Accessed July 18, 2015. ⟨http://www.mercurynews.com/business/ci_24572865/bankrupt-battery-swapping-startup-electric-cars-purchased-by⟩

- Bassett, Troy J. "The Production of Three-Volume Novels in Britain, 1863–97," *Bibliographical Society of America* 102, no. 1 (2008): 61–75.
- Baucheron, Éléa and Diane Routex. *The Museum of Scandals: Art That Shocked the World*. Munich: Prestel Verlag, 2013.
- Baum, Dan. "No Pulse: How Doctors Reinvented the Human Heart." *Popular Science*. February 29, 2012. Accessed August 12, 2014. ⟨http://www.popsci.com/science/article/2012-02/no-pulse-how-doctors-reinvented-human-heart⟩
- Bel Geddes, Norman. *Miracle in the Evening: An Autobiography*. Edited by William Kelley. Garden City: Doubleday, 1960.
- ———. "*Today in 1963*." University of Texas Harry Ransom Center. Norman Bel Geddes Database.
- Bellos, David. *Jacques Tati: His Life and Art*. London: Harvill, 1999.
- Bensen, P.L. and N. Leffert. "Childhood: Anthropological Aspects." In *International Encyclopedia of the Social and Behavioral Sciences*. New York: Elsevier, 2001, 1697–701.
- Berger, Audrey A. and Shelly Cooper. "Musical Play: A Case Study of Preschool Children and Parents." *Journal of Research in Music Education* 51, no. 2 (2003).
- Bhanoo, Sindya N. "Brains of Bee Scouts Are Wired for Adventure." *New York Times*. March 9, 2012.
- Bilger, B. "The Possibilian: What a brush with death taught David Eagleman about the mysteries of time and the brain." *New Yorker*. April 25, 2011.
- Bloom, Benjamin S. and Lauren A. Sosniak. *Developing Talent in Young People*. New York: Ballantine Books, 1985.
- Boime, Albert. "The Salon des Refusés and the Evolution of Modern Art." *Art Quarterly* 32, 1969.
- Boothby, Clare. "Shrinky Dink® Microfluidics." *Royal Society of Chemistry: Highlights in Chemical Technology*. December 5, 2007.
- Borges, Jorge Luis. "Pierre Ménard, Author of the Quixote." In *Borges: A Reader: A Selection from the Writings of Jorge Luis Borges*. Ed. Emir Rodriguez Monegal and Alistair Reid. New York: Dutton, 1981.
- Bosman, Julie. "Professor Says He Has Solved Mystery Over a Slave's Novel." *New York Times*. September 18, 2013.
- Bradley, David. "Patently Useless." *Materials Today*. November 29, 2013. Accessed August 28, 2014. ⟨http://www.materialstoday.com/materials-chemistry/comment/patently-useless/⟩
- Bradsher, Keith. "Conditions of Chinese Artist Ai Weiwei's Detention Emerge." *New York Times*. August 12, 2011. Accessed August 21, 2015. ⟨http://www.nytimes.com/2011/08/13/world/asia/13artist.html?_r=2&smid=tw-nytimes&seid=auto⟩
- Brady, Jeff. "After Solyndra Loss, U.S. Energy Loan Program Turning a Profit." *NPR*. Accessed August 20, 2015. ⟨http://www.npr.org/2014/11/13/363572151/after-solyndra-loss-u-s-energy-

loan-program-turning-a-profit〉

- Brand, Stewart. *How Buildings Learn: What Happens After They're Built.* New York: Penguin, 1994.
- Brandt, Anthony. "Why Minds Need Art." *TEDx Houston.* November 3, 2012. Accessed May 17, 2016. 〈http://tedxtalks.ted.com/video/Anthony-Brandt-at-TEDxHouston-2〉
- Bressler, Steven L. and Vinod Menon. "Large-scale Brain Networks in Cognition: Emerging Methods and Principles." *Trends in Cognitive Sciences* 14, no. 6 (2010): 277–90.
- Bronson, Po and Ashley Merryman. "The Creativity Crisis." *Newsweek.* July 10, 2010. Accessed May 10, 2014. 〈http://www.newsweek.com/creativity-crisis-74665〉
- Brookshire, Bethany. "Attitude, Not Aptitude, May Contribute to the Gender Gap." *Science News.* January 15, 2015. Accessed May 11, 2016. 〈https://www.sciencenews.org/blog/scicurious/attitude-not-aptitude-may-contribute-gender-gap〉
- Buckner, Randy L. and Fenna M. Krienen. "The Evolution of Distributed Association Networks in the Human Brain." *Trends in Cognitive Sciences* 17, no. 12, 2013. Accessed May 5, 2016. doi:10.1016/j.tics.2013.09.017. 〈http://dx.doi.org/10.1016/j.tics.2013.09.017〉
- "Burbank Time Capsule Revisited." *Los Angeles Times.* March 17, 2009. Accessed May 11, 2016. 〈http://latimesblogs.latimes.com/thedailymirror/2009/03/burbank-time-ca.html〉
- Burleigh, H.T. *The Spirituals: High Voice.* Melville, NY: Belwin-Mills, 1984. 〈http://dx.doi.org/10.1016/j.ydbio.2006.04.445〉
- "The Buxton Collection," *Microsoft Corporation.* Accessed May 5, 2016. 〈http://research.microsoft.com/en-us/um/people/bibuxton/buxtoncollection〉
- Byrnes, W. Malcolm and William R. Eckberg. "Ernest Everet Just (1883–1941) – An Early Ecological Developmental Biologist." *Developmental Biology* 296 (2006): 1–11. doi:10.1016/j.ydbio.2006.04.445. http://dx.doi.org/10.1016/j.ydbio.2006.04.445
- Cage, John. Silence: *Lectures and Writings.* Middletown, CT: Wesleyan University Press, 1961.
- "Capitalizing on Complexity: Insights from the Global Chief Executive Officer Study," *IBM Institute for Business Value.* May 2010. Accessed May 17, 2016. 〈http://www-01.ibm.com/common/ssi/cgi-bin/ssialias?subtype=XB&infotype=PM&appname= GBSE_GB_TI_USEN&htmlfid=GBE03297USEN&attachment=GBE03297USEN.PDF〉
- Carlssohn, Mikael. "Women in Film Music, or How Hollywood Learned to Hire Female Composers for (at Least) Some of Their Movies." *IAWM Journal* 11, no. 2 (2005): pp. 16–19.
- Carrington, Damian. "Da Vinci's Parachute Flies." *BBC News.* June 27, 2000. Accessed August 21, 2015. 〈http://news.bbc.co.uk/2/hi/science/nature/808246.stm〉
- Carver, George Washington and Gary R. Kremer. *George Washington Carver in His Own Words.* Columbia: University of Missouri Press, 1987.
- Catterall, James S., Susan A. Dumais, and Gillian Harden-Thompson. *The Arts and Achievement in At-Risk Youth: Findings from Four Longitudinal Studies.* Washington: National Endowment for the Arts, 2012.
- Chanin, A.L., "Les Demoiselles de Picasso," *New York Times*, August 18, 1957.
- Chi, Tom. "Rapid Prototyping Google Glass." *TED-Ed.* November 17, 2012. Accessed May 17,

2016. ⟨http://ed.ted.com/lessons/rapid-prototyping-google-glass-tom-chi#watch⟩

- Chin, Andrea. "Ai Weiwei Straightens 150 Tons of Steel Rebar from Sichuan Quake." *Designboom*. June 4, 2013. Accessed May 11, 2016. ⟨http://www.designboom.com/art/ai-weiwei-straightens-150-tons-of-steel-rebar-from-sichuan-quake/⟩
- Cho, Yun Sun et al. "The Tiger Genome and Comparative Analysis with Lion and Snow Leopard Genomes." *Nature Communications* 4 (2013). doi:10.1038/ncomms3433. https://www.ncbi.nlm.nih.gov/pmc/articles/PMC3778509/
- Chris. "Words that Have Changed their Meanings Over Time." *Fluent Focus English Blog*. September 25, 2014. ⟨http://fluentfocus.com/english-words-that-have-changed-their-meanings/⟩
- Christensen, Clayton M. and Derek van Bever. "The Capitalist's Dilemma." *Harvard Business Review*. June 2014. Accessed June 18, 2014. ⟨https://hbr.org/2014/06/the-capitalists-dilemma⟩
- Christgau, Robert. *Grown up All Wrong: 75 Great Rock and Pop Artists from Vaudeville to Techno*. Cambridge, Mass: Harvard University Press, 1998.
- Chukovskaia, Lydia, Peter Norman, and Anna Andreevna Akhmatova. *The Akhmatova Journals* 1938–41. London: Harvill, 1994.
- Church, George M., and Edward Regis. Regenesis: *How Synthetic Biology Will Reinvent Nature and Ourselves*. New York: Basic Books, 2012.
- Cichon, Steve. "Everything from This 1991 Radio Shack Ad You Can Now Do With Your Phone." *Huffington Post*. Accessed August 19, 2015. ⟨http://www.huffingtonpost.com/steve-cichon/radio-shack-ad_b_4612973.html⟩
- Cimons, Marlene. "New in Rescue Robots: Survivor Buddy." *US News and World Report*. June 2, 2010. Accessed May 17, 2016. ⟨http://www.usnews.com/science/articles/2010/06/02/new-in-rescue-robots-survivor-buddy⟩
- Cohn, William E., Jo Anna Winkler, Steven Parnis, Gil G. Costas, Sarah Beathard, Jeff Conger, and O.H. Frazier. "Ninety-Day Survival of a Calf Implanted with a Continuous-Flow Total Artificial Heart." *ASAIO Journal* 60, no. 1 (2014): 15–18.
- Cole, David John, Eve Browning, and Fred E.H. Schroeder. *Encyclopedia of Modern Everyday Inventions*. Westport, CT: Greenwood Press, 2002.
- Cole, Simon A. "Which Came First, the Fossil or the Fuel?" *Social Studies of Science* 26, no. 4 (1996): 733–66.
- Connor, George Alan, Doris Tappan Connor, William Solzbacher and the Very Rev. Dr J.B. Se-Tsien Kao. *Esperanto, the World Interlanguage*. South Brunswick: T. Yoseloff, 1966.
- Connor, James A. *The Last Judgment: Michelangelo and the Death of the Renaissance*. New York, NY: Palgrave Macmillan, 2009.
- Cook, Gareth. "The Singular Mind of Terry Tao." *New York Times*. July 25, 2015. Accessed August 21, 2015. ⟨http://www.nytimes.com/2015/07/26/magazine/the-singular-mind-of-terry-tao.html⟩
- Cooper, James Fenimore. *The Pioneers*. Boone, IA: Library of America, 1985. (제임스 페니모어

쿠퍼, 《개척자들》)

- Cooper, Patricia M., Karen Capo, Bernie Mathes, and Lincoln Gray. "One Authentic Early Literacy Practice and Three Standardized Tests: Can a Storytelling Curriculum Measure Up?" *Journal of Early Childhood Teacher Education* 28, no. 3 (2007): 251-75. doi:10.1080/10901020701555564 http://www.tandfonline.com/doi/abs/10.1080/10901020701555564
- Cousins, Mark. *The Story of Film*. New York: Thunder's Mouth Press, 2004.
- Cramond, Bonnie, Juanita Matthews-Morgan, Deborah Bandalos, and Li Zuo. "A Report on the 40-Year Follow-Up of the Torrance Tests of Creative Thinking: Alive and Well in the New Millennium." *Gifted Child Quarterly* 49, no. 4 (2005): 283–91.
- Creative Partnerships: *Changing Young Lives*. The International Foundation for Creative Learning. Newcastle upon Tyne, 2012. Accessed April 5, 2015. 〈http://www.creativitycultureeducation.org/wp-content/uploads/Changing-Young-Lives-2012〉
- Crispino, Enrica. *Leonardo: Arte e Scienza*. Firenze: Giunti, 2000.
- Csikszentmihalyi, Mihaly. *Creativity: Flow and the Psychology of Discovery and Invention*. New York: HarperCollins, 1996. (미하이 칙센트미하이, 《창의성의 즐거움》)
- Cummings, E.E. *Complete Poems* 1904–1962. New York, Liveright, 2016.
- Curtin, Joseph. "Innovation in Violinmaking." *Joseph Curtin Studios*. July 1998. Accessed July 18, 2015. 〈http://josephcurtinstudios.com/article/innovation-in-violinmaking/〉
- Curtis, Gregory. *The Cave Painters: Probing the Mysteries of the First Artists*. New York: Knopf, 2006.
- Dale, R.C. "Two New Tatis." *Film Quarterly* 26, no. 2 (1972): 30–3. doi:10.2307/1211316. http://fq.ucpress.edu/content/26/2/30
- Dalzell, Frederick. *Engineering Invention: Frank J. Sprague and the U.S. Electrical Industry*. Cambridge, MA: MIT Press, 2010.
- Davidson, Gail. "The Future of Television." *Cooper Hewitt*. August 16, 2015. Accessed May 11, 2016. 〈http://www.cooperhewitt.org/2015/08/16/the-future-of-television/〉
- Dawkins, Richard. "The Descent of Edward Wilson." *Prospect*. June 2012. Accessed July 18, 2015. 〈http://www.prospectmagazine.co.uk/science-and-technology/edward-wilson-social-conquest-earth-evolutionary-errors-origin-species〉
- Delaplaine, Andrew. *Thomas Edison: His Essential Quotations*. New York: Gramercy Park, 2015.
- Dew, Nicholas, Saras Sarasvathy, and Sankaran Venkataraman. "The Economic Implications of Exaptation." *SSRN Electronic Journal* (2003). Accessed September 14, 2014. doi:10.2139/ssrn.348060. http://dx.doi.org/10.2139/ssrn.348060
- Diamond, Adele. "The Evidence Base for Improving School Outcomes by Addressing the Whole Child and by Addressing Skills and Attitudes, Not Just Content." *Early Education & Development* 21, no. 5 (2010): 780–93. doi:10.1080/10409289.2010.514522. https://www.ncbi.nlm.nih.gov/pmc/articles/PMC3026344/
- ———. "Want to Optimize Executive Functions and Academic Outcomes? Simple, Just Nourish the Human Spirit." *Minnesota Symposia on Child Psychology Developing Cognitive*

Control Processes: Mechanisms, Implications, and Interventions, 2013, 203–30.
- Dick, Philip K. *The Man in the High Castle*. New York: Vintage Books, 1992. (필립 K. 딕, 《높은 성의 사나이》)
- Dickens, Charles. *David Copperfield*. Hertfordshire: Wordsworth Editions Ltd, 2000. (찰스 디킨스, 《데이비드 코퍼필드》)
- ———, and Peter Rowland. *My Early Times*. London: Aurum Press, 1997.
- Dickinson, Emily. *The Complete Poems of Emily Dickinson*. Boston: Little, Brown, 1924; Bartleby.com, 2000.
- Dietrich, Arne. *How Creativity Happens in the Brain*. New York: Palgrave Macmillan, 2015.
- Dougherty, Dale and Ariane Conrad. *Free to Make: How the Maker Movement is Changing Our Schools, Our Jobs, and Our Minds*. Berkeley: North Atlantic Books, 2016.
- Doyle, Arthur Conan. *Sherlock Holmes: The Complete Novels and Stories*. New York: Bantam, 1986. (아서 코난 도일, 《셜록 홈즈》)
- Dweck, Carol S. *Mindset: The New Psychology of Success*. New York: Random House, 2006. (캐럴 드웩, 《마인드셋》)
- Dyson, James. "No Innovator's Dilemma Here: In Praise of Failure." *Wired*. April 8, 2011. Accessed August 21, 2015. 〈http://www.wired.com/2011/04/in-praise-of-failure/〉
- Eagleman, David. *The Brain: The Story of You*. London: Canongate, 2015. (데이비드 이글먼, 《더 브레인》)
- ———. *Incognito*. New York: Pantheon, 2011. (데이비드 이글먼, 《인코그니토》)
- ———. "Visual Illusions and Neurobiology." *Nature Reviews Neuroscience* 2, no. 12 (2001): 920–6.
- ———, Cristophe Person, and P. Read Montague. "A Computational Role for Dopamine Delivery in Human Decision-Making." *Journal of Cognitive Neuroscience* 10, no. 5 (1998): 623-630.
- Ebert, Roger. "Psycho." *RogerEbert.com*. December 6, 1998. Accessed August 21, 2015. 〈http://www.rogerebert.com/reviews/psycho-1998〉
- Edison, Thomas A. "The Phonograph and Its Future." *Scientific American* 5, no. 124 (1878): 1973–974. doi:10.1038/scientificamerican05181878-1973supp. http://www.jstor.org/stable/25110210
- Eitan, Zohar and Renee Timmers. "Beethoven's last piano sonata and those who follow crocodiles: Cross-domain mappings of pitch in a musical context." *Cognition* 114 (2010): 405–422.
- Ekserdjian, David. *Bronze*. London: Royal Academy of Arts, 2012.
- Eliot, T.S. "Tradition and the Individual Talent." *In The Sacred Wood: Essays on Poetry and Criticism*. New York: Knopf, 1921.
- ———. "Selected Poems." London: Faber & Faber, 2015.
- Ellingsen, Eric. "Designing Buildings, Using Biology: Today's Architects Turn to Biology More than Ever. Here's Why." *The Scientist Magazine*. July 27, 2007. Accessed May 17, 2016. 〈http://www.the-scientist.com/?articles.view/articleNo/25290/title/Designing-buildings--

using-biology/〉
- Ermenc, Joseph J. "The Great Languedoc Canal." *French Review* 34, no. 5 (1961): 456.
- Eugenios, Jillian "Lowe's Channels Science Fiction in New Holoroom." *CNN*. June 12, 2014. Accessed May 11, 2016. 〈http://money.cnn.com/2014/06/12/technology/innovation/lowes-holoroom/〉
- Fauconnier, Gilles, and Mark Turner. *The Way We Think: Conceptual Blending and the Mind's Hidden Complexities*. New York: Basic Books, 2002. (질 포코니에?마크 터너, 《우리는 어떻게 생각하는가》)
- Fayard, Anne-Laure and John Weeks. "Who Moved My Cube?" *Harvard Business Review*. July 2011. Accessed May 11, 2016. 〈https://hbr.org/2011/07/who-moved-my-cube〉
- Feldman, Morton. "The Anxiety of Art." In *Give My Regards to Eighth Street: Collected Writings of Morton Feldman*. Cambridge, MA: Exact Change, 2000.
- Feynman, Richard P. "New Textbooks for the 'New' Mathematics." *Engineering and Science* 28, no. 6 (1965): 9–15.
- Fisher, David. Tube: *The Invention of Television*. New York: Harcourt Brace, 1996.
- Florida, Richard. "Bohemia and Economic Geography." *Journal of Economic* Geography 2 (2002): 55–71. doi:10.1093/jeg/2.1.55. https://doi.org/10.1093/jeg/2.1.55
- Foege, Alec. *The Tinkerers: The Amateurs, DIYers, and Inventors Who Make America Great*. New York: Basic Books, 2013.
- "'Forget the Free Food and Drinks—the Workplace is Awful:' Facebook Employees Reveal the 'Best Place to Work in Tech' Can be a Soul-Destroying Grind Like Any Other." *Daily Mail*. September 3, 2013. Accessed May 11, 2016. 〈http://dailymail.co.uk/news/article-2410298〉
- Forster, John. *The Life of Charles Dickens*. London & Toronto: J.M. Dent & Sons, 1927.
- Forsyth, Mark. *The Etymologicon: A Circular Stroll through the Hidden Connections of the English Language*. New York: Berkley Books, 2012.
- Fountain, Henry. "At the Printer, Living Tissue." *New York Times*. August 18, 2013. Accessed May 5, 2016. 〈http://www.nytimes.com/2013/08/20/science/next-out-of-the-printer-living-tissue.html?pagewanted=all&_r=0〉
- Frankel, Henry R. *The Continental Drift Controversy*. Cambridge: Cambridge University Press, 2012.
- Fraser, Colin. *Harry Ferguson: Inventor & Pioneer*. Ipswich: Old Pond Publishing, 1972.
- Frazier, O.H., William E. Cohn, Egemen Tuzun, Jo Anna Winkler, and Igor D. Gregoric. "Continuous-Flow Total Artificial Heart Supports Long-Term Survival of a Calf." *Texas Heart Institute Journal* 36, no. 6 (2009): 568–74.
- Franklyn, Julian. *A Dictionary of Rhyming Slang*. 2nd ed. London: Routledge, 1991.
- Freeman, Allyn and Bob Golden. "*Why Didn't I Think of That?: Bizarre Origins of Ingenious Inventions We Couldn't Live Without*." New York: John Wiley, 1997.
- Fritz, C., J. Curtin, J. Poitevineau, P. Morrel-Samuels, and F.C. Tao. "Player Preferences among New and Old Violins." *Proceedings of the National Academy of Sciences* 109, no. 3 (2012): 760–63.

- Fromkin, David. *The Way of the World: From the Dawn of Civilizations to the Eve of the Twenty-first Century*. New York: Knopf, 1999.
- Galluzzi, Paolo. *The Mind of Leonardo: The Universal Genius at Work*. Firenze: Giunti, 2006.
- Gardner, David P. et al. *A Nation at Risk: The Imperative for Educational Reform. An Open Letter to the American People. A Report to the Nation and the Secretary of Education*. Washington: National Commission of Excellence in Education, 1983.
- Gardner, Howard. *Art, Mind, and Brain: A Cognitive Approach to Creativity*. New York: Basic Books, 1982.
- Gardner, Howard. *The Unschooled Mind: How Children Think and How Schools Should Teach*. New York: Basic Books, 1991.
- ———, and David N. Perkins. *Art, Mind, and Education: Research from Project Zero*. Urbana: University of Illinois Press, 1989.
- Gauguin, Paul. *The Writings of a Savage*. New York: Viking Press, 1978.
- Gazzaniga, Michael S. *Human: The Science Behind What Makes Us Unique*. New York: Ecco, 2008. (마이클 가자니가, 《왜 인간인가》)
- Geim, A. K., and K. S. Novoselov. "The Rise of Graphene." *Nature Materials* 6, no. 3 (2007): 183–91.
- Gelb, Michael J. *How to Think Like Leonardo Da Vinci*. New York: Dell, 2000. (마이클 J. 겔브, 《레오나르도 다빈치처럼 생각하기》)
- Gertner, Jon. *The Idea Factory: Bell Labs and the Great Age of American Innovation*. New York: Penguin Press, 2012. (존 거트너, 《벨 연구소 이야기》)
- Giovannini, Daniel, Jacquiline Romero, Václav Potoček, Gergely Ferenczi, Fiona Speirits, Stephen M. Barnett, Daniele Faccio, and Miles J. Padgett. "Spatially Structured Photons that Travel in Free Space Slower than the Speed of Light." *Science* 347, no. 6224 (2015): 857–60. doi:10.1126/science.aaa3035. https://arxiv.org/abs/1411.3987
- Gjerdingen, Robert. "Partimenti Written to Impart a Knowledge of Counterpoint and Composition." In *Partimento and Continuo Playing in Theory and in Practice*, edited by Dirk Moelants and Kathleen Snyers. Leuven: Leuven University Press, 2010.
- Gladwell, Malcolm. "Creation Myth." *New Yorker*. May 16, 2011. Accessed May 1, 2016. 〈http://www.newyorker.com/magazine/2011/05/16/creation-myth〉
- Gleick, James. *Genius: The Life and Science of Richard Feynman*. New York: Pantheon Books, 1992. (제임스 글릭, 《천재》)
- Gogh, Vincent van, and Martin Bailey. *Letters from Provence*. London: Collins & Brown, 1990.
- ———, and Ronald de Leeuw. *The Letters of Vincent van Gogh*. London: Allen Lane, Penguin Press, 1996.
- Gold, H.L. "Ready, Aim — Extrapolate!" *Galaxy Science Fiction*. May 1954.
- Göncü, Artin and Suzanne Gaskins. *Play and Development: Evolutionary, Sociocultural, and Functional Perspectives*. Mahwah, NJ: Lawrence Erlbaüm, 2007.
- Gordon, J.E. *The New Science of Strong Materials, Or, Why You Don't Fall Through the Floor*. Princeton, NJ: Princeton University Press, 1984.

- Gottschall, Jonathan. *The Storytelling Animal: How Stories Make Us Human*. New York: Mariner Books, 2012.
- Gray, Peter. "Children's Freedom Has Declined, So Has Their Creativity." *Psychology Today*. September 17, 2012. Accessed April 27, 2014. 〈http://www.psychologytoday.com//blog/freedom-learn/201209/children-s-freedom-has-declined-so-has-their-creativity〉
- Greenblatt, Stephen. *The Norton Anthology of English Literature*. Vol. B. New York: W.W. Norton, 2012.
- Greene, Maxine. *Releasing the Imagination: Essays on Education, the Arts, and Social Change*. San Francisco: Jossey-Bass Publishers, 1995.
- ———. *Variations on a Blue Guitar: The Lincoln Center Institute Lectures on Aesthetic Education*. New York: Teachers College Press, 2001. (맥신 그린, 《블루 기타 변주곡》)
- Grimes, Anthony, David N. Breslauer, Maureen Long, Jonathan Pegan, Luke P. Lee, and Michelle Khine. "Shrinky-Dink Microfluidics: Rapid Generation of Deep and Rounded Patterns." *Lab Chip* 8, no. 1 (2008): 170–72.
- Gross, Daniel. "Another Casualty of the Department of Energy's Loan Program Is Making a Comeback." *Slate*. August 8, 2014. Accessed August 20, 2015. 〈http://www.slate.com/articles/business/the_juice/2014/08/beacon_power_the_department_of_energy_loan_recipient_is_making_a_comeback.html〉
- Halevy, Alon, Peter Norvig, and Fernando Pereira. "The Unreasonable Effectiveness of Data." *IEEE Intelligent Systems* 24, no. 2 (2009): 8–12.
- Hall, Marcia B. *Michelangelo's Last Judgment*. Cambridge, UK: Cambridge University Press, 2005.
- Hall, Mimi. "Sci-fi writers join war on terror." *USA Today*. May 31, 2007. Accessed May 11, 2016. 〈http://usatoday30.usatoday.com/tech/science/2007-05-29-deviant-thinkers-security_N.htm〉
- Hardus, Madeleine E., Adriano R. Lameira, Carel P. Van Schaik, and Serge A. Wich. "Tool Use in Wild Orangutans Modifies Sound Production: A Functionally Deceptive Innovation?" *Proceedings of the Royal Society B* 276 no. 1673 (2009): 3689–94. doi:10.1098/rspb.2009.1027. https://www.ncbi.nlm.nih.gov/pmc/articles/PMC2817314/
- Hardy, Quentin. "The Robotics Inventors Who Are Trying to Take the 'Hard' Out of Hardware." *New York Times*. April 14, 2015.
- Hargadon, Andrew. *How Breakthroughs Happen: The Surprising Truth About How Companies Innovate*. Boston, MA: Harvard Business School Press, 2003.
- Harnisch, Larry. "Burbank Time Capsule Revisited." *Los Angeles Times*. March 17, 2009. Accessed July 18, 2015. 〈http://latimesblogs.latimes.com/thedailymirror/2009/03/burbank-time-ca.html〉
- Hathaway, Ian and Robert Litan. "The Other Aging of America: The Increasing Dominance of Older Firms." *The Brookings Institution*. July 2014. Accessed May 17, 2016. 〈https://www.brookings.edu/research/the-other-aging-of-america-the-increasing-dominance-of-older-firms/〉
- Hedstrom-Page, Deborah. *From Telegraph to Light Bulb with Thomas Edison*. Nashville: B&H

Publishing Group, 2007.

- Hemingway, Ernest. "Hills like White Elephants." In *The Collected Short Stories of Ernest Hemingway*. New York: Scribner, 1987.
- ———. Patrick Hemingway, and Seán A. Hemingway. *A Farewell to Arms: The Hemingway Library Edition*. New York: Scribner, 2012.
- Henrich, Joseph, Seven J. Heine, and Ara Norenzayan. "The Weirdest People in the World?" *Behavioral and Brain Sciences* 33 (2010): 61–135. doi:10.1017/ S0140525X0999152X. http://www2.psych.ubc.ca/~henrich/pdfs/WeirdPeople.pdf
- Hickey, Maud. *Music outside the Lines: Ideas for Composing in K-12 Music Classrooms*. Oxford: Oxford University Press, 2012.
- Hilmes, Michele. *Hollywood and Broadcasting: From Radio to Cable*. Urbana: University of Illinois Press, 1990.
- Hiltzik, Michael A. *Dealers of Lightning: Xerox PARC and the Dawn of the Computer Age*. New York: HarperCollins, 2000. (마이클 A. 힐트직, 《저주받은 혁신의 아이콘》)
- Hofstadter, Douglas R., and Emmanuel Sander. *Surfaces and Essences: Analogy as the Fuel and Fire of Thinking*. New York: Basic Books, 2013.
- Holt, Rackham. *George Washington Carver: An American Biography*. Garden City, NY: Doubleday, 1943.
- Horgan, John, and Jack Lorenzo. *The End of Science: Facing the Limits of Knowledge in the Twilight of the Scientific Age*. New York: Basic Books, 2015.
- "How Companies Incentivize Innovation." *SIT*. May 2013. Accessed May 11, 2016. http://www.innovationinpractice.com/innovation_in_practice/2013/05/how-companies-incentivize-innovation.html
- Hughes, Jonnie. *On the Origin of Tepees: The Evolution of Ideas (and Ourselves)*. New York: Free Press, 2011.
- Hughes, Robert. "Art: Ku Klux Komix." *Time*. November 9, 1970. Accessed July 14, 2014. 〈http://content.time.com/time/magazine/article/0,9171,943281,00.html〉
- ———. "Art: Reflections in a Bloodshot Eye." Time. August 3, 1981. Accessed July 14, 2014. http://content.time.com/time/magazine/article/0,9171,949302-2,00.html.
- Ilin, Andrew V., Leonard D. Cassady, Tim W. Glover, and Franklin R. Chang Diaz. "VASIMR® Human Mission to Mars." Presentation at the Space, Propulsion and Energy Sciences International Forum, College Park, MD, March 15–17, 2011.
- Illy, József. *The Practical Einstein: Experiments, Patents, Inventions*. Baltimore: Johns Hopkins University Press, 2012.
- Israel, Paul. *Edison: A Life of Invention*. New York: John Wiley, 1998.
- Jakab, Peter L. and Rick Young. *The Published Writings of Wilbur & Orville Wright*. Washington, D.C.: Smithsonian Books, 2000.
- Janson, S., M. Middendorf, and M. Beekman. "Searching for a New Home – Scouting Behavior of Honeybee Swarms." *Behavioral Ecology* 18, no. 2 (2006): 384–92.
- Johnson, George. "Quantum Leaps: 'Einstein's Jewish Science,' by Steven Gimbel." *New York*

Times. August 3, 2012. Accessed May 11, 2016. 〈http://www.nytimes.com/2012/08/05/books/review/einsteins-jewish-science-by-steven-gimbel.html?pagewanted=all&_r=1〉
- Johnson, Steven. *How We Got to Now: Six Innovations That Made the Modern World*. New York: Riverhead Books, 2014. (스티븐 존슨, 《우리는 어떻게 여기까지 왔을까》)
- ———. *Where Good Ideas Come From: The Natural History of Innovation*. New York: Riverhead Books, 2010. (스티븐 존슨, 《탁월한 아이디어는 어디서 오는가》)
- Johnson, Todd. "How Composites and Carbon Fiber Are Used." *About*. Accessed December 28, 2014. 〈http://composite.about.com/od/aboutcarbon/a/Boeings-787-Dreamliner.htm〉
- Jones, Kent. "Playtime." RSS. June 3, 2001. Accessed August 21, 2015. 〈http://www.criterion.com/current/posts/115-playtime〉
- Jones, Robert P., Daniel Cox, E. J. Dionne, Jr., William A. Galston, Betsy Cooper, and Rachel Lienesch. *How Immigration and Concerns About Cultural Change Are Shaping the 2016 Election*. Washington, D.C.: Public Religion Research Institute, 2016.
- Kahn, Robert S. *Beethoven and the Grosse Fuge: Music, Meaning, and Beethoven's Most Difficult Work*. Lanham, MD: Scarecrow Press, 2010.
- Kaplan, Fred. "'WarGames' and Cyber Security's Debt to a Hollywood Hack." *New York Times*. February 19, 2016. Accessed May 11, 2016. 〈http://www.nytimes.com/2016/02/21/movies/wargames-and-cybersecuritys-debt-to-a-hollywood-hack.html?_r=0〉
- Kaplan, Robert. *The Nothing That Is: A Natural History of Zero*. Oxford: Oxford University Press, 2000. (로버트 카플란, 《존재하는 무 0의 세계》)
- Kardos, J.L. "Critical Issues In Achieving Desirable Mechanical Properties for Short Fiber Composites." *Pure and Applied Chemistry* 57, no. 11 (1985): 1651–7.
- Karpman, Ben. "Ernest Everett Just." *Phylon* 4, no. 2 (1943): 159–63. Accessed May 19, 2014. 〈http://www.jstor.org/stable/271888〉
- Karve, Aneesh. "Sixteen Techniques for Innovation (And Counting)." *Visual Magnetic*. May 8, 2010. Accessed July 21, 2014. 〈http://www.visualmagnetic.com/2010/05/forms-of-innovation/〉
- Kaufman, Allison B., Allen E. Butt, James C. Kaufman, and Erin M. Colbert-White. "Towards a Neurobiology of Creativity in Nonhuman Animals." *Journal of Comparative Psychology* 125, no. 255–72. doi:10.1037/a0023147. https://s3.amazonaws.com/jck_articles/KaufmanButtKaufmanColbertWhite2011.pdf
- Kelley, Tom. *The Art of Innovation: Lessons in Creativity from IDEO, America's Leading Design Firm*. London: Profile, 2016. (톰 켈리, 《유쾌한 이노베이션》)
- Kemp, Martin. *Leonardo Da Vinci: Experience, Experiment and Design*. Princeton: Princeton University Press, 2006.
- Kennedy, Pagan. *Inventology: How We Dream Up Things That Change the World*. New York: Houghton Mifflin Harcourt, 2016. (페이건 케네디, 《인벤톨로지》)
- Kerntopf, Paweł, Radomir Stanković, Alexis De Vos, and Jaakko Astola. "Early Pioneers in Reversible Computation." Japan: Research Group on Multiple-Valued Logic, 2014. Accessed August 21, 2014. 〈http://cela.ugent.be/catalog/pug01:4400338〉

- Keynes, John Maynard. "Economic Possibilities for Our Grandchildren." In *Essays in Persuasion*. New York: Norton, 1963.
- Kim, Kyung Hee. "The Creativity Crisis: The Decrease in Creative Thinking Scores on the Torrance Tests of Creative Thinking." *Creativity Research Journal* 23, no. 4 (2011): 285–95.
- Kim, Sangbae, Cecilia Laschi, and Barry Trimmer. "Soft Robotics: A Bioinspired Evolution in Robotics." *Trends in Biotechnology* 31, no. 5 (2013): 287–94.
- King Jr., Martin Luther. *Why We Can't Wait*. New York: Signet Classics, 2000.
- Klein, Maury. *The Power Makers: Steam, Electricity, and the Men Who Invented Modern America*. New York: Bloomsbury Press, 2008.
- Klemens, Guy. *The Cellphone: The History and Technology of the Gadget That Changed the World*. Jefferson, NC: McFarland, 2010.
- Kleon, Austin. *Newspaper Blackout*. New York: Harper Perennial, 2010.
- Koch, Christof. "Keep it in Mind." *Scientific American*. May 2014. 26–9.
- Koestler, Arthur. *The Act of Creation*. New York: Macmillan, 1965.
- Konnikova, Maria. "The Open-Office Trap." *New Yorker*. January 7, 2014. http://www.newyorker/business/currency/the-open-office-trap.
- Kowatari, Yasuyuki, Seung Hee Lee, Hiromi Yamamura, and Miyuki Yamamoto. "Neural Networks Involved in Artistic Creativity." *Human Brain Mapping* 30 no. 5 (2009): 1678–90. doi:10.1002/hbm.20633. http://onlinelibrary.wiley.com/doi/10.1002/hbm.20633/abstract
- Kramer, Hilton. "A Mandarin Pretending to be a Stumblebum." *New York Times*. October 25, 1970. http://www.nytimes.com/1970/10/25/archives/a-mandarin-pretending-to-be-a-stumblebum.html
- Kranz, Gene. *Failure Is Not an Option: Mission Control from Mercury to Apollo 13 and Beyond*. New York: Simon & Schuster, 2000.
- Kremer, Gary R. *George Washington Carver: A Biography*. Santa Barbara, CA: Greenwood, 2011.
- Kryza, Frank. *The Power of Light: The Epic Story of Man's Quest to Harness the Sun*. New York: McGraw-Hill, 2003.
- Kundera, Milan. *The Curtain: An Essay in Seven Parts*, translated by Linda Asher. New York: HarperCollins, 2007.
- Kurzweil, Ray. *The Age of Spiritual Machines*. New York: Viking, 1999. (레이 커즈와일, 《21세기 호모 사피엔스》)
- Lakhani, Karim R. and Jill A. Panetta. "The Principles of Distributed Innovation." *Innovations: Technology, Governance, Globalization* 2, no. 3 (2007): 97–112.
- ———, Lars Bo Jeppesen, Peter A. Lohse, and Jill A. Panetta. "The Value of Openness in Scientific Problem Solving." Harvard Business School Working Paper, January 2007. 〈http://hbswk.hbs.edu/item/the-value-of-openness-in-scientific-problem-solving〉
- LaMore, Rex, Robert Root-Bernstein, Michele Root-Bernstein, John H. Schweitzer, James L. Lawton, Eileen Roraback, Amber Peruski, Amber VanDyke, and Laleah Fernandez. "Arts and Crafts: Critical to Economic Innovation." *Economic Development Quarterly* 27 no. 3

(2013): 221–9. doi:10.1177/0891242413486186. https://scholars.opb.msu.edu/en/publications/arts-and-crafts-critical-to-economic-innovation-3

- "Latest HSSSE Results Show Familiar Theme: Bored, Disconnected Students Want More from Schools." *Indiana University*. June 8, 2010. Accessed August 21, 2015. 〈http://newsinfo.iu.edu/news-archive/14593.html〉
- Lawson, Bryan. *How Designers Think: The Design Process Demystified*. New York: Architectural Press, 2005.
- Lazaris, A., S. Arcidiacono, Y. Huang, J. Zhou, F. Duguay, N. Chretien, E. Welsh, J. Soares, and C. Karatzas. "Spider Silk Fibers Spun from Soluble Recombinant Silk Produced in Mammalian Cells." *Science* 295, no. 5554 (2002): 472–476. doi:10.1126/science.1065780. https://www.ncbi.nlm.nih.gov/pubmed/11799236
- Leggett, Hadley. "One Million Spiders Make Golden Silk for Rare Cloth." *Wired*. September 23, 2009. Accessed August 21, 2015. 〈http://www.wired.com/2009/09/spider-silk/〉
- Lehrer, Jonah. "Groupthink: The Brainstorming Myth." *New Yorker*. January 30, 2012.
- Lehmann, Laurent, Laurent Keller, Stuart West, and Denis Roze. "Group Selection and Kin Selection: Two Concepts but One Process." *Proceedings of the National Academy of Sciences* 104, no. 16 (2007): 6736–9. doi:10.1073/pnas.0700662104.
- Lemonick, Michael D. *The Perpetual Now: A Story of Love, Amnesia, and Memory*. New York: Doubleday, 2017.
- Levinson, Paul. *Cellphone: The Story of the World's Most Mobile Medium and How It Has Transformed Everything!* New York, NY: Palgrave Macmillan, 2004.
- Liang, Z.S., T. Nguyen, H.R. Mattila, S.L. Rodriguez-Zas, T.D. Seeley, and G.E. Robinson. "Molecular Determinants of Scouting Behavior in Honey Bees." *Science* 335, no. 6073 (2012): 1225–228.
- Lieberman, Daniel. *The Story of the Human Body: Evolution, Health, and Disease*. New York: Pantheon, 2013. (대니얼 리버먼, 《우리 몸 연대기》)
- Lieff, John. "Neuronal Connections and the Mind, the Connectome." *Searching for the Mind with John Lieff*, M.D. May 29, 2012. Accessed July 18, 2015. 〈http://jonlieffmd.com/blog/neuronal-connections-and-the-mind-the-connectome.〉
- Lienhard, John H. *How Invention Begins: Echoes of Old Voices in the Rise of New Machines*. Oxford: Oxford University Press, 2006.
- ———. *Inventing Modern: Growing up with X-rays, Skyscrapers, and Tailfins*. New York: Oxford University Press, 2003.
- Lillard, Angeline and Nicole Else-Quest. "Evaluating Montessori Education." *Science* 313 (2006). Accessed January 25, 2013. doi:10.1126/science.1132362. http://science.sciencemag.org/content/313/5795/1893.full
- Limb, Charles J. and Allen R. Braun. "Neural Substrates of Spontaneous Musical Performance: An fMRI Study of Jazz Improvisation." *PLoS ONE* 3, no. 2 (2008). Accessed May 10, 2014. doi:10.1371/journal.pone.0001679.
- Liu, David. "Is Education Killing Creativity in the New Economy?" *Fast Company*. April 26,

2013. Accessed April 27, 2014. 〈http://www.fastcompany.com/3008800/education-killing-creativity-new-economy〉

- Lockhart, Paul. *A Mathematician's Lament.* New York, NY: Bellevue Literary Press, 2009. (폴 록하트, 《수포자는 어떻게 만들어지는가?》)
- Loewy, Raymond. *Never Leave Well Enough Alone.* Baltimore: Johns Hopkins University Press, 2002.
- Lohr, Steve. "IBM's Design-Centered Strategy to Set Free the Squares." *New York Times.* November 14, 2015. Accessed May 11, 2016. 〈http://www.nytimes.com/2015/11/15/business/ibms-design-centered-strategy-to-set-free-the-squares.html?_r=0〉
- Longwell, Chester R. "Some Thoughts on the Evidence for Continental Drift." *American Journal of Science* 242 (1944): 218–231.
- Lovell, Jim and Jeffrey Kluger. *Apollo 13.* New York: Pocket Books, 1995.
- Lowes, John Livingston. *The Road to Xanadu: a Study in the Ways of the Imagination.* Boston: Houghton Mifflin, 1927.
- Lykken, David. "The Genetics of Genius." In *Genius and the Mind: Studies of Creativity and Temperament in the Historical Record*, edited by A. Steptoe. Oxford: Oxford University Press, 1998.
- Lysaker, John T. and William John Rossi. *Emerson and Thoreau: Figures of Friendship.* Bloomington: Indiana University Press, 2010.
- MacCormack, Alan, Fiona Murray, and Erika Wagner. "Spurring Innovation Through Competitions." *MIT Sloan Management Review.* September 17, 2013. Accessed May 11, 2016. 〈http://sloanreview.mit.edu/article/spurring-innovation-through-competitions/〉
- Madrigal, Alexis C. "The Crazy Old Gadgets That Presaged the iPod, iPhone and a Whole Lot More." *Atlantic.* May 11, 2011. Accessed August 19, 2015. 〈http://www.theatlantic.com/technology/archive/2011/05/the-crazy-old-gadgets-that-presaged-the-ipod-iphone-and-a-whole-lot-more/238679/〉
- Mahesh, G.T., Shenoy B. Satish, N.H. Padmaraj, and K.N. Chethan. "Synthesis and Mechanical Characterization of Grewia Serrulata Short Natural Fiber Composites." *Nternational Journal of Current Engineering and Technology* no. 2 (2014): 43–6. Accessed August 16, 2014. 〈doi:10.14741/ijcet/spl.2.2014.09〉
- Mahon, Basil. *Oliver Heaviside: Maverick Mastermind of Electricity.* Stevenage: Institution of Engineering and Technology, 2009.
- Malanowski, Susan. "Innovation Incentives: How Companies Foster Innovation." *Wilson Group.* September 2007. Accessed May 11, 2016. https://www.wilsongroup.com/books-articles-a-papers/
- Manley, Tim. *Alice in tumblr-Land and Other Fairy Tales for a New Generation.* New York: Penguin Books, 2013.
- Manzano, Örjan de, Simon Cervenka, Anke Karabanov, Lars Farde, and Fredrik Ullén. "Thinking Outside a Less Intact Box: Thalamic Dopamine D2 Receptor Densities Are Negatively Related to Psychometric Creativity in Healthy Individuals." *PLOS ONE* 5, no. 5 (2010).

• Markoff, John. "Microsoft Plumbs Ocean's Depths to Test Underwater Data Center." *New York Times*. January 31, 2016. Accessed May 11, 2016. 〈http://www.nytimes.com/2016/02/01/technology/microsoft-plumbs-oceans-depths-to-test-underwater-data-center.html〉
• ———. "Xerox Seeks Erasable Form of Paper for Copiers." *New York Times*. November 27, 2006. Accessed February 1, 2016. 〈http://www.nytimes.com/2006/11/27/technology/27xerox.html?_r=0〉
• Márquez, Gabriel García, and Edith Grossman. *Living to Tell the Tale*. New York: A.A. Knopf, 2003.
• Martin, Rachel. "Biomimicry: From Adaptations to Inventions." *MathScience Innovation Center*. Accessed May 10, 2015. 〈http://mathinscience.info/public/biomimicry_lesson_plan.htm〉
• Martindale, Colin. *The Clockwork Muse: The Predictability of Artistic Change*. New York, NY: Basic Books, 1990.
• Mathur, Avantika, Suhas H. Vijayakumar, Bhismadev Chakrabarti, and Nandini C. Singh. "Emotional Responses to Hindustani Raga Music: The Role of Musical Structure." *Frontiers in Psychology* 6, no. 513 (2015).
• Mauk, Ben. "Last Blues for Blockbuster." *New Yorker*. November 8, 2013. Accessed July 18, 2015. 〈http://www.newyorker.com/business/currency/last-blues-for-blockbuster〉
• May, Matthew E. *The Elegant Solution: Toyota's Formula for Mastering Innovation*. New York: Free Press, 2007.
• Mayseless, Naama, Florina Uzefovsky, Idan Shalev, Richard P. Ebstein, and Simone G. Shamay-Tsoory. "The Association between Creativity and 7R Polymorphism in the Dopamine Receptor D4 Gene (DRD4)." *Frontiers in Human Neuroscience* 7 (2013).
• Maeda, John. "STEM + Art = STEAM," *e STEAM Journal*: Vol. 1: Iss. 1, Article 34 (2013). 10.5642/steam.201301.34. Available at: 〈http://scholarship.claremont.edu/steam/vol1/iss1/34〉
• McCoy, Roger M. *Ending in Ice: The Revolutionary Idea and Tragic Expedition of Alfred Wegener*. Oxford: Oxford University Press, 2006.
• McCullough, David G. *The Wright Brothers*. New York: Simon and Schuster, 2015.
• McElheny, Victor K. *Drawing the Map of Life: Inside the Human Genome Project*. New York, NY: Basic Books, 2010.
• ———. *Insisting on the Impossible: The Life of Edwin Land*. Reading, MA: Perseus Books, 1998.
• McNeil, Donald G., Jr. "Car Mechanic Dreams Up a Tool to Ease Births." *New York Times*. November 13, 2013.
• Mednick, Sarnoff A. "The Associative Basis of the Creative Process." *Psychological Review* 69 no. 3 (1962). doi:10.1037/h0048850. http://dx.doi.org/10.1037/h0048850 http://psycnet.apa.org/psycinfo/1963-06161-001
• Millar, Garnet W. *The Torrance Kids at Mid-life: Selected Case Studies of Creative Behavior*. Westport, CT: Ablex, 2001.
• Miller, Lucy. *Chamber Music: An Extensive Guide for Listeners*. Lanham: Rowman and Littlefield, 2015.

- Miodownik, Mark. *Stuff Matters: Exploring the Marvelous Materials That Shape Our Man-Made World.* London: Penguin, 2013. (마크 미오도닉, 《사소한 것들의 과학》)
- Moffitt, Terrie E. et al. "A Gradient of Childhood Self-Control Predicts Health, Wealth, and Public Safety." *Proceedings of the National Academy of Sciences of the United States of America* 108 no. 7 (2011): 2693–8. doi:10.1073/pnas.1010076108.
- Montaigne, Michel de. *Complete Essays*, translated by Donald Frame. Palo Alto: Stanford University Press, 1958.
- Moran, Seana, David Cropley, and James C. Kaufman. "Neglect of Creativity in Education: A Moral Issue." In *The Ethics of Creativity.* New York: Palgrave Macmillan, 2014.
- Morimoto, Michael. *The Forging of a Japanese Katana.* PhD diss., Colorado School of Mines, 2004.
- Murphy, Robin, Dylan Shell, Amy Guerin, Brittany Duncan, Benjamin Fine, Kevin Pratt, and Takis Zourntos. "A Midsummer Night's Dream (With Flying Robots)." *Autonomous Robots* 30 (2011). doi:10.1007/s10514-010-9210-3. http://link.springer.com/article/10.1007/s10514-010-9210-3.
- Nachmanovitch, Stephen. *Free Play: Improvisation in Life and Art.* New York: Jeremy P. Tacher/Putnam, 1990. (스티븐 나흐마노비치, 《놀이》)
- Nazar, Jason. "Fourteen Famous Business Pivots." *Forbes.* October 8, 2013. Accessed May 11, 2016. 〈http://www.forbes.com/sites/jasonnazar/2013/10/08/14-famous-business-pivots/#885848d1fb94〉
- Ndiaye, Pap. *Nylon and Bombs: DuPont and the March of Modern America.* Baltimore: Johns Hopkins University Press, 2007.
- Nemy, Enid. "Bobby Short, Icon of Manhattan Song and Style, Dies at 80." *New York Times.* March 21, 2005. Accessed May 5, 2016. 〈http://www.nytimes.com/2005/03/21/arts/music/21cnd-short.html?_r=0〉 *Neuroscience of Creativity*, edited by Oshin Vartanian, Adam S. Bristol, and James C. Kaufman. Cambridge: MIT Press, 2013.
- Newcomb, Alyssa. "SXSW 2015: Why Google Views Failure as a Good Thing." *ABC News.* March 17, 2015. Accessed May 11, 2016. 〈http://abcnews.go.com/Technology/sxsw-2015-google-views-failure-good-thing/story?id=29705435〉 "The Next-Generation Data Center: A Software Defined Environment Where Service Optimization Provides the Path." *IBM Global Technology Services.* May 2014. Accessed May 17, 2016. 〈http://bit.ly/N-GDCpaper〉
- Nicholl, Charles and Leonardo da Vinci. *Leonardo Da Vinci: The Flights of the Mind.* London: Allen Lane, 2004.
- Nicholson, Judith A. "FCJ-030 Flash! Mobs in the Age of Mobile Connectivity." *The Fibreculture Journal*, no. 6 (2005). Accessed August 5, 2014. 〈http://six.fibreculturejournal.org/fcj-030-flash-mobs-in-the-age-of-mobile-connectivity〉
- Nielsen, Jared A., Brandon A. Zielinski, Michael A. Ferguson, Janet E. Lainhart, and Jeffrey S. Anderson. "An Evaluation of the Left-Brain vs. Right-Brain Hypothesis with Resting State Functional Connectivity Magnetic Resonance Imaging." *PLoS ONE* 8, no. 8 (2013). doi:10.1371/journal.pone.0071275. http://journals.plos.org/plosone/article?id=10.1371/journal.

pone.0071275

- "Noh and Kutiyattam–Treasures of World Cultural Heritage." *The Japan-India Traditional Performing Arts Exchange Project 2004*. December 26, 2004. Accessed August 21, 2015, 〈http://noh.manasvi.com/noh.html〉
- Norman, Donald A. *The Design of Everyday Things: Revised and Expanded Edition*. New York: Basic Books, 2013. (도널드 A. 노먼, 《도널드 노먼의 디자인과 인간 심리》)
- NOVA, "Andrew Wiles on Solving Fermat." *PBS*. November 1, 2000. Accessed May 11, 2016. 〈http://www.pbs.org/wgbh/nova/physics/andrew-wiles-fermat.html〉
- Oates, Joyce Carol. "The Myth of the Isolated Artist." *Pyschology Today* 6, 1973: 74–5.
- O'Bannon, Ricky. "By the Numbers: Female Composers." *Baltimore Symphony Orchestra*. Accessed May 11, 2016. 〈https://www.bsomusic.org/stories/by-the-numbers-female-composers.aspx〉
- Oden, Maria, Yvette Mirabal, Marc Epstein, and Rebecca Richards-Kortum. "Engaging Undergraduates to Solve Global Health Challenges: A New Approach Based on Bioengineering Design." *Annals of Biomedical Engineering* 38, no. 9 (2010): 3031–041.
- Okrent, Arika. *In the Land of Invented Languages: Esperanto Rock Stars, Klingon Poets, Loglan Lovers, and the Mad Dreamers Who Tried to Build a Perfect Language*. New York: Spiegel & Grau, 2009. (에리카 오크런트, 《헬로우 MR 랭귀지 이상한 나라의 언어씨 이야기》)
- Oreskes, Naomi. *The Rejection of Continental Drift: Theory and Method in American Earth Science*. New York: Oxford University Press, 1999.
- Orlean, Susan. "Thinking in the Rain." *New Yorker*. February 11, 2008. Accessed August 19, 2015. 〈http://www.newyorker.com/magazine/2008/02/11/thinking-in-the-rain〉
- Osborn, Alex. *Applied Imagination*. Oxford: Scribner, 1953. (알렉스 오스본, 《창의력 개발을 위한 교육》)
- ———. *Your Creative Power: How to Use Imagination*. New York: Scribners and Sons, 1948. (알렉스 오스본, 《현대를 지배하는 아이디어맨》)
- O'Shannessy, Carmel. "The Role of Multiple Sources in the Formation of an Innovative Auxiliary Category in Light Warlpiri, a New Australian Mixed Language." *Language* 89, no. 2 (2013): 328–53.
- Overbye, Dennis. "Reaching for the Stars, Across 4.37 Light-Years." *New York Times*. April 12, 2016. Accessed April 16, 2016. 〈http://www.nytimes.2016/04/13/science/alpha-centauri-breakthrough-starshot-yuri-milner-stephen-hawking.html〉
- Parker, Ian. "The Shape of Things to Come." *New Yorker*. February 23, 2015. Accessed May 17, 2016. 〈http://www.newyorker.com/magazine/2015/02/23/shape-things-come〉
- Parks, Suzan-Lori. *365 Days/365 Plays*. New York: Theater Communications Group, Inc., 2006.
- Partridge, Loren W., Gianluigi Colalucci, and Fabrizio Mancinelli. *Michelangelo-the Last Judgment: A Glorious Restoration*. New York: Harry N. Abrams, 1997.
- Paul, Annie Murphy. "Are We Wringing the Creativity Out of Kids?" *Mind Shift*. May 4, 2012. Accessed April 27, 2014. 〈http://blogs.kqed.org/mindshift/2012/05/are-we-wringing-the-creativity-out-of-kids/〉

- Payne, Robert. *The Canal Builders: The Story of Canal Engineers through the Ages*. New York: Macmillan, 1959.
- Pearce, Jeremy. "Stephanie L. Kwolek, Inventor of Kevlar, Is Dead at 90." *New York Times*. June 20, 2014.
- Petroski, Henry. *The Evolution of Useful Things*. New York: Knopf, 1992. (헨리 페트로스키, 《포크는 왜 네 갈퀴를 달게 되었나》)
- ———. *Invention by Design: How Engineers Get from Thought to Thing*. Cambridge, MA: Harvard University Press, 1996. (헨리 페트로스키, 《디자인이 세상을 바꾼다》)
- ———. *Success through Failure: The Paradox of Design*. Princeton: Princeton University Press, 2006. (헨리 페트로스키, 《종이 한 장의 차이》)
- Petrulionis, Sandra Harbert. *Thoreau in His Own Time: A Biographical Chronicle of His Life, Drawn from Recollections, Interviews, and Memoirs by Family, Friends, and Associates*. Iowa City: University of Iowa Press, 2012.
- Phelps, Edmund S. "Less Innovation, More Inequality." *New York Times*. February 24, 2013. Accessed May 17, 2016. 〈http://opinionator.blogs.nytimes.com/2013/02/24/less-innovation-more-inequality/?hp&_r=1〉
- Picasso, Pablo, Arnold B. Glimcher, and Marc Glimcher. *Je Suis Le Cahier: The Sketchbooks of Pablo Picasso*. Boston: Atlantic Monthly Press, 1986.
- ———. Brigitte Léal, and Suzanne Bosman. *Picasso, Les Demoiselles D'Avignon: A Sketchbook*. London: Thames and Hudson, 1988.
- Picciuto, Elizabeth and Peter Carruthers. "The Origins of Creativity." In *The Philosophy of Creativity: New Essays*. New York: Oxford University Press, 2014.
- Pinch, T.J. and Karin Bijsterveld. *The Oxford Handbook of Sound Studies*. New York: Oxford University Press, 2012.
- Pink, Daniel H. *A Whole New Mind: Why Right-Brainers Will Rule the Future*. New York: Riverhead Books, 2006. (다니엘 핑크, 《새로운 미래가 온다》)
- Pinker, Steven. "The False Allure of Group Selection." *Edge*. June 18, 2012.
- Plantinga, Judy and Sandra E. Trehub. "Revisiting the Innate Preference for Consonance." *Journal of Experimental Psychology: Human Perception and Performance* 40, no. 1 (2014): 40–49. doi:10.1037/a0033471. https://www.ncbi.nlm.nih.gov/pubmed/23815480
- Podolny, Shelley. "If an Algorithm Wrote This, How Would You Even Know?" *New York Times*. March 7, 2015.
- Popova, Maria. "Margaret Mead on Female vs. Male Creativity, the 'Bossy' Problem, Equality in Parenting, and Why Women Make Better Scientists." *Brain Pickings*. Accessed May 11, 2016. 〈http://www.brainpickings.org/2014/08-06/margaret-mead-female-male/〉
- Prager, Phillip. "Making Sense of the Modernist Muse: Creative Cognition and Play at the Bauhaus." *American Journal of Play* 7, no. 1 (2014): 27–49.
- Protter, Eric, ed. *Painters on Painting*. New York: Dover, 2011.
- Quick, Darren. "Researchers Develop 'Cluster Bomb' to Target Cancer." *Gizmag*. August 24, 2010. Accessed August 21, 2015. 〈http://www.gizmag.com/cluster-bomb-for-cancer-

treatment/16121/〉
- Rabkin, Nick. "Houston Arts Partners Lecture." Lecture, Houston Arts Partners 2014 Conference. Houston, TX. September 5, 2014.
- ———, and E.C Hedberg. *Arts Education in America: What the Declines Mean for Arts Participation*. Washington, D.C.: National Endowment for the Arts, 2011.
- Radivojević, Miljana, Thilo Rehren, Julka Kuzmanovic´-Cvetkovic´, Marija Jovanovic´, and J. Peter Northover. "Tainted Ores and the Rise of Tin Bronzes in Eurasia, C. 6,500 Years Ago." *Antiquity* 87, no. 338 (2013): 1030–045.
- Randl, Chad. *Revolving Architecture*. New York: Princeton Architectural Press, 2008.
- Raphel, Adrienne. "Competition for McDonald's, and for Ronald." *New Yorker*. April 23, 2014. Accessed June 3, 2014. 〈http://www.newyorker.com/business/currency/competition-for-mcdonalds-and-for-ronald〉
- Rassenfoss, Stephen. "Increased Oil Production with Something Old, Something New." *Journal of Petroleum Technology* 64, no. 10 (2012). Accessed August 14, 2014. doi:10.2118/1012-0036-JPT. https://doi.org/10.2118/1012-0036-JPT https://www.onepetro.org/journal-paper/SPE-1012-0036-JPT
- Recasens, M., Sumie Leung, Sabine Grimm, Rafal Nowak, & Carles Escera. "Repetition suppression and repetition enhancement underlie auditory memory-trace formation in the human brain: an MEG study." *Neuroimage*, 108 (2015): 75–86.
- "Redefining Cancer Could Reduce Unnecessary Treatment." *CBS*. September 23, 2013. Accessed August 21, 2015. 〈http://www.cbsnews.com/8301-505263_162-57596094/redefining-cancer-could-reduce-unnecessary-treatment/〉
- Reeder, Roberta. *Anna Akhmatova: Poet and Prophet*. London: Allison & Busby, 1995.
- ———. "Anna Akhmatova: The Stalin Years." *New England Review* 18, no. 1 (1997): 105–25.
- Resnick, Mitchel. "All I Really Need to Know (About Creative Thinking) I Learned (By Studying How Children Learn) in Kindergarten." *In Proceedings of the 6th ACM SIGCHI Conference on Creativity and Cognition*. New York: ACM, 2007.
- Rhodes, Richard. *The Making of the Atomic Bomb*. New York: Simon & Schuster, 1986. (리처드 로즈, 《원자 폭탄 만들기》)
- Richardson, John and Marilyn McCully. *A Life of Picasso*. New York: Random House, 1991.
- Riordan, M. "How Europe Missed the Transistor." *IEEE Spectrum* 42, no. 11 (2005): 52–57.
- Robinson, Ken. *Out of Our Minds: Learning to Be Creative*. Oxford: Capstone, 2011. (켄 로빈슨, 《내 안의 창의력을 깨우는 일곱가지 법칙》)
- Roediger, Henry L., Mark A. McDaniel, Kathleen B. McDermott, and Pooja K. Agarwal. "Test-Enhanced Learning in the Classroom: The Columbia Middle School Project." *PsycEXTRA Dataset*, December 2007. Accessed May 17, 2016. doi:10.1037/e527342012-530.
- Rosen, Charles. *The Classical Style: Haydn, Mozart, Beethoven*. New York: W.W. Norton, 1997.
- Ross, Alistair. "Why Did Google Abandon 20% Time for Innovation?" *HR Zone*. June 3, 2015. Accessed May 17, 2016. 〈http://www.hrzone.com/lead/culture/why-did-google-abandon-20-time-for-innovation〉

- Rothfeder, Jeffrey. *Driving Honda: Inside The World's Most Innovative Car Company.* New York: Penguin, 2014.
- Rotman, B. *Signifying Nothing: The Semiotics of Zero.* New York: St. Martin's Press, 1987.
- Rubin, William, Pablo Picasso, Hélène Seckel-Klein, and Judith Cousins. *Les Demoiselles D'Avignon.* New York: Museum of Modern Art, 1994.
- Runco, Mark A., Garnet Millar, Selcuk Acar, and Bonnie Cramond. "Torrance Tests of Creative Thinking as Predictors of Personal and Public Achievement: A Fifty-Year Follow-Up." *Creativity Research Journal* 22, no. 4 (2010): 361–68.
- Russell, Amy and Stephen Rice. "Sailing Seeds: An Experiment in Wind Dispersal." Botanical Society of America. Accessed August 21, 2015. 〈http://botany.org/bsa/misc/mcintosh/dispersal.html〉
- Rutherford, Adam. "Synthetic Biology and the Rise of the 'Spider-Goats'" *The Guardian.* January 14, 2012. Accessed August 20, 2015. 〈http%3A%2F%2Fwww.theguardian.com%2Fscience%2F2012%2Fjan%2F14%2Fsynthetic-biology-spider-goat-genetics〉
- Rydell, Robert W., Laura Burd. Schiavo, and Robert Bennett. *Designing Tomorrow: America's World's Fairs of the 1930s.* New Haven: Yale University Press, 2010.
- Sager, Ira. "Before iPhone and Android Came Simon, the First Smartphone." *Bloomberg.* June 29, 2012. Accessed July 18, 2015. 〈http://www.bloomberg.com/bw/articles/2012-06-29/before-iphone-and-android-came-simon-the-first-smartphone〉
- Sanger, Frederick, and Margaret Dowding. *Selected Papers of Frederick Sanger: With Commentaries.* Singapore: World Scientific, 1996.
- Sangster, William. *Umbrellas and Their History.* London: Cassell, Petter, and Galpin, 1871.
- Saval, Nikil. *Cubed: A Secret History of the Workplace.* New York: Doubleday, 2014.
- Sawyer, R. Keith. *Explaining Creativity: The Science of Human Innovation.* Oxford: Oxford University Press, 2006.
- Schmidhuber, Jürgen. "Formal Theory of Creativity & Fun Explains Science, Art, Music, Humor." Dalle Molle Institute for Artificial Intelligence Research. Accessed May 2, 2014. 〈http://people.idsia.ch/~juergen/creativity.html〉
- Schmidt, Eric and Jonathan Rosenberg, *How Google Works.* New York: Grand Central, 2014. (에릭 슈미트·조너선 로젠버그·앨런 이글, 《구글은 어떻게 일하는가》)
- Schnabel, Julian, Bonnie Clearwater, Rudi Fuchs, and Georg Baselitz. *Julian Schnabel: Versions of Chuck & Other Works.* Derneburg, Germany: Derneburg, 2007.
- ———, Norman Rosenthal, and Emily Ligniti. *Julian Schnabel: Permanently Becoming and the Architecture of Seeing.* Milan: Skira, 2011.
- Schneier, Matthew. "The Mad Scientists of Levi's." *New York Times.* November 5, 2015.
- Schrieber, Reinhard, and Herbert Gareis. *Gelatine Handbook: Theory and Industrial Practice.* Weinheim: Wiley-VCH, 2007.
- Schulz, Bruno. *The Street of Crocodiles*, translated by Michael Kandel and Celina Wieniewska. New York: Penguin Books, 1977.
- Schwarzbach, Martin. *Alfred Wegener: The Father of Continental Drift.* Madison, WI: Science

Tech Publishers, 1986.
- Segall, Marshall H., Donald T. Campbell, and Melville J. Herskovits. *The Influence of Culture on Visual Perception*. Indianapolis: Bobbs-Merrill, 1966.
- Seife, Charles. *Zero: The Biography of a Dangerous Idea*. New York: Viking, 2000. (찰스 세이프, 《무의 수학 무한의 수학》)
- "Senate Study of Energy from Space." *Science News* 109, no. 5 (1976): 73.
- Shah, Kamal et al. "Maji: A New Tool to Prevent Overhydration of Children Receiving Intravenous Fluid Therapy in Low-Resource Settings." *American Journal of Tropical Medical Hygiene* 92, no. 5 (2015). Accessed May 11, 2016. doi:10.1038/496151a.
- Shapin, Steven, Simon Schaffer, and Thomas Hobbes. *Leviathan and the Air-Pump: Hobbes, Boyle, and the Experimental Life: Including a Translation of Thomas Hobbes, Dialogus Physicus De Natura Aeris by Simon Schaffer.* Princeton, NJ: Princeton University Press, 1985.
- Shen, Helen. "See-through Brains Clarify Connections." *Nature* 496, no. 7444 (2013): 151. Accessed August 20, 2015. doi: 10.1038/496151a. https://www.ncbi.nlm.nih.gov/pubmed/23579658
- Shuman, F. "American Inventor Uses Egypt's Sun for Power." *New York Times*. July 2, 1916.
- Silverman, Debora. *Van Gogh and Gauguin: The Search for Sacred Art*. New York: Farrar, Straus and Giroux, 2000.
- Simonton, Dean Keith. "Creative Productivity: A Predictive and Explanatory Model of Career Trajectories and Landmarks." *Psychological Review* 104, no. 1 (1997): 66–89. Accessed May 17, 2016. doi:10.1037/0033-295X.104.1.66. https://philpapers.org/rec/SIMCPA-2
- Singh, Simon. *Fermat's Enigma: The Epic Quest to Solve the World's Greatest Mathematical Problem*. New York: Walker, 1997.
- Singleton, Jane. "The Explanatory Power of Chomsky's Transformational Generative Grammar." *Mind* 83, no. 331 (1974): 429–31. doi:10.1093/mind/lxxxiii.331.429. http://www.jstor.org/stable/2252745
- Skorik, P.J. *Grammatika ukotskogo Jazyka*, 2 vols. Leningrad: Akademia Nauk, 1961.
- Smets, G. *Aesthetic Judgment and Arousal*. Leuven: Leuven University Press, 1973.
- Smith, Roberta. "Artwork That Runs Like Clockwork." *New York Times*. June 21, 2012. Accessed August 19, 2015. 〈http://www.nytimes.com/2012/06/22/arts/design/the-clock-by-christian-marclay-comes-to-lincoln-center.html?_r=0〉
- Smith, Tony. "Fifteen Years Ago: The First Mass-Produced GSM Phone." *Register*. November 9, 2007. Accessed May 11, 2016. 〈http://www.theregister.co.uk/2007/11/09/ft_nokia_1011/〉
- Snelson, Robert. "X Prize Losers: Still in the Race, Not Doing Anything, or Too SeXy for The X Cup?" *The Space Review*. September 26, 2005.
- Sobel, Dava. *Longitude: The True Story of a Lone Genius Who Solved the Greatest Scientific Problem of His Time*. New York: Walker, 1995. (데이바 소벨, 《경도 이야기》)
- Soble, Jonathan. "Kenji Ekuan, 85; Gave Soy Sauce Its Graceful Curves." *New York Times*. February 10, 2015.
- Soling, Cevin. "Can Any School Foster Pure Creativity?" *Mind Shift*. March 18, 2014. Accessed

April 27, 2014. ⟨http://blogs.kqed.org/mindshift//2014/03/can-creativity-truly-be-fostered-in-classrooms-of-today/⟩
- Solomon, Maynard. *Beethoven*. New York: Schirmer Books, 2001.
- ———. *Late Beethoven: Music, Thought, Imagination*. Berkeley: University of California Press, 2003.
- "Solyndra Scandal: Full Coverage of Failed Solar Startup." *Washington Post*. Accessed July 18, 2015. ⟨http://www.washingtonpost.com/politics/specialreports/solyndra-scandal/⟩
- Spartos, Carla. "Ordering at Eleven Madison Park Has Become the Controversial Talk of the Town." *New York Post*. October 17, 2010. Accessed January 5, 2016. ⟨http://nypost.com/2010/10/17/ordering-at-eleven-madison-park-has-become-the-controversial-talk-of-the-town⟩
- Spiegel, Garrett J. et al. "Design, Evaluation, and Dissemination of a Plastic Syringe Clip to Improve Dosing Accuracy of Liquid Medications." *Annals of Biomedical Engineering* 41, no. 9 (2013): 1860–8. doi:10.1007/s10439-013-0780-z. https://www.ncbi.nlm.nih.gov/pubmed/23471817
- Stamp, Jimmy. "Fact of Fiction? The Legend of the QWERTY Keyboard." *Smithsonian*. May 3, 2013. Accessed May 11, 2016. ⟨http://www.smithsonianmag.com/arts-culture/fact-of-fiction-the-legend-of-the-qwerty-keyboard-49863249⟩
- Stanley, Matthew. "An Expedition to Heal the Wounds of War." *Isis* 94, no. 1 (2003): 57–89.
- Steinitz, Richard. *György Ligeti: Music of the Imagination*. Boston: Northeastern University Press, 2003.
- Stevens, Jeffrey R., Alaxandra G. Rosati, Sarah R. Heilbronner, and Nelly Mühlhoff. "Waiting for Grapes: Expectancy and Delayed Gratification in Bonobos." *International Journal of Comparative Psychology* 24 (2011): 99–111.
- Strom, Stephanie. "TV Dinners in a Netflix World." *New York Times*. November 5, 2015.
- Stross, Randall E. *The Wizard of Menlo Park: How Thomas Alva Edison Invented the Modern World*. New York: Crown Publishers, 2007.
- "Study: A Rich Club in the Human Brain." *IU News Room*. October 31, 2011. Accessed April 29, 2014. ⟨http://newsinfo.iu.edu/news-archive/20145.html⟩
- Svoboda, Elizabeth. "Innovators Under 35: Michelle Khine, 32." *MIT Technology Review*. Accessed June 22, 2014. ⟨http://www2.technologyreview.com/tr35/profile.aspx?TRID=764⟩
- Tate, Nahum. *The History of King Lear*. London: Richard Wellington, 1712.
- "Teaching Kids to Tinker so They Can Design Tomorrow's Machines." *Stanford News Service*. June 30, 301992. Accessed May 17, 2016. ⟨https://web.stanford.edu/dept/news/pr/92/920630Arc2145.html⟩
- Thaut, Michael. "The Musical Brain – An Artful Biological Necessity." *Karger Gazette* 70 (2009): 2–4.
- Thurber, James. "The Secret Life of Walter Mitty." *New Yorker*. March 18, 1939.
- Torrance, E. Paul. *Discovery and Nurturance of Giftedness in the Culturally Different*. Reston, VA: Council for Exceptional Children, 1977.

- ———. *Rewarding Creative Behavior; Experiments in Classroom Creativity.* Englewood Cliffs, NJ: Prentice-Hall, 1965.
- ———. "Are the Torrance Tests of Creative Thinking Biased Against or in Favor of 'Disadvantaged' Groups?" *Gifted Child Quarterly* 15, no. 2 (1971): 75–80.
- Trainor, Laurel J. and Becky M. Heinmiller. "The development of evaluative responses to music: Infants prefer to listen to consonance over dissonance," *Infant Behavior and Development* Volume 21, Issue 1, 1998: 77–88. DOI: https://doi.org/10.1016/S0163-6383(98)90055-8
- Turner, Mark. *The Origins of Ideas: Blending, Creativity, and the Human Spark.* New York: Oxford University Press, 2014.
- Umberger, Emily. "Velázquez and Naturalism II: Interpreting *Las Meninas.*" *Anthropology and Aesthetics* 28 (1995): 94–117.
- Underwood, Emily. "Tissue Imaging Method Makes Everything Clear." *Science* 340, no. 6129 (2013): 131–2.
- Van der Veen, Wouter and Axel Ruger, *Van Gogh in Auvers.* New York: Monacelli Press, 2010.
- Vangelova, Luba. "Harnessing Children's Natural Ways of Learning." *Mind Shift.* October 23, 2013. Accessed April 27, 2014. 〈http://blogs.kqed.org/mindshift/2013/10/harnessing-childrens-natural-ways-of-learning〉
- Vaughn, Donald A. and David M. Eagleman. "Spatial warping by oriented line detectors can counteract neural delays." *Frontiers in Psychology,* 4:794 (2013).
- Visscher, P. Kirk, Thomas Seeley, and Kevin Passino. "Group Decision Making in Honey Bee Swarms." *American Scientist* 94, no. 3 (2006): 220.
- Volokh, Eugene. "The Origin of the Word Guy.'" *Washington Post.* May 14, 2015. Accessed May 5, 2016. 〈https://www.washingtonpost.com/news/volokh-conspiracy/wp/2015/05/14/the-origin-of-the-word-guy/〉
- Waldrop, M. Mitchel. *The Dream Machine: J.C.R. Licklider and the Revolution That Made Computing Personal.* New York: Viking, 2001.
- Walker, Mark, Martin Gröger, Kirsten Schlüter, and Bernd Mosler. "A Bright Spark: Open Teaching of Science Using Faraday's Lectures on Candles." *Journal of Chemical Education* 85, no. 1 (2008): 59.
- Watterson, Bill. "Calvin and Hobbes." Comic Strip. *Universal Press Syndicate.* December 20, 1989.
- Wearing, Judy. *Edison's Concrete Piano: Flying Tanks, Six-Nippled Sheep, Walk-on-Water Shoes, and 12 Other Flops from Great Inventors.* Toronto: ECW Press, 2009.
- Weber, Bruce. "Tony Verna, Who Started Instant Replay and Remade Sports Television, Dies at 81." *New York Times.* January 21, 2015.
- Weber, Robert J. and David N. Perkins. *Inventive Minds: Creativity in Technology.* New York: Oxford University Press, 1992.
- Wells, Pete. "Restaurant Review: Eleven Madison Park in Midtown South." *New York Times.* March 17, 2015. Accessed May 11, 2016. 〈http://www.nytimes.com/2015/03/18/dining/restaurant-review-eleven-madison-park-in-midtown-south.html?_r=0〉

- White, Lynn. "The Invention of the Parachute." *Technology and Culture* 9, no. 3 (1968): 462. doi:10.2307/3101655. http://www.jstor.org/stable/3101655
- Wilson, Edward O. *The Future of Life*. New York: Random House, 2002.
- ———. *Letters to a Young Scientist*. New York: Liveright, 2013. (에드워드 O. 윌슨, 《젊은 과학도에게 보내는 편지》)
- ———. *The Meaning of Human Existence*. New York: Liveright, 2014. (에드워드 O. 윌슨, 《인간 존재의 의미》)
- ———. *The Social Conquest of Earth*. New York: Liveright, 2012. (에드워드 O. 윌슨, 《지구의 정복자》)
- Wilson, J. Tuko. "The Static or Mobile Earth." *Proceedings of the American Philosophical Society*, Vol. 112, No. 5 (1968): 309–320.
- Witt, Stephen. *How Music Got Free*. New York: Penguin Books, 2015.
- Wolf, Gary. "Steve Jobs: The Next Insanely Great Thing." *Wired*. February 1, 1996. Accessed August 21, 2015. 〈http://archive.wired.com/wired/archive/4.02/jobs_pr.html〉
- Wood, Bayden R., Keith. R. Bambery, Matthew W. A. Dixon, Leann Tilley, Michael J. Nasse, Eric Mattson, and Carol J. Hirschmugl. "Diagnosing Malaria Infected Cells at the Single Cell Level Using Focal Plane Array Fourier Transform Infrared Imaging Spectroscopy." *Analyst* 139, no. 19 (2014): 4769.
- *Workshop Proceedings of the 9th International Conference on Intelligent Environments*, edited by Juan A. Botía and Dimitris Charitos. Amsterdam: IOS Press Ebooks, 2013. Accessed August 21, 2015. 〈http://ebooks.iospress.nl/volume/workshop-proceedings-of-the-9th-international-conference-on-intelligent-environments〉
- Wright, Wilbur. "Some Aeronautical Experiments. Mr. Wilbur Wright. Dayton, Ohio." Speech, Dayton, Ohio. September 18, 1901. *Inventor's Gallery*. 〈http://invention.psychology.msstate.edu/inventors/i/Wrights/library/Aeronautical.html〉
- Wylie, Ian. "Failure is Glorious." *Fast Company*. September 30, 2001. Accessed May 11, 2016. 〈http://www.fastcompany.com/43877/failure-glorious〉
- Yavetz, Ido. *From Obscurity to Enigma: The Work of Oliver Heaviside*, 1872–1889. Basel: Birkhäuser Verlag, 1995.
- Yenigun, Sami. "In Video-Streaming Rat Race, Fast Is Never Fast Enough." *NPR*. January 10, 2013. Accessed August 19, 2015. 〈http://www.npr.org/2013/01/10/168974423/in-video-streaming-rat-race-fast-is-never-fast-enough〉
- Yong, Ed. "Violinists Can't Tell the Difference Between Stradivarius Violins and New Ones." *Discover*. January 2, 2012. Accessed July 18, 2015. 〈http://blogs.discovermagazine.com/notrocketscience/2012/01/02/violinists-cant-tell-the-difference-between-stradivarius-violins-and-new-ones/〉
- Young, Steve. "Talking to Machines." *Ingenia*, no. 54 (2013). Accessed June 29, 2014. 〈http://www.ingenia.org.uk/Ingenia/Articles/823〉
- Zhang, Shumei and Victor Callaghan. "Using Science Fiction Prototyping as a Means to Motivate Learning of STEM Topics and Foreign Languages." In 2014 *International Conference on*

Intelligent Environments. Los Alamitos: IEEE Computer Society, 2014.
- Zhu, Y.T., J.A. Valdez, N. Shi, M. L. Lovato, M.G. Stout, S.J. Zhou, D.P. Butt, W.R. Blumenthal, and T.C. Lowe. "An Innovative Composite Reinforced with Bone-Shaped Short Fibers." *Scripta Materiala* 39, no. 9 (1998): 1321–5.
- Zimmer, Carl. "In the Human Brain, Size Really Isn't Everything." *New York Times*. December 26, 2013. Accessed January 5, 2014. 〈http://www.nytimes.com/2013/12/26/science/in-the-human-brain-size-really-isnt-everything.html?_r=0〉

도판 목록

서문

NASA Mission Control during Apollo 13's oxygen cell failure Courtesy of NASA

Pablo Picasso: Les Demoiselles d'Avignon, 1907 Museum of Modern Art, New York, USA/ Bridgeman Images. © 2016 Estate of Pablo Picasso / Artists Rights Society (ARS), New York

1장

Portrait of trumpeter Theo Croker Photo by William Croker

Elly Jackson of La Roux wearing her hair in a Quiff Photo by Phil King

Side profile of a beautiful African woman face with curls Mohawk style © Paul Hakimata | Dreamstime.com

Woman with flowers in her hair (No attribution required)

U.S. Army Sergeant Aaron Stewart races a recumbent bike during the 2016 Invictus Games Department of Defense news photo by E.J. Hersom

Snowboard bicycle Courtesy of Michael Killian

DiCycle Courtesy of GBO Innovation Makers, www.gbo.eu

Conference bicycle Photo by Frank C. Müller [CC BY-SA 4.0 (http://creativecommons.org/licenses/by-sa/4.0)], via Wikimedia Commons

National Football Stadium of Brasilia, Brazil (No attribution required)

Stadion Miejski, Poznan, Poland By Ehreii – Own work, CC BY 3.0, https://commons.wikimedia.org/w/index.php?curid=10804159

Stadium of SC Beira-Mar at Aveiro, Portugal CC BY-SA 3.0, https://commons.wikimedia.org/w/index php?curid=139668

Saddledome, Calgary, Alberta, Canada By abdallahh from Montréal, Canada (Calgary Saddledome Uploaded by X-Weinzar) [CC BY 2.0 (http://creativecommons.org/licenses/by/2.0)], via Wikimedia Commons

Brain activity measured by magnetoencephalography showing diminishing response to a repeated stimulus Courtesy of Carles Escera, BrainLab, University of Barcelona

Skeuomorph of a digital bookshelf By Jonobacon

Apple Watch By Justin14 (Own work) [CC BY-SA 4.0 (http://creativecommons.org/licenses/by-sa/4.0)], via Wikimedia Commons

2장

An advertisement for the Casio AT-550-7 © Casio Computer Company, Ltd
IBM Simon (No attribution required)
Data Rover Photo: Bill Buxton
Palm Vx Photo: Bill Buxton
Radio Shack advertisement Courtesy of Steve Cichon/BuffaloStories archives
Kane Kramer schematics for the IXI Courtesy of Kane Kramer
Apple iPod, 1st generation Photo: Jarod C. Benedict
Paul Cezanne: Mont Sainte-Victoire Philadelphia Museum of Art
El Greco: Apocalyptic Vision (The Vision of St. John) Metropolitan Museum of Art, Rogers Fund, 1956
Paul Gauguin: Nave Nave Fenua (No attribution required)
Iberian female head from 3rd to 2nd century B.C. Photo by Luis Garcia
Detail from Les Demoiselles d'Avignon © 2016 Estate of Pablo Picasso / Artists Rights Society (ARS), New York
19th century Fang mask Louvre Museum, Paris
Detail from Les Demoiselles d'Avignon
Krzywy Domek Photo by Topory
Yago Partal: Defragmentados Courtesy of the artist and Keep It Simple
Thomas Barbey: Oh Sheet! Courtesy of the artist
Pompidou Center Photo credit: Hotblack

3장

Rouen Cathedral Photo by ByB
Claude Monet: Rouen Cathedral - End of the Afternoon National Museum of Belgrade
Claude Monet: Rouen Cathedral - Façade (Sunset), harmony in gold and blue Musée Marmottan Monet, Paris, France
Claude Monet: Rouen Cathedral - Façade 1 Pola Museum of Art, Hakone, Japan
Mount Fuji (No attribution required)
Four of Hokusai's "36 Views of Mount Fuji" (No attribution required)
Mayan Sculpture, late Classic period American Museum of Natural History. Photo by Daderot, [CC0 or CC0], via Wikimedia Commons
Japanese Dogu sculpture Musée Guimet, Paris, France Photo credit: Vassil
Fertility Figure: Female (Akua Ba). Ghana; Asante. 19th-20th CE. Wood, beads, string. 10 11/16 Ð 3 3/16 Ð 19/16 in. (27.2 Ð 9.7 Ð 3.9 cm). The Michael C. Rockefeller Memorial Collection, bequest

of Nelson A. Rockefeller, 1979. Photographed by Schecter Lee. The Metropolitan Museum of Art © The Metropolitan Museum of Art. Image source: Art Resource, NY

Horse. China, Han dynasty (206 BCE-220 BCE). Bronze. H 3 1/14 in. (8.3 cm); L 3 1/8 in. (7.9 cm).

Gift of George D. Pratt. The Metropolitan Museum of Art, New York, NY USA © The Metropolitan Museum of Art. Image source: Art Resource, NY

Horse figure. Ca. 600-480 BCE. Cypriot, Cypro-Archaic II period. Terracotta; hand-made; H 6 1/2 in. (16.5 cm). The Cesnola collection, purchased by subscription, 1874-76. The Metropolitan Museum of Art, New York, NY, USA © The Metropolitan Museum of Art. Image source: Art Resource, NY

Bronze horse. Greek, Geometric Period, 8th century B.C. Broznze, overall: 6 15/16 Ð 5 1/4 inches (17.6 Ð 13.3 cm). The Rogers Fund, 1921. The Metropolitan Museum of Art © The Metropolitan Museum of Art. Image source: Art Resource, NY

Claes Oldenburg: Shuttlecocks Nelson-Atkins Museum of Art, Kansas City, Missouri. Photo by Americasroof

JR: Mohamed Yunis Idris Courtesy of JR-art.net

Alberto Giocometti: Piazza Guggenheim Museum of Art, New York © 2016 Alberto Giacometti Estate/Licensed by VAGA and ARS, New York, NY

Anastasia Elias: Pyramide Courtesy of the artist

Vic Muniz: Sandcastle no. 3 Art © Vik Muniz/Licensed by VAGA, New York, NY

The views through an unpolarized windshield and Land's polarized one Courtesy of Victor McElheny

Two photographs of Martha Graham from the Barbara and Willard Morgan photographs and

papers (Collection 2278): "Letter to the World" and "Lamentation" Barbara and Willard Morgan photographs and papers, Library Special Collections, Charles E. Young Research Library, UCLA

Frank Gehry and Vladu Milunic: Dancing House, Prague, Czechoslovakia Photo by Christine Zenino [CC BY 2.0 (http://creativecommons.org/licenses/by/2.0)], via Wikimedia Commons

Frank Gehry: Beekman Tower, New York City (No attribution required)

Frank Gehry: Lou Ruvo Center for Brain Health, Las Vegas, Nevada Photo by John Fowler [CC BY 2.0 (http://creativecommons.org/licenses/by/2.0)], via Wikimedia Commons

Volute conforming tank Courtesy of Volute Inc., an Otherlad company

Claes Oldenburg: Icebag - Scale B, 16/25, 1971. Programmed kinetic construction in aluminum, steel, nylon, fiberglass. Dimensions variable 48 Ð 48 Ð 40 in. (121.9 Ð 121.9 Ð 101.6 cm). Edition of 25 Private Collection, James Goodman Gallery, New York, USA/Bridgeman Images. ©1971 Claes Oldenburg

Ant-Roach Courtesy of Otherlab

Roy Lichtenstein: Rouen Cathedral, Set 5 1969 Oil and Magna on canvas 63 Ð 42 in. (160 Ð 106.7 cm) (each) Courtesy of the estate of Roy Lichtenstein

Monet: Water-lilies and Japanese bridge Princeton University Art Museum. From the Collection of William Church Osborn, Class of 1883, trustee of Princeton University (1914-1951), president of the Metropolitan Museum of Art (1941-1947); given by his family

Monet: The Japanese Bridge The Museum of Modern Art, New York

Caricature of Donald Trump By DonkeyHotey

Francis Bacon: Three Studies for Portraits (including Self-Portrait) Private Collection/Bridgeman Images. © The Estate of Francis Bacon. All rights reserved. / DACS, London / ARS, NY 2016

Burins and Blades found by Denis Peyrony in Bernifal cave, Meyrals, Dordogne, France. Upper Magdalenian, near 12,000 - 10,000 BP. On view at the National Prehistory Museum in Les Eyzies-de-Tayac Photo by Sémhur

Philippino knives The Collection of Primitive Weapons and Armor of the Philippine Islands in the United States National Museum, Smithsonian Institution. Photos by Herbert Krieger

Senz umbrella Photo by Eelke Dekker

Unbrella Courtesy of Hiroshi Kajimoto

Nubrella Courtesy of Alan Kaufman, Nubrella

4장

Sophie Cave: Floating Heads © CSG CIC Glasgow Museums and Libraries Collections

Auguste Rodin: The Shadow - Torso Pinacoteca do Estado de São Paulo Photo by Dornicke

Magdalena Abakanowicz: The Unrecognized Ones Photo by Radomil

Barnett Newman: Broken Obelisk Photo by Ed Uthman

Georges Braque: Still Life with a Violin and a Pitcher, 1910 (Oil on canvas) Kunstmuseum, Basel, Switzerland/Bridgeman Images

Pablo Picasso: Guernica (1937), oil on canvas Museo Nacional Centro de Arte Reina Sofia, Madrid, Spain/Bridgeman Images. © 2016 Estate of Pablo Picasso / Artists Rights Society (ARS), New York

Frangible lighting mask Courtesy of NLR – Netherlands Aerospace Center

David Hockney: The Crossword Puzzle, Minneapolis, Jan. 1983. Photographic collage. Edition of 10. 33X46 © David Hockney. Photo Credit: Richard Schmidt

George Seurat: A Sunday on La Grande Jatte Art Institute of Chicago, Helen Birch Bartlett Memorial Collection, 1926.224

Digital pixilation

Bruno Catalano: The Travelers Photo by Robert Poulain. Courtesy of the artist and Galeries Bertoux

Dynamic Architecture Courtesy of David Fisher – Dynamic Architecture®

Cory Arcangel: Super Mario Clouds. 2002. Hacked Super Mario Bros. Cartridge and Nintendo NES video game system © Cory Arcangel. Image courtesy of Cory Arcangel

A 19th century steam tractor Photo by Timitrius

A mouse hippocampus viewed with the Clarity method Courtesy of Kwanghun Chung, Ph.D.

5장

Minotaur (No attribution required)

Sphinx Photo credit: Nadine Doerle

Dona Fish, Ovimbundu peoples, Angola Circa 1950s-1960s Wood, pigment, metal, mixed media H 75 cm Fowler Museum at UCLA X2010.20.1; Gift of Allen F. Roberts and Mary Nooter Roberts Image © courtesy Fowler Museum at UCLA. Photography by Don Cole, 2007

Ruppy the Puppy in daylight and darkness Courtesy of CheMyong Jay Ko, PhD

Human skeleton Photo by Sklmsta [CC0], via Wikimedia Commons

Joris Laarman bone rocker Image courtesy of Friedman Benda and Joris Laarman Lab. Photography: Steve Benisty

Kingfisher bird Photo by Andreas Trepte

Shinkansen series N700 bullet train By Scfema, via Wikimedia Commons

Girl (Simone Leigh + Chitra Ganesh): My dreams, my works must wait till after hell, 2012

Single-channel HD video, 07:14 min RT, Edition of 5 Courtesy of the artists

Sewell family photo Courtesy of Jason Sewell

HDR photograph of Goldstream Provincial Park Photo by Brandon Godfrey

Louvre Pyramid (No attribution required)

Frida Kahlo: La Venadita Formerly in the collection of Dr. Carolyn Farb, hc

Craig Walsh: Spacemakers Courtesy of the artist. Spacemakers 2013 For Luminous Night, University of Western Australia, Perth. MEDIUM – Three-channel digital projection, trees; 30-minute loop. commissioner – University of Western Australia. subjects Lady Jean Brodie-Hall (former Landscape Architect, University of Western Australia), Rose Chaney (former Chair, Friends of the Grounds), Brian Cole (Horticulturalist), Jamie Coopes (Horticulture Supervisor), Judith Edwards (Chair, Friends of the Grounds), Gus Fergusson (Architect), Bill James (former Landscape Architect), David Jamieson (Curator of Grounds), Gillian Lilleyman (author, Landscape for Learning), Dr Linley Mitchell (Propagation Group, Friends of Grounds), Frank Roberts (former Architectural Advisor), Susan Smith (Horticulturalist), Geoff Warne (Architect) and Dr Helen Whitbread (Landscape Architect)

Elizabeth Diller and Ricardo Scofidio's "Blur Building" Photo by Norbert Aepli, Switzerland

Futevolei Photo by Thomas Noack

Jasper Johns: 0-9, 1961. Oil on canvas, 137.2 Ð 104.8 cm. Tate Gallery Photo credit: Tate, London / Art Resource, NY. Art © Jasper Johns/Licensed by VAGA, New York, NY

Michaelangelo: Isaiah By Missional Volunteer (Isaiah Uploaded by Gary Dee) [CC BY-SA 2.0 (http://creativecommons.org/licenses/by-sa/2.0)], via Wikimedia Commons

Norman Rockwell: Rosie the Riveter Printed by permission of the Norman Rockwell Family Agency. © 1942 the Norman Rockwell Family Entities

6장

Garden at the Palace of Versailles (No attribution required)

Capability Brown's Hillier Gardens Photo by Tom Pennington

Persian carpet © Ksenia Palimski | Dreamstime.com

Ceiling of the Alhambra Photo by Jebulon

Francis Boucher: The Triumph of Venus No attribution required

Ryoan-ji (late 15th century) in Kyoto, Japan By Cquest – Own work, CC BY-SA 2.5, https://commons.wikimedia.org/w/index.php?curid=2085504

A set of stimuli from Gerda Smets' tests of visual complexity

Vassily Kandinsky, "Composition VII" (1913) (No attribution required)

Kasimir Malevich, "White on White" (1918) (No attribution required)

Muller-Lyer illusion

7장

Jonathan Safran Foer: Tree of Codes Courtesy of Visual Editions

Mercantonio Raimondi: The Judgment of Paris (after Raphael)

Manet: Le déjeuner sur l'herbe

Pablo Picasso: Le déjeuner sur l'herbe, apres Manet (1960) Musee Picasso, Paris, France Peter Willi/Bridgeman Images. © 2016 Estate of Pablo Picasso / Artists Rights Society (ARS), New York

Robert Colescott: Les Demoiselles d'Alabama dénudées (1985) © Robert Colescott Photo by Peter Horree / Alamy Stock Photo

Philip Guston: To B.W.T., 1952. Oil on canvas 48 1/2 Ð 51 1/2 in. Collection of Jane Lang Davis. © Estate of Philip Guston

Philip Guston: Painting, 1954. Oil on canvas. 63 1/4 Ð 60 1/8 in. The Museum of Modern Art, New York. Philip Johnson Fund. © Estate of Philip Guston

Philip Guston: Riding Around, 1969. Oil on canvas. 54 Ð 79 in. Private Collection, New York © Estate of Philip Guston

Philip Guston: Flatlands, 1970. Oil on canvas. 70 Ð 114 1/2 in. Collection of Byron R. Meyer; Fractional gift to the San Francisco Museum of Modern Art © Estate of Philip Guston

The Lady Blunt Stradivarius of 1721 Tarisio Auctions. Violachick68 at English Wikipedia

Composite violin Courtesy of Luis and Clark Instruments. Photo by Kevin Sprague

8장

Velasquez: La Meninas Museo National del Prado, Spain

Pablo Picasso: five variations on "Las Meninas," 1957, oil on canvas Museo Picasso, Barcelona, Spain/Bridgeman Images. © 2016 Estate of Pablo Picasso / Artists Rights Society (ARS), New York

Max Kulich's sketches for the Audi CitySmoother Courtesy of Max Kulich

The Architectural Reseasrch Office's sketches for the Flea Theater in New York Courtesy of Architectural Research Office

Joshua Davis' skethes for IBM Watson Courtesy of Joshua Davis
IBM Watson on the Jeopardy set Courtesy of Sony Pictures Television
Advent, Thunderbird, Starchaser, Ascender, and Proteus Courtesy of the Ansari X-Prize
Scaled Composite's SpaceShipOne Courtesy of the Ansari X-Prize

9장

Einstein blouses https://www.google.com/patents/USD101756
Sarah Burton: Kate Middleton wedding dress Photo by Kirsty Wigglesworth – WPA Pool/Getty Images
Sarah Burton: three dresses from the Autumn/Winter 2011-12 Alexander McQueen ready-to-ware collection Photo by Francois Guillot, AFP, Getty Images
Norman Bel Geddes: Motor Coach no. 2, Roadable Airplane, Aerial Restaurant and Walless House Courtesy of the Harry Ransom Center, the University of Texas at Austin © The Edith Lutyens and Norman Bel Geddes Foundation, Inc
Study of Naviglio canal pound lock by Leonardo da Vinci Biblioteca Ambrosiana, Milan, ItalyDe Agostini Picture Library/Metis e Mida Informatica / Veneranda Biblioteca Ambrosiana/ Bridgeman Images
El Tumbun de San Marc (Il Tombone di San Marco). Waterway in Milan with locks after Leonardo da Vinci's design Photo: Mauro Ranzani. Photo credit: Scala/Art Resource New York
Parachute, drawing by Leonardo da Vinci © Tallandier/Bridgeman Images
Adrian Nicholas parachute jump Photo by Heathcliff O'Malley

10장

Richard Serra: Tilted Arc Photo by Jennifer Mei

11장

Raymond Loewy: Greyhound SceniCruiser drawing Courtesy of the estate of Raymond Loewy
Greyhound SceniCruiser Underwood Archives
Hot Bertaa tea kettle Courtesy of Alessi S.P.A., Crusinallo, Italy
Toyota FCV plus (No attribution required)
Mercedes F 015 (No attribution required)
Toyota i-Road Photo by Clément Bucco-Lechat
Peugeot Moovie Photo by Brian Clontarf
Mercedes Biome car Courtesy of Mercedes Benz
Viktor & Rolf haute couture from the Spring-Summer 2016 and Spring-Summer 2015 collections Courtesy of Peter Stigter
Pierre Cardin haute couture from the fashion show "Pierre Cardin in Moscow Fashion With Love

for Russia." Fall-Winter 2016/2017 © Strajin | Dreamstime.com – The Fashion Show Pierre Cardin In Moscow Fashion Week With Love For Russia Fall-Winter 2016/2017 Photo

Antii Asplund "Heterophobia" haute couture at the Charity Water fashion show at the Salon at Lincoln Center, 2015 © Antonoparin | Dreamstime.com – A Model Walks The Runway During The Charity Water Fashion

Predicta television (No attribution necessary)

Lowe's Holoroom Courtesy of Lowe's Innovation Labs

David wearing the NeoSensory Vest Photo by Bret Hartman

Skin smoothing laser prototypes Courtesy of Continuum Innovation

Office, 1937 (No attribution required)

Cubicle farm Ian Collins

An office in London Phil Whitehouse

RCA advertisement "Radio & Television" (magazine) Vol. X, No. 2, June, 1939. (inside front cover) New York: Popular Book Corporation "The Cooper Collections" (uploader's private collection) Digitized by Centpacrr)

12장

Student drawings of apples Courtesy of Lindsay Esola

Jasper Johns: Flag (1967, printed 1970). Lithograph in colors, trial proof 2/2. 24 1/4 Ð 29 5/8 in. (61.6 Ð 75.2 cm) The Museum of Fine Arts, Houston, Museum purchase funded by The Brown Foundation, Inc., and Isabel B. Wilson, 99.178. Art © Jasper Johns/Licensed by VAGA, New York, NY

Jasper Johns: Flag (1972/1994). Ink (1994) over lithograph (1972). 16 5/8 Ð 22 5/16 in. (42.2 Ð 56.7 cm) The Museum of Fine Arts, Houston, Museum purchase funded by Caroline Wiess Law, 2001.791. Art © Jasper Johns/Licensed by VAGA, New York, NY

Jasper Johns: Three Flags (1958). Encaustic on canvas. 78.4 Ð 115.6 Ð 12.7 cm Whitney Museum of American Art, New York, USA/Bridgeman Images. Art © Jasper Johns/Licensed by VAGA, New York, NY

Jasper Johns: White Flag (1960). Oil and newspaper collage over lithograph. 56.5 Ð 75.5 cm Private Collection. Photo © Christie's Images/Bridgeman Images. Art © Jasper Johns/Licensed by VAGA, New York, NY

Jasper Johns: Flag (Moratorium) (1969). Color lithograph. 52 Ð 72.4 cm Private Collection. Photo © Christie's Images/Bridgeman Images. Art © Jasper Johns/Licensed by VAGA, New York, NY

Picasso: Bull plates - 1st, 3rd, 4th, 7th, 9th and 11th states (1945-46). Engravings. 32.6 Ð 44.5 cm Photos: R. G. Ojeda. Musée Picasso. © RMN-Grand Palais / Art Resource, NY © 2016 Estate of Pablo Picasso / Artists Rights Society (ARS), New York

Lichtenstein: Bulls I - VI (1973 Line cut on Arjomari paper 27 Ð 35 in. (68.6 Ð 88.9 cm) Courtesy of the estate of Roy Lichtenstein

Students at the REALM Charter School working on the X-library Courtesy of Emily Pilloton, Project H

13장

Giacomo Jaquerio: The Fountain of Life, detail of a lion (1418-30), fresco Castello della Manta, Saluzzo, Italy © Bridgeman Images

16th century engraving of Alexander the Great watching a fight between a lion, an elephant and a dog Metropolitan Museum of Art, Harris Brisbane Dick Fund, 1945

Vittore Carpacci: Lion of St. Mark, Palazzo Ducale, Venice (No attribution required)

Albrecht Dürer: Lion (No attribution required)

찾아보기

ㄱ

ㄴ

ㄷ

ㄹ

ㅇ

ㅈ

ㅊ

ㅋ

ㅌ

ㅍ

데이비드 이글먼

David Eagleman

세계적으로 촉망받는 젊은 뇌과학자이자 베스트셀러 작가. 스탠퍼드 대학교에서 신경과학을 가르치고 있으며, 《사이언스》, 《네이처》 등에 다수의 논문을 발표했다. 인간의 뇌가 외부 자극에 의해 변화되는 뇌가소성, 시간 지각, 공감각, 신경법학 분야를 연구하는 과학자이면서 뇌과학을 대중적으로 쉽고 흥미롭게 소개하기 위해 TV와 라디오 방송에도 자주 등장하는 '사이언스 커뮤니케이터'이기도 하다. 특히 2015년에는 PBS(미국 공영 방송)에서 제작한 TV 프로그램 〈데이비드 이글먼의 더 브레인〉의 진행을 맡은 뒤 "뇌과학계의 칼 세이건"이라는 찬사를 받았다. 2017년 출간한 《창조하는 뇌》는 "대중을 위한 과학 저술의 완벽한 본보기"라는 평가를 받으며 베스트셀러에 올랐고, 이 책을 바탕으로 제작한 과학 다큐 〈창의적인 뇌의 비밀〉이 2019년 넷플릭스를 통해 공개되었다. NPR(미국 공영 라디오 방송)과 BBC에 정기적으로 출연하고 《뉴욕타임스》, 《뉴 사이언티스트》, 《디스커버리》, 《와이어드》 등 다수의 매체에 기고하면서 최신 과학 이슈를 꾸준히 소개하고 있다. 지은 책으로 《더 브레인》, 《인코그니토》, 《썸Sum》이 있다.

www.eagleman.com

앤서니 브란트

Anthony Brandt

작곡가. 칼아츠(CalArts, California Institute of the Arts)에서 석사를, 하버드 대학교에서 박사 학위를 받았으며 현재 라이스 대학교 셰퍼드 음악대학에서 음악 이론과 작곡학을 가르친다. 과학과 예술을 접목한 연구에 큰 관심을 가지고 있어서 동료 음악가들뿐 아니라 신경과학자들과 함께 음악/예술을 통한 인간 정신의 탐구에 열중하고 있다. 2002년 '새로운 음악과 다양한 분야의 현대 예술 형식을 통합하는 프로그램을 통해 풍요롭고 영감을 불어넣는 공동체'를 지향하는 현대 음악 앙상블 '뮤지카(Musica)'를 공동 창립했으며, 지금까지 5만여 명의 미국 초등학생들에게 뮤지카의 프로그램을 무료로 제공했다. 이 공로로 미국 국립예술 기금위원회(National Endowment for the Arts)로부터 여덟 차례 상을 받았다. 미국 휴스턴에 소재한 다수의 실내 교향악단과 협업하면서 오페라·무용·연극·영화·설치 예술 등 다양한 분야에서 활동 중이다.

www.anthonybrandt.net

옮긴이 **엄성수**

경희대 영문과를 졸업한 후 출판사에서 편집자로 일했다. 현재 번역에이전시 엔터스코리아에서 출판 기획 및 전문 번역가로 활동하고 있다. 주요 역서로는 《유튜브 컬처》, 《E3: 신이 선물한 기적》, 《노동 없는 미래》, 《테슬라 모터스》, 《아틀라스 옵스큐라》, 《유전자 클린 혁명》 등이 있다.

창조하는 뇌

2019년 7월 17일 초판 1쇄 | 2023년 8월 29일 10쇄 발행

지은이 데이비드 이글먼, 앤서니 브란트 **옮긴이** 엄성수
펴낸이 박시형, 최세현

마케팅 양근모, 권금숙, 양봉호, 이주형 **온라인마케팅** 신하은, 현나래
디지털콘텐츠 김명래, 최은정, 김혜정 **해외기획** 우정민, 배혜림
경영지원 홍성택, 김현우, 강신우 **제작** 이진영
펴낸곳 (주)쌤앤파커스 **출판신고** 2006년 9월 25일 제406-2006-000210호
주소 서울시 마포구 월드컵북로 396 누리꿈스퀘어 비즈니스타워 18층
전화 02-6712-9800 **팩스** 02-6712-9810 **이메일** info@smpk.kr

ISBN 978-89-6570-824-7 (03470)